观念读本

SCIENCE

科学

吴国盛 编

生活·讀書·新知 三联书店

图书在版编目（CIP）数据

科学／吴国盛编．—北京：生活 · 读书 · 新知三联书店，2017.1
（观念读本）
ISBN 978－7－108－05272－8

Ⅰ．①科…　Ⅱ．①吴…　Ⅲ．①科学研究
Ⅳ．①G3

中国版本图书馆 CIP 数据核字（2015）第 044884 号

责任编辑　徐国强
装帧设计　康　健
责任印制　徐　方
出版发行　生活·讀書·新知 三联书店
（北京市东城区美术馆东街 22 号　100010）
网　　址　www.sdxjpc.com
经　　销　新华书店
印　　刷　北京市松源印刷有限公司
版　　次　2017 年 1 月北京第 1 版
2017 年 1 月北京第 1 次印刷
开　　本　635 毫米 × 965 毫米　1/16　印张 21
字　　数　290 千字
印　　数　0,001－6,000 册
定　　价　45.00 元
（印装查询：01064002715；邮购查询：01084010542）

总序

何怀宏

观念在一个急剧转型的社会中往往起着非常有力的，甚至时常是核心和引领的作用，尤其是一些基本的价值观念，而中国自近代以来，首先是思想观念，其次是社会制度出现了前所未有的激荡和巨变。思想和制度在中国将近两百年的历史中紧密连接，互相影响，古今纠缠，中西碰撞，有一些已凝结成形，还有一些则尚在未定之天。未定的需要审慎选择，而成形的也可能重启辩端。随着中国近年来经济和国家实力的快速发展，人们的心态和期望有了大幅的更新或提升，而曾经一度作为先导和共识的一些基本思想和理论或者趋于空洞化和分歧化，或者与真实的社会生活严重脱节，这就迫切需要我们比较全面地对中国百年来的思想观念予以重新认识和深入解释，以期中华的思想文化在引来活水和充分激荡之后有一较大的复兴。这套"观念读本"就是希望做一点这方面的准备工作。

追溯人类文明的历史，拥有语言形式的思想观念是人猿揖别的一个标志，各民族、各文明在自己的发展历程中都对丰富人类的精神宝库做出了自己的贡献，有必要互相参照。当世界进入"现代"之际，甚至在商品、资本的全球大规模流通之前，观念的流动其实就早已经开始，乃至后来引发了世界性的激荡。在这一“现代化”和“全球化”的发轫过程中，西方观念相比于其他文明的观念起了更重要的作用，而我们的母邦中国在最近一百多年中也发生了包括深刻的观念变革在内的一系列变革，故而我们对观念的关注的确是以近代以来舶来的西方观念为主，或更准确地说，是从中西古今思想观念互动的角度来观察西方观念。

对人的“思想”及其产品可分离出三个要素或过程：一是个人思想的主观过程，即思考、判断、分析、反省等；二是已经具有某种客观化形式以至载体的概念与理论；三是成为许多人头脑中的观念。我们这里所理解的“观念”是这样一些关键词，它已经不仅是思想家处理的“概念”，而且是社会上流行的、被许多人支持或反对的东西。对“概念”的处理是需要一些特殊能力或训练的，而“观念”则是人人拥有的，虽然不一定能清楚系统地表达，甚至有时不一定被自身明确地意识到，比方说，每个人都有自己的“人生观”“价值观”——不管有没有或有多大的独创性。这种“观念”的源头虽然还是“概念”或者说“思想”，但它已经不是一两个人的思想，而是千百万人的思想。这套读本要处理的“观念”就是这样一些共享而非独享的思想。

凯恩斯在《就业、利息和货币通论》一书中写道：“经济学家以及政治哲学家之思想，其力量之大，往往出乎常人意料。事实上统治世界者，就只是这些思想而已。许多实行者自以为不受任何学理之影响，却往往当了某个已故经济学家之奴隶。狂人执政，自以为得天启示，实则其狂想之来，乃得自若干年以前的某个学人。我很确信，既得利益之势力，未免被人过分夸大，实在远不如思想之逐渐侵蚀力之大。”

耐人寻味的是，凯恩斯作为一个主要研究经济或者说物质事物之运动的学者，却对思想观念的力量给予了如此之高的评价。当然，这可能是因为他生活在一个思想转型和社会剧变的历史时期。凯恩斯这里所强调的主要是观念对个人，哪怕是无意识地接受了某种观念的个人的影响，尤其是对政治家的影响；他还强调观念接受中的“时间”因素：观念从提出到接受可能是相当漫长的、隔代传递的一个过程。但无论如何，他还是倾向于思想观念支配着世界的观点。而韦伯的观点可能稍稍折中，他在《宗教与世界》中认为：“直接支配人类行为的是物质上与精神上的利益，而不是理念。但是由理念所创造出来的世界图像，常如铁道上的转辙器，决定了轨道的方向，在这轨道上，利益的动力推动着人类的行为。”也就是说，直接的还是“利益”决定着人们的行为，但是，人们如何理解“利益”，或者说，这轨道往什么方向去，却取决于人们的观念，尤其是人们的价值观，取决于他们认为什么是他们最重要的“利益”目标，什么是他们觉得最好的东西、最值得追求的东西。当然，这里对“利益”的理解就必须采取极其宽泛的观点，它不只是物质上、经济上的利益，甚至也包括精神上的“利益”。比方说，西方中世纪人们的主流价值观就并非追求俗世的好处，而是希冀彼岸的“永生”。但这样一来，“利益”与“观念”也就容易混淆不清。我们一般所说的“利益”，还是多指物质和经济上的利益。

影响人类行为、活动和历史的因素可以分为三类：一是自然环境，二是社会制度，三是思想文化。每类又可再分为两种。属于自然的两种：一是人类共居的地球；二是各民族、国家、群体所居的特定地理环境。属于制度的两种：一是经济制度，包括生产、生活、交换、分配等方式；二是政治制度，包括权力、法律、军事等机构。属于思想的两种：一是比较稳定外化，为一个群体共有的文化、风俗和心灵习性；二是比较个人化，经常处在争论和辩驳之中的思想、观念、主义和理论。那么，这三类，或者更往细处说，这六种哪一个对人类的活动和历史有更大的影响呢？或者用通俗的话来说，是地球或者地理环境，还是经济或者政治，抑或是人们的心灵习性或者思想理论更具有“决定性”呢？

“地球决定论”一般不会进入我们的视野，除非整个地球家园面临灾难乃至毁灭，但今天我们在一些生态哲学中已经依稀可以看到这样一种思想。一些面向人类比较广阔和长远的文明和民族进行观察和思考的人们，也曾提出过“地理环境决定论”的思想。在一个以经济为活动主线的时代，比较盛行的是“经济决定论”，而“政治决定论”乃至“军事决定论”则往往在传统书写的历史中占据主导地位。在一个变化激烈的时期，则不时还有“文化决定论”“国民性决定论”乃至“思想观念决定论”的出现。但在今天，我们也许首先要审慎地反思“决定”这一概念本身，因为“决定”的含义本身就难以“决定”。也许一切都有赖于具体情况具体分析，以及对范围、时段、条件的规定。不同的观察角度，会发现不同的决定因素，这样，客观上就呈现出一种多元的所谓“决定论”。

人们只有吃饭才能生存，才能从事其他活动，这诚然是颠扑不破的道理，但由此引出“经济决定一切”的结论却必须放到某些条件下才能有效。从更为根本和长远的观点看，地球千百万年来决定着人类生存和发展的基本可能性，地理环境则构成对一个民族的活动，包括经济活动在内的很难逾越的制约。人们如何生存、如何找饭吃要受这些基本条件的限制。而从更高的角度，或者虽然较短但可能更为关键的时段看，吃饭并非一切。政治常常更直接，更有力，并有它自己的逻辑杠杆。文化风俗和国民性常常造成一种政治经济改革的“路径依赖”。至于心态和观念，则无时无刻不在历史活动的主体——人——那里发生作用，尤其重要的是，它们往往在某些“转折”或“革命”时期起着关键的作用。如对于美国革命，白修德甚至认为，美国是由一个观念产生的国家，不是这个地方，而是这个观念缔造了美国政府，这个观念就是《独立宣言》中所揭示的平等、自由以及每个人追求自己所认为的幸福的权利。同样地，拿破仑也谈道，法国大革命是18世纪启蒙观念的结果。

还有一点值得注意的是，当我们说观念起了巨大的作用时，并不是说它起的都是好作用，或者说，起了作用的观念并非都是正确的。推介《进步的观念》一书的比尔德说：“世界在很大程度上由观念支配，既有正确的观念，也有错误的观念。英国的一位智者断言，观念对人类生活所具有的支配力量，与其中错误的程度恰好成正比。”而吊诡的是，过度引申和扩张的“单线进步观念”可能也恰好在某种程度上属于这样的观念：它最真实的成分往往不那么引人注意乃至显得苍白，而它最有力的部分却是不那么正确或周全的。

总之，我们不想夸大观念的力量，但观念的确还是起了巨大的作用，尤其在某些剧变时期：这时其他条件都没有什么明显的改变，但由于人们的想法变了，也就酿成了社会之变，虽然这里也可以进一步追溯说，人们的想法改变是其他条件变化累积的结果。

不过，对学者和思想者来说，可能还是会更关注思想观念，就像剑桥大学教授阿克顿 1895 年在其就职演说中所说的：“我们的职责是关注和指导观念的运动；观念不是公共事件的结果而是其原因。”但知识者自然有时也得警惕这种对思想观念的偏爱，警惕自己不要逾越某些界限。观念不仅在接受的个人那里常常是滞后的，它的社会结果是滞后的，对观念及其后果的认识也是滞后的。我们往往要通过一个观念的后果才能比较清楚地认识这观念。而除了时间的“中介”，我们还要注意作为人的“中介”，观念往往通过少数人，尤其是行动着的少数人而对多数人发生作用。指望由自身在当代即实现某种理想观念的“观念人”往往要在实践中碰壁。

所以，在这套观念读本中，我们将特别注重时间和时段，注重历史。我们将进行回顾。柏拉图说一个人的“学习就是回忆”，而一个民族的学习大概要更多地来自回顾，这种回顾也似乎更有可能，更有意义，也更容易着手。但我们将立足于现在来进行回顾，甚至观照未来进行回顾。我们是在一个历史剧变时期之后——但也可能还是在这之中——来进行回顾的。的确，我们只是从一个侧面，即从观念的历史来回顾，但我们也意识到观念在一个历史剧变时期的特殊的、重要的力量。

这套读本就是这样一种试图从观念回顾历史，而又从历史追溯观念的初步尝试。从“五四”时期的“德先生”（民主）、“赛先生”（科学），一直到最近中国共产党十八大报告所提出的二十四个字的“社会主义核心价值观”，其中如富强、民主、自由、平等、公正、法治等，都是一些长期感动或激荡过中华民族的声音。它们有些在这片古老辽阔的大地上掀起过风暴，有些则一直在对众多的人们产生一种“润物细无声”的影响。的确，这些观念的来源虽然可以追溯到久远之前，其思想萌芽或雏形也可以在几乎所有的民族和文明中发现，其意义有待于各民族和文明去补充、修正乃至更改和替代，但是，就像“现代性”是从西方发源一样，本套读本选择的这些颇具现代意义的观念，从源头上来说主要是西方的产品，或者西方人对之有过特别的解释。所以，我们先选择阅读这些观念在西方发展的历史，希望首先尽可能原原本本地厘清这些观念在西方的源流，尤其是那些对中国发生过较大影响的观念和文本。而今后如果可能，我们还希望能有一个更全面的观念的文库，包括中国人对这些观念的介绍和改造，乃至一些观念的新造。

中国自19世纪上半叶与西方大规模接触和冲撞以来，对于西方开始还只是注意“利器”和“长技”，继而则更注意制度，最后则相当强调观念与思想理论。20世纪初，尤其是1905年废除科举从而知识人失去体制依托之后，更是纷纷出洋寻求救国的新知识和自己的新出路，哪怕一时不容易去千山万水相阻隔的西洋，也赶到一衣带水的东瀛，因此中国人接触的许多西方观念都通过了“日译”的转手。目前我们所使用的大部分西方观念都是先通过日译，后通过不仅涉及名称更涉及思想内容的俄译。日译提供其名，俄译提供其实，日译阶段尚称多元，俄译阶段已趋一元。作为我们先辈的阅读者和翻译者常常不仅坐而言，而且起而行，不仅自己身体力行，而且动员他人和大众力行。

如上所述，“五四”时期，最著名的“观念先生”当推“德先生”和“赛先生”。很快这些观念又被“革命”“阶级”等观念遮蔽。今天人们又反省，还应该有“莫先生”（道德）、“洛先生”（法律）等，类似的重要观念还有多少自可商议，而一个毋庸置疑的事实是，西方观念大举登陆中国已逾百年，深刻地激荡了20世纪的中国。如果不参照西方的观念，一部中国近现代的历史将不知从何说起。这些观念已经深深地积淀在我们的日常生活和各种制度之中。与其他一些民族的观念改变世界的变革例证不同，这里的许多观念并非土生土长的，而是舶来的。今天，这些观念我们已经耳熟能详，有的甚至成为响亮的口号，但是，对于这些已经深深影响着我们生活的观念，我们是否真正了解或了解得足够透彻呢？我们是否真的对这些观念有足够清醒的认识和反省呢？不断兴起的一代代年轻人在享受或忍受这一原动力乃至主轴仍是来自西方的“现代性”或“全球化”的过程中，是否也愿意系统地思考一下打造这些动力和主轴的关键词呢？

总之，中国在近代以来发生了天翻地覆的变化，现在也许可以做一点回顾整理——回首一个多世纪以来我们对这些观念的认识和实践。我们必须离得足够远才能对观念的成果或后果看得比较清楚。而今天，当风暴的尘埃基本落定，我们也许的确有条件可以看得比较清楚了，是故首先有编辑本套读本之议，我们想从西方经典著作里重点选择这样一些主题词编辑成书：它们体现了在中国发生过巨大影响的西方文化的核心或重要价值，但在中国文化中迄今仍有所缺失或需要重新认识，或者本身具有某种普遍意义。

我们希望，未来全套读本包括的观念大致可分为三类：一类是具有实质价值意义的观念，如平等、自由、宪政、法治、民主等，它们相对来说是西方特有的观念；另一类观念是指称某一学科、理论的领域，或者实践、感受的范围，如科学、婚姻、性爱、幸福等，它们自然为各民族所有，但我们这里所关注的是西方人对之特殊的理解和特别的重视；最后还有一类初看不像观念，比如指称某一类人或某一地域的名词，例如知识分子、哲人等，这些名词在西方人那里实际也已经形成独特思想的范畴，常常表现为一种自我或他者的镜像。

另外，这套读本也可视为对一个翻译大国百年成果的回顾和利用。

最早的思想作品的系统“中译”，我们或可以严复的翻译为代表，称之为“严译”。但可能受文言的限制，严复的译名虽然“旬月踟蹰”，相当精审，却大都没能留传下来，而是被“日译”的名称所代替。今天我们不必恢复“严译”的名称与文字，但可以考虑恢复和发扬颇具远见卓识的本土“严译”的严谨态度，包括他在选文方面的精审。无论如何，我们希望这套读本努力从具有经典意义的著作中遴选阅读篇章。

经典中总是凝结了时间，时间使它更有味道，更加醇厚。时间是书籍最好的试金石，甚至是它的“克星”。许多出版物挨不过一年半载，甚至从出世时就无人问津。但经典不害怕时间，它是“陈年老酒”，而不是“明日黄花”。出生伊始，它和其他出版物差不多一样，有时无声无息，遭到冷遇，有时甚至被非议和攻击。当然，也有的一开始就受到好评，但这样的幸运儿并不多见，尤其是具有深刻思想性和超前性的著作。经典要依赖时间来和其他作品分出等级，经典本身也会被时间分出等级：有百年一遇的经典，也有千年一遇的经典。

经典会被一代代人重读，这样文化就有了传承。当然有些也是隔代遗传，甚至经过世纪尘封。但一般来说，还是需要每一代都有人真正喜欢它，哪怕只有很少的人喜欢它。有些经典的命运非常孤独，有些则好一些。经典是时间的造物。在时间中，它又有了自己的历史，一些读者会把自己的生命又加入进来。经典不怎么时髦，经典是安静的，它一旦出生，就不再说话了。经典等待着，它只能等待。它有时寂静无声，但并没有死去。它必须等到一个好的读者才能复活：这个读者有多好，它就能够复活得多好。

这是就经典本身以及文化的传承而言的，从我们个人而言，为什么要读经典？这也许是为了获得或者说加入更广大和更深刻的经验。因为我们每个人的外在和内在的直接经验都是有限的。我们还常常受到时代的限制，尤其是在一个快速变化、追新骛奇的时代。但还是有人会注意更深沉和更广大的东西。比如西方《伟大的书》的作者大卫·丹比就这样总结自己阅读经典的经验："我是在把自己暴露于某种比我的生活更广阔、更强大的东西之中，同时我也是在暴露我自己。"

所以，问我们为什么要读经典，尤其在一个印刷品泛滥的时代里，甚至可以简单地回答说："因为书太多了。"我们读不过来，所以我们不得不尽量读那些最好的书。当然，单纯反映时代的书也是不能不读的。我们要培养对时代的一种感觉，我们也自然而然关心切近的事，另外，我们的本性也自然而然地有喜欢轻松的一面。但我们还是应该努力"摸高"，我们还要通过一种更高的经验获得一种鉴别力和鉴赏力。就像歌德所说的："趣味是靠杰作来培养的……如果你通过阅读这些杰作打好了基础，你对其他作品就会有一个标准。"对于深入准确地理解观念来说更是如此，我们希望读者能够直接阅读阐述这些观念的最有力的原典，而不满足于二手的介绍。

即便强调经典的意义，我们也并不认为阅读经典就一定意味着总是要和艰涩打交道。我们这套读本的定位是希望具有中学及以上文化程度的读者就能基本看懂的、主要是面向大学生和文化人的通识读物，故选文不求思想艰深、学科专精或知识新锐，只求既具有经典意义而又比较好读的作品。在一般读者能读的前提下，我们遴选在西方思想中具有重要性或对社会有影响力的篇章。选文亦不限体裁，包括讲演、对话、书信、论文、论著节选、散文、随笔等，乃至很少量的能鲜明体现这一观念的小说或戏剧的节选。尽管如此，一番阅读的功夫和努力恐怕还是必不可少的。

我们还希望可以借此给读者提供一条通过阅读经典来把握观念的进路。阅读经典有各种方法和进路，我们可以从某个我们喜欢的作者切入，可以围绕着某个领域来阅读，也可以围绕着某个时代来阅读。我们还可以从观念着手，毕竟，所有的经典都是试图提出、阐述和传达某种观念的，而我们由观念入手，也可以集中注意经典中的基本观念，并巡视观念的历史，在一种交相辉映或互相辩驳中察看它们。但是，这套读本毕竟只是一个初步的编选，虽然我们努力挑选重要的观念和上乘的编者以保证质量和水准，但难免还是会有疏漏，会受编选者的视野以至个人见解的影响。但我们深信，它一定还是能够开启好学深思的读者进一步阅读完整的经典，系统把握那些深邃而有力的思想的道路。我还是相信我们的编者有精选的眼光，也相信我们的读者有深入的能力。

2015年4月改定于北京褐石

目录

编者序　什么是科学

吴国盛

什么是科学？这是一个今天的中国人很想搞清楚，但很不容易搞清楚，甚至有点越来越说不清楚的问题。造成这种局面的原因有两个：第一，“科学”这个词来自西方，在西方文化的语境中，“科学”究竟是什么的问题，首先就不是一个简单的问题；第二，“科学”引进中国之后，中国人以自己特有的眼光看待它、有中国特有的语境中理解它，使“科学”的形象更加模糊不清。今天要考察什么是科学的问题，就需要正本清源，从上述两个方面的原因着手清理。

英文的 science，法文的 science，德文的 Wissenschaft 含义并不完全一样，它们都来自拉丁文的 scientia，但或多或少有所转义。拉丁文的 scientia 继承了希腊文 episteme 的含义，其意思是“知识”“学问”。出自它的各个欧洲语种的相应单词，都秉承了这个义项，但又或多或少有所偏离。英文和法文偏离最多，science 通常并不指一般意义上的“知识”（英文里有另外一个专门的词 knowledge），而是指像物理、化学这样一些“自然科学”（nature science）；德文偏离得少一些，基本上保存着与 scientia 一样的意思（从构词形式上与英文的 knowledge 完全一样），并不特指自然科学，也包括文史哲等人文学科。因此，我们可以说德文的 Wissenschaft 比较好地保存了希腊文 episteme 和拉丁文 scientia 的原始内涵。

至此，我们便提出了西文语境下的两种“科学”概念：广义的科学指“知识”“学问”，可以用德文 Wissenschaft 来标志，狭义的科学指“自然科学”，可以用英文的 science 来标志。在今天人文学科与自然科学长期隔绝、互不理解的背景下，人们很容易以为这是两种“自古以来”就并列发展的完全不同的东西。其实，自然科学与人文学科的分野只是近代以来的事情，也是在这种分野的过程中，“科学”狭义化成为“自然科学”。狭义的科学与广义的科学虽然有区别，自然科学与人文学科虽然有区别，但它们有着共同的历史来源，即都出自希腊的知识传统也就是广义的科学传统。正是这个共同的知识传统，将西方广义的“科学”，与非西方的，比如中国的知识、学术、学问区别开来。因此，在西方语境下来谈“什么是科学”，至少要涉及两个问题：第一，近代以来分化开来的自然科学与人文学科之间的根本区别，以及近代的自然科学与古代的希腊科学的根本区别是什么？第二，它们共有的希腊知识传统与非西方比如中国的学问传统之间的根本区别是什么？我们回答了第二个问题，便大体搞清楚了广义“科学”的基本含义；回答了第一个问题，便能大体明白狭义“科学”的基本含义。

先来考虑第二个问题：在西方世界影响深远的希腊知识传统与中国学术传统的根本区别是什么？我们用“科学”指称希腊知识传统，是因为这个传统不是一般意义上的全人类共有的知识传统，而是相当特别的学术类型。把它放在与中国学术相比较的位置上来看，就能更清楚地看出它的特别之处。我愿意指出两个主要的区别。从学问的目标上讲，希腊学术追求变动不居的世界“背后”的确定性知识，而中国学术追求生生不息的动态生活“之中”的实践智慧。希腊学术有很强的知识论传统，而中国学问是知情意合一的。希腊科学对于确定性知识的追求是通过发掘“观念”的“内在性”来实现的，这种观念的内在性也就是我们经常所说的“理性”。所以，希腊科学也被称为理性科学。“理性”是西方广义科学传统的关键词。这是第一个区别。第二个区别，可以从做学问的方法上考虑，希腊学术强调学者独自展开真理的历程，并且在这种展开之中相互批判、相互质疑，而中国学术则强调面向经典、“述而不作”，强调不同经典诠释者之间的“和而不同”。

从这两个主要的区别中间，我们可以看出西方（广义）科学的品格：对严格的确定性知识的追求，对内在固有的理路即理性世界的开掘，对批判、质疑、论证的推崇。这些品格也为西方狭义科学所继承，毋宁说，西方狭义的科学最突出地展示了这些品格。由此我们可以看出西方科学传统的统一形象和总的规定性：推理、论证、证明、演绎，是西方科学（学术）突出的方法特征。无论是中世纪的经院神学，还是现代的文艺批评、政治学说、法学理论，都秉有这些特征。近世哲学大家康德说：“任何一种学说，如果它可以成为一个系统，即成为一个按照原则而整理好的知识整体的话，就叫作科学……只有那些其确定性是无可置辩的科学才能成为本义上的科学；仅仅只是具有经验的确定性的知识只能在非本义上称之为学问（Wissen）。”（参见本书康德选文）所表达的就是这种广义的科学概念。许多德国哲学家正是从这种意义上，反而认为自然科学不够“科学”，而他们自己所倡导的哲学比如康德的先验哲学、胡塞尔的现象学，才是真正严格意义上的“科学”。

再来考虑第一个问题：近代以来日益分化开来的自然科学与人文学科（人文科学）之间的根本区别，以及近代自然科学与古代希腊科学的根本区别是什么？作为近代以来从广义科学母体中分化开来的自然科学与人文科学，它们与希腊科学既有联系，又有不同程度的区别。联系的方面表现在它们都继承了上述广义科学的一般品格：挖掘研究对象的内在理路，研究者之间相互质疑、相互批判。它们与古典科学基本的分野则在于：它们不再是博通之学，而是专题化的“研究”。它们的研究对象不同：人文科学面对人的精神世界，自然科学面对物质世界。它们的研究方法也有所不同：人文科学主要面对经典进行“文本诠释”，而自然科学走上了“数学＋实验”的实证道路；前者追求历史性解释，后者探索因果性说明。

近代自然科学继续希腊科学“探索内在性”的伟大事业。近代科学先驱们发现，自然界是一个“不以人们意志为转移的客观存在”，是一个按照自身固有的规律运动的世界，因此，探索自然的“规律”是人类理性能够做的最合适的事情。在这个意义上讲，近代的自然科学是对希腊理性科学的发扬光大，是把理性的“内在性逻辑”推向了一个极致。但是着眼于因果性规律的近代科学，也把理性片面发展成为一种“工具理性”，因而受到广泛的质疑，认为背离了希腊理性的完整性，而导致了片面的理性。这是近代自然科学与希腊科学的重大区别。

近代自然科学不是希腊意义上纯粹的科学，而是功利性、求力型科学。它以征服自然、利用自然，提高人类对于周围环境的掌控能力、按照人类自身的意志制造一个人工的生活环境为目标，因而它重视外在经验，重视有系统设计的、可重复的实验方法。它对数学的运用并不只是推究“道理”，而是将世界纳入可计算的网络之中，因而本质上受制于“控制”和“征服”的意志。正是由于征服和控制的意志要求“效率”的原则，使得近代西方的学术走上了分科化的道路，不仅自然科学脱颖而出，人文科学和社会科学也陆续按照分科化的原则建立起来。自然科学通过技术，最醒目地实现了近代求力意志，因而成为近代的显学，人文科学则相对受到冷落。

西方的广义的科学为何会有与中国的学术如此不同的特征，为何西方近代的科学会显现出与古典希腊科学如此不同的特征，我在《科学与人文》（《中国社会科学》2001 年第 4 期）一文中有过初步的解释。我认为，西方的学术与中国的学术走上不同的发展道路，与它们各自的基本人文理念和人文构架有关。所谓“人文理念”是由人性理想（人）和教化形式（文）共同组成。西方人文理念是“自由”，教化形式是“科学”；而中国以儒家为代表的人性理想是“仁”，教化形式是“礼”。正是“自由—科学”和“仁—礼”的不同，导致了学术传统的不同。近代科学之所以与古典希腊科学不同，也是因为“自由”的理念本身发生了变化。

中国人系统引进西学是1840年鸦片战争之后的事情，动机是师夷长技以制夷，而夷之长技不外乎“坚船利炮”，所以第一代出国留学者学造船学兵器者居多，但后来发现，夷之长技不仅是“坚船利炮”，更有支撑坚船利炮的一整套知识体系。这套知识体系初被译成“格致学”，在19、20世纪之交被正式定名为“科学”。这个译法来自日本，取“分科之学”的意思，以区别于中国传统的文史学不分的博通之学。

我们很容易看出，在这个背景下诞生的中文“科学”概念，特指在近代西方发展起来的作为“坚船利炮”之基础的近代自然科学，既不包含西方的人文科学，也不必然指涉希腊的纯粹理性科学。由于强调其“求力”特征（当时的中国人对西方的蛮力印象最深），强调其功利性特征，所以在汉语使用中“科学”与“技术”往往放在一起合称“科学技术”或“科技”。我们甚至可以说，近代中国人讲“科学”的时候通常想到的是“科技”。也正因为如此，有些中国人也想当然地认为中国古代也有“科学”，只是不够发达而已。中国古代确实有非常丰富和发达的实用型知识，以解决和安排中国人民的衣食住行，但这些知识与西方的“科学”有根本的区别，不是一个知识类型。

这个情况当时就被有见识的中国人注意到。梁启超指出，中国人过分把科学工具化、功利化，是“把科学看得太低了，太粗了”，他还说，“就是相对地尊重科学的人，还是十个有九个不了解科学的性质。他们只知道科学研究所产生结果的价值，而不知道科学本身的价值，他们只有数学、几何学、物理学、化学等等概念，而没有科学的概念”（《科学精神与东西文化》，《学灯》1922年8月23日）。近一百年之前的这种局面，今天并没有很大的改变。这本“科学读本”就是想正本清源，让西方思想家来讲述何谓“科学”，以纠正中国人心目中的“科学”形象。

前几年，我为广西师范大学出版社编过一本《大学科学读本》。在那本书里，我基本上使用的是现代自然科学家的文章，用以说明自然科学的内在统一性，给读者提供科学的总体面貌；让科学家现身说法，见证科学的人文本性。现在编的这个读本，目标是正本清源，突现西方思想史背景下的“科学”观念，所以选取的都是哲学家的文章。这些哲学家，或者是西方广义或狭义科学传统的缔造者，或者是科学传统的批判者和反思者。他们都从某一个侧面揭示了西方科学的真相，合起来就构成了一幅比较完整的西方科学观念的图像。

2014 年 3 月于京郊博雅西园

第一讲　对话

［古希腊］柏拉图

柏拉图（Plato，前427—前347），古希腊哲学家，传世有40余篇对话，被认为是西方思想的主要源头之一。

学习即回忆

［古希腊］柏拉图

【编者按：柏拉图开创了西方独特的知识论传统，即着眼于人的内心发掘知识的源泉。“学习即回忆”一文即生动地展现了他的先验知识和内在知识的理论。】

枚农：苏格拉底，一件东西你根本不知道是什么，你又怎么去寻求它呢？你凭什么特点把你所不知道的东西提出来加以研究呢？在你正好碰到它的时候，你又怎么知道这是你所不知道的那个东西呢？

苏格拉底：我明白你的意思，枚农。你看，你给我们提出一个多么大的争辩性论题！这就是：一个人不可能去寻求他所知道的东西，也不可能去寻求他不知道的东西。他不能寻求他知道的东西，是因为他已经知道了，用不着再去寻求了；他也不能寻求他不知道的，是因为他也不知道他应该寻求什么。

枚农：你不觉得这是一个很美妙的论题吗，苏格拉底？

苏格拉底：我不这么看。

枚农：你能说出原因吗？

苏格拉底：当然能！因为我听到一些精通神圣事物的男人和女人说过。

枚农：这些人说过什么话？

苏格拉底：一些很真实的话，我认为这种说法是真的，也是美的。

枚农：什么话？说的人是谁？

苏格拉底：说这话的是一些祭司和女祭司，他们是公认为能够为自己的岗位工作作出解释的。这样说的还有宾达若和另外一些圣洁的诗人。他们的说法如下，请考虑一下你是不是觉得他们说得对。

他们是说，人的灵魂是不死的，它一会儿完结了，也就是所谓死了，一会儿又回转了，却永远不消灭。因此人必须最为圣洁地活着。因为：

> 犯有过失的人们不免沉沦，
> 九年之后贝塞坡娜①却放回他的灵魂，
> 让它重见天日，从其中产生高贵的国君，
> 以及富于智慧和强大的人们。
> 在以后的日子里，
> 他们被崇奉为英雄和圣人。②

所以灵魂是不死的，而且诞生过很多次，有时在这个世界上，有时在下界度过，见到过各样事情，没有什么东西不在它的经验之中。因此没有什么奇怪，它能够回忆到品德以及其余的一切，这是它以前已经知道了的。因为整个自然是联成一气的，灵魂是经历过一切的，所以只要回忆到一样东西，即是人们所谓学到一件事，就不免由此发现其余的一切，只要他是勇敢的、不懈于钻研的。因为钻研和学习无非就是回忆。③

所以我们决不要听从那个争辩性的论题，因为它只会使我们懈怠，只有软弱的人才爱听。我说的那个说法则使我们努力研究，使我们信服它是真的，我愿意同你一道来研究品德是什么。

---

① Περσεφόυη，冥后。

② 见宾达若的残篇 133。

③ ἀνάμνησις.

枚农：我知道了，苏格拉底。可是你为什么说我们不是在学习，而是像我们说的那样在回忆呢？你能不能教给我这是怎么一回事？

苏格拉底：我刚说过你狡猾，枚农。你现在问我能不能教你，如果我说没有什么传授，只有回忆，那我就显得自相矛盾了。

枚农：当然不是，苏格拉底。我这样说并不是有意的，是出于习惯。如果你能给我指出事情像你说的那样，请你讲吧。

苏格拉底：这当然不容易，不过我愿意进行这件工作，使你满意。你带了许多随从，请你任意从其中喊出一个来，我在他身上向你证明我的说法。

枚农：我很乐意从命。[①] 你来！

苏格拉底：他是希腊人，会说希腊话吗？

枚农：说得挺好；他是家生子。

苏格拉底：请注意他的表现，看他究竟是自己在回忆，还是在学我。

枚农：我会注意的。

苏格拉底：[②]你告诉我，小厮，你知道这个四四方方的正方形吗？

小厮：知道。

苏格拉底：正方形的四条边是相等的吗？

小厮：是相等的。[③]

苏格拉底：通过正方形的中心画出的两条线，不也是相等的吗？

---

① 他转身向一个小厮说。

② 在地上画了一个正方形，用手指着问那个小厮。其图如下：

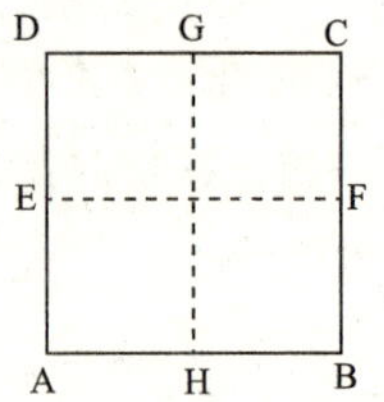

③ 即 AB = BC = CD = DA。

小斯：也是相等的。①

苏格拉底：正方形能大些或小些吗？

小斯：能。

苏格拉底：如果这条边是二尺长，那条边也是二尺长，整个正方形一共有几方尺？你想想看。如果这条边是二尺长，那条边只有一尺长，整个形的面积不是二乘一方尺吗？

小斯：是的。

苏格拉底：如果那条边也有二尺长，整个面积不是二乘二方尺吗？

小斯：是这样。

苏格拉底：是二乘二方尺？

小斯：是的。

苏格拉底：二乘二是几方尺？你算出来告诉我。

小斯：是四方尺，苏格拉底。

苏格拉底：不是可以有另外一个正方形，它的面积是这个正方形的二倍，却和这个正方形一样所有的边都是相等的吗？

小斯：是的。

苏格拉底：这另外一个正方形有几方尺？

小斯：有八方尺。

苏格拉底：好！你试着告诉我，这正方形的每一条边是几尺长。前一个正方形的四条边是二尺长，比它大二倍的正方形的四条边是几尺长呢？

小斯：很明显，苏格拉底，是二倍长。

苏格拉底：枚农啊，你看，我并没有教他这些，而只是问他。现在他认为自己知道那个构成八方尺正方形的边有多长。你不觉得他是这样的吗？

枚农：我觉得是这样。

苏格拉底：他是真的知道吗？

---

① EF＝GH。

枚农：并不真知道。

苏格拉底：他以为这是由二倍长的边构成的吗？

枚农：是的。

苏格拉底：我们来看看他是怎样一步一步回忆的，怎样按照应有的次序回忆的。

①你告诉我，你是说由二倍长的边构成了二倍大面积的正方形吗？可是我的意思并不是指那种一边长一边短的长方形，而是指四条边一样长的正方形，它的二倍就是八方尺。你看看，你还是认为这个面积的形由二倍长的边构成的吗？

小斯：我认为是这样。

苏格拉底：好！如果我们在这条边上再添上一条同样长的线，添加之后的边就是原来的二倍长吗？

小斯：当然。

苏格拉底：你以为由这条线会构成一个八方尺的正方形，如果我们画出四条这样的边的话？

小斯：是的。

苏格拉底：那我们就给你画四条一样长的边。② 这是不是你所谓的八方尺面积的正方形呢？

小斯：就是。

苏格拉底：这个正方形里不是有四个与原来的正方形相等的面积吗？

小斯：是的。

---

① 转过来向小斯说。

②

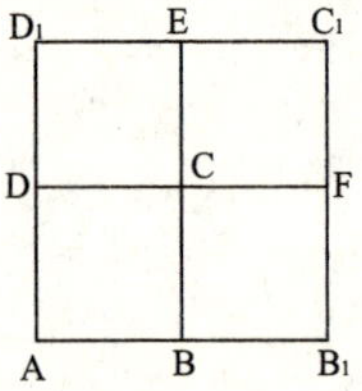

$\square AB_1C_1D_1 = 4 \times \square ABCD$

苏格拉底：那它有多大？不是四倍大吗？

小斯：怎么不是？

苏格拉底：这四倍和二倍一样大吗？

小斯：绝不是，宙斯在上。

苏格拉底：那是几倍呢？

小斯：四倍。

苏格拉底：那么，由二倍长的边构成的并不是二倍大面积的正方形，而是四倍大面积的正方形。

小斯：你说得对。

苏格拉底：因为四的四倍是十六。不是吗？

小斯：是啊。

苏格拉底：那么，八方尺大的正方形是由多长的边构成的呢？由这么长的边并不构成四倍大的面积吧？

小斯：我同意。

苏格拉底：那四方尺大的正方形是由一半长的边构成的吧？

小斯：是的。

苏格拉底：那八方尺大的正方形不是由这条边的二倍、也不是由那条边的一半构成的吗？

小斯：是的。

苏格拉底：那它不是该由一条大于这条边、小于那条边的边构成的吗？对不对？

小斯：我是这样想的。

苏格拉底：很好！你要永远照自己想的回答问题。告诉我，这条边不是二尺，那条边不是四尺吗？

小斯：是的。

苏格拉底：那么，那八方尺大正方形的边就该大于二方尺的，小于四方尺的。

小斯：是啊。

苏格拉底： 那你就试着说，你认为它有多长。

小斯： 三尺长。

苏格拉底： 好。如果它应该是三尺长，我们愿意把原来的二尺再加上一半，成为三尺，因为这是二尺，加上那个一尺，在另外一条边上也有这个二尺，那个一尺。这样就成了你心目中的那个正方形了。

小斯： 是啊。

苏格拉底： 如果这条边有三尺长，那条边也有三尺长，整个正方形的面积就是三倍的三方尺了。

小斯： 显然是这样。

苏格拉底： 三乘三是几方尺呢？

小斯： 九方尺。

苏格拉底： 那二倍的面积该是几方尺呢？

小斯： 八方尺。

苏格拉底： 那么，由三尺长的边也并不构成那八方尺大的正方形咯。

小斯： 当然不。

苏格拉底： 那你给我们确切地说出是由哪样的边构成的；如果你不愿说出数目，只要指出由哪条边就行。

小斯： 宙斯在上，苏格拉底啊，这个我并不知道。

苏格拉底： 你仔细瞧瞧，枚农啊，他在回忆中前进了多远？一起头，他完全不知道八方尺正方形的边是怎么样的，正如他现在仍然不知道一样，只是那时他认为自己知道，并且冒冒失失地作出回答，好像胸有成竹似的，不认为自己遇到困难。现在他认为自己遇到了困难，他对此无知，也认为自己对此无知。

枚农： 你说得对。

苏格拉底： 在他所不知道的那件事情上，他现在不是处在较好的状态吗？

枚农： 我也这样想。

苏格拉底： 我们使他陷于困惑，使他像遇到电鳗时那样发呆，有没有伤害他？

枚农：我想没有。

苏格拉底：我们倒是预先给他作了一些启发，使他能够去发现这一方面的真理。因为现在他很乐意寻求它，以弥补自己的无知；当初他却认为自己可以毫无困难地高谈阔论，说二倍面积的正方形必须由二倍长的边构成。

枚农：看来是这样。

苏格拉底：你有没有想到，他曾经努力去寻求或学习他以为知道而并不知道的东西，后来才被启发到有所怀疑，承认自己无知，因而力求认知？

枚农：我没有想到，苏格拉底。

苏格拉底：使他困惑对他有用吗？

枚农：我想有用。

苏格拉底：现在你再看看，他如何从这种困惑出发，就跟我一同寻求，将有所发现，虽然我只是询问他，并没有给他传授什么东西。你仔细观察一下，看看你是不是在什么地方发觉我在教他、暗示他，总之，我所做的不过是询问他心里想的。

①你告诉我：这不是我们的四方尺正方形吗？你懂吗？

小厮：我懂。

苏格拉底：我们就不能给它加一个与它相等的面积吗？②

小厮：能。

---

① 转身向小厮说。

② 在原来的□ABCD 上再加一个□DCEF，即：

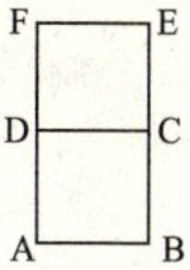

苏格拉底：能再加上第三个与那两个正方形一样大的面积吗？①

小厮：能。

苏格拉底：我们不能在欠缺的那个角上把它填满吗？②

小厮：当然能。

苏格拉底：这不是四个一样大的正方形吗？

小厮：是啊。

苏格拉底：整个这个面积是原来的正方形的几倍？

小厮：四倍。

苏格拉底：我们要得到的却是二倍的面积。你不记得吗？

小厮：正是。

苏格拉底：从一个角到另一个角的那条线不是把这些正方形的每一个分成两个相等的部分吗？③

---

① 在□ABCD 和□DCEF 上再加上□CGHE，即：

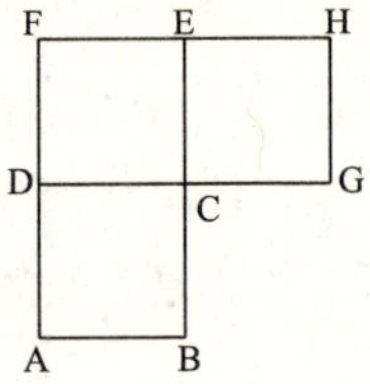

② 在∠BCG 这个角上再加上□BIGC，即：

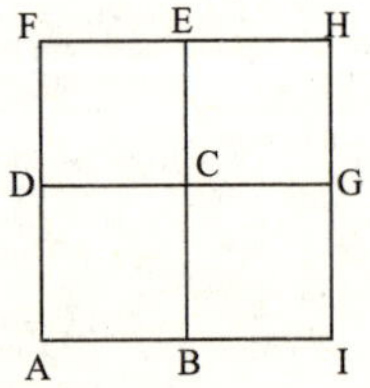

③ 这些对角线将每个正方形一分为二。即：DB 把□ABCD 分成△DBC = △DBA，余同此。

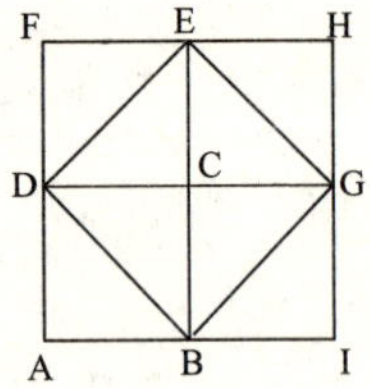

小厮：是啊。

苏格拉底：这四条相等的线不是包围着那个正方形吗？

小厮：是这样。

苏格拉底：你看那个正方形有多大面积？

小厮：我不了解。

苏格拉底：在这四个面积中间，每一条线不是把每个面积分成两半吗？对不对？

小厮：是啊。

苏格拉底：在那个正方形里头一共有几个相等的面积？

小厮：四个。

苏格拉底：在原来的正方形[①]里有几个？

小厮：两个。

苏格拉底：四与二的比是什么？

小厮：是二倍。

苏格拉底：这样看来，那个正方形的面积是几方尺？

小厮：八方尺。

苏格拉底：由什么线构成的？

小厮：由这条线构成的。

苏格拉底：由这条从四方尺正方形的一个角画到另一个角的线构成的吗？

小厮：是的。

苏格拉底：这条线智者们称之为对角线。如果采用这个名称的话，枚农的小厮啊，你就由这条原来正方形的对角线画出了一个二倍大的正方形。

小厮：那当然咯，苏格拉底。

苏格拉底：你以为如何，枚农？他是不是提出了一个原来不属于他

---

① □ABCD。

的答案？

枚农：不是，这是他自己的想法。

苏格拉底：可是我们前不久就说过他原来不知道。

枚农：你说得对。

苏格拉底：那他心里原来就有那些见解，还是没有？

枚农：有。

苏格拉底：是不知者心里对他所不知道的东西有一些真实的见解吗？

枚农：看来是这样。

苏格拉底：不过他现在还是像梦里一样浮现那些见解。如果有人频繁地以多种方式向他问起这样的事情，你知道他最后就会确切地认识到这些东西，如同现在这样明白。

枚农：很像这个样子。

苏格拉底：所以不用教他，只消向他提出问题，他就会知道，就会从心里浮出知识来。

枚农：是的。

苏格拉底：从自己心里浮出知识来，不就是回忆吗？

枚农：当然是。

苏格拉底：他现在有的那种知识，岂不是或者从前获得，或者一直具有的吗？

枚农：是的。

苏格拉底：如果他一直具有这种知识，那他就一直是知道的。如果他是某一个时候获得这种知识的，那他至少在今生并没有获得它。有人教过他几何学吗？因为他的确会做几何学方面的事情，以及其他各门学问上的事情。有人教过他这一切吗？这一点你该知道得很详细，因他是在你自己家里出生和养大的。

枚农：我知道得非常清楚，从来没有人教过他。

苏格拉底：可是他有这些见解；有没有呢？

枚农：当然有，苏格拉底，这是大家都看到的。

苏格拉底：如果他在今生并没有获得这些见解，那岂不很明显，他是在另外一个时候取得和学到它们的吗？

枚农：这很明显。

苏格拉底：是不是在他还没有成为人的时候呢？

枚农：就是。

苏格拉底：如果在他成为人和不成为人的整个期间，那些真实的见解应该都在他心中，由于提问把它们唤醒了，它们就变成了知识，那么，是不是他的灵魂一向都处在有知的状态之中呢？因为很明显，那整个期间是既包括他成为人的时候也包括他不是人的时候的。

枚农：看来是这样。

苏格拉底：如果事物的真相一向寓于灵魂之中，灵魂就是不会死的了。因为这个缘故，你就要充满信心地去追索你现在不知道的东西，也就是你没想起来的东西，把你自己唤醒。

枚农：我看你说得挺有道理，苏格拉底，尽管我不知道自己怎么会有这样的看法。

苏格拉底：我也有这样的看法，枚农。对于别的事情，我当然不能这样坚决地说这种话，可是我们相信自己应该去寻求所不知道的东西，这样才变得更好，变得更勇敢、更勤恳；人不能自以为不可能找到不知道的东西，所以不该去寻求，那样就安于懈怠了。我要尽可能地为求知而奋斗，这样说也这样做。

枚农：我觉得你说得再好不过了，苏格拉底。

（本文选自柏拉图《枚农篇》80E1—86C4，王太庆译《柏拉图对话集》第170—184页，商务印书馆2004年版。标题为编者所加）

追求确定性知识

［古希腊］柏拉图

【编者按：柏拉图首创了追求确定性的知识论传统，本文即表达了这种寻找变化之中不变化者的科学理想。】

苏格拉底： 让我们回到 ἐπιστήμη（知识）这个词上来，观察它有多么晦涩，它表示的意思似乎是灵魂在事物面前止步而不是灵魂围绕事物转，所以我们应当保留它的开头，不是把 ἐ 去掉，而是在中间再插入一个 ι 来取代 ϵ（不是 πιστήμη，而是 ἐπιστήμη）。再举一个例子，βέβαιον（稳当的）显然表示静止和位置，而不表示运动。还有，ἱστορία（探讨）这个词带有河流停滞（ἱστάνια）的字面意思，而 πιστόν（忠实的）这个词肯定表示运动的停止；还有，每个人都能看出 μνήμη（记忆）这个词表示灵魂的静止，不运动。再说，像 ἁμαρτία 和 συμφορά 这样的贬义词按照它们的词源来看，与 σύνεσις 和 ἐπιστήμη 这样一类褒义词是一样的（例如，ὁμαρτεῖν，συνιέναι，ἕπεσθαι συμφέρεσθαι），同样的情况还有 ἀμαθία 和 ἀκολασία，因为 ἀμαθία（无知）可以解释为ἡἅμα θεῷ ἰόντος πορεία（与神在一起的人的进步），而ἀκολασία（不受约束的）可以解释为 ἡ ἀκολουθία τοῖς πράγμασιν（伴随着事物的运动）。在这些事例中我们发现，含义最坏的名称与含义最好的名称的构成原则是一样的。我相信任何人只要不怕麻烦都能找到许多例子，名称的提供者用它们表示的不是运动或进步着的事物，而是静止的事物，它们是运动的对立面。

克拉底鲁：对，苏格拉底，但是请你注意，表示运动的名称要多一些。

苏格拉底：这又怎样，克拉底鲁？我们要像选举一样一个个点吗？名称的正确性就是多数人的声音吗？我们得说多数就是真理吗？

克拉底鲁：不对，这样做不合理。

苏格拉底：肯定不对。但是让我们结束这个问题，开始另一个，我想知道在另一个问题上你是否同意我的看法。我们承认过，各国最初的名称提供者是立法家，有希腊人，也有蛮族人，提供名称的技艺是立法家的技艺，对吗？

克拉底鲁：非常对。

苏格拉底：那么告诉我，最初的立法家，作为最初的名称提供者，知不知道他们命名的事物？

克拉底鲁：他们肯定知道，苏格拉底。

苏格拉底：为什么，噢，我的朋友克拉底鲁，他们几乎不可能是无知的。

克拉底鲁：我应当说不可能。

苏格拉底：让我们再回到我们前面离开主题的地方。如果你还记得，你说过提供名称的人肯定知道他所命名的事物。你仍旧坚持这个观点吗？

克拉底鲁：对。

苏格拉底：你会说最初名称的提供者也拥有他所命名的事物的知识吗？

克拉底鲁：我会。

苏格拉底：如果最初的名称还没有提供，那么他怎样从名称中学习或发现事物？如果我们的看法是正确的，那么我们学习和发现事物的唯

克拉底鲁：我认为你说得对。

苏格拉底：好吧，但是请想一想。我们不是三番五次地承认正确给予的名称是与它们所表示的事物相同的，名称是事物的形象吗？

克拉底鲁：是的。

苏格拉底：让我们假定，只要你喜欢，都可以通过名称的中介来学习事物；我们也假定你可以通过事物本身来学习事物。这好像是一种更加高尚、更加清晰的方式——一种方式学习形象，以形象为真理的表达方式，并且要正确地察觉形象；另一种方式学习真相，事物的真相及其形象在适时地起作用，对吗？

克拉底鲁：我应当说我们必须学习真相。

苏格拉底：我怀疑你我如何能够学习或发现真正的存在。但我们可以承认，事物的知识并不是从名称中派生出来的。不是，要学习和研究事物必须学习和研究事物本身。

克拉底鲁：这很清楚，苏格拉底。

苏格拉底：还有一个要点。我不希望我们留下这样的印象，众多的名称全都朝着一个方向发展。我本人并不否认名称的给予者在提供名称时确实认为一切事物都处在运动和流变之中，但我认为他们的这个看法虽然真诚，但却是错误的。就像掉进了某种旋涡，他们身不由己地越卷越深，还想拉着我们一起往下掉。克拉底鲁，我经常在想一件事，应当问问你的看法。请告诉我，有没有一种绝对的美或善，有没有其他绝对的存在。

克拉底鲁：肯定有，苏格拉底，我是这样想的。

苏格拉底：那么就让我们来寻找真正的美，而不是去问有没有漂亮的脸，或诸如此类的问题，因为所有这些事情都好像处在流变之中，让我们问真正的美是否永远是美的。

克拉底鲁：当然是。

苏格拉底：我们能正确地谈论一直流逝着的美吗，起先是这个样子，然后是那个样子？话音未落，同一件事情不就已经出现、退隐、消失了吗？

克拉底鲁：无疑如此。

苏格拉底：那么如何可能有从来都不能处于同样状态的真正事物？因为相同的事物在保持着同一时显然不能变化，如果始终处于相同状态，从不离开最初的形式，它们就决不会变化或运动。

克拉底鲁：它们确实不能。

苏格拉底：它们也不能被任何人所知，因为当观察者在某一时刻接近它们时，它们已经变成了另一样东西，具有了另一种性质，因此你就无法进一步知道它们的性质或状态，对于没有状态的东西你是无法知道的。

克拉底鲁：对。

苏格拉底：如果一切事物都处在变动之中，无物常住，克拉底鲁，那么我们也不能合理地说有知识。因为这样一来知识就不能继续是知识，除非它能始终常住和存在。但若知识的性质发生变化，在变化发生时它们就不是知识，如果变迁一直在进行，那么就一直没有知识，按照这个说法，不会有任何人知道，也不会有任何东西被知。但若知者和被知者一直存在，美、善和其他各种事物也存在，那么我认为它们不会像河流一样流动变化，就如我们刚才的假设一样。如果事物有无永恒的性质，或者真理就像赫拉克利特及其追随者，还有许多人所说的那样，是一个难以决定的问题，那么没有一个聪明人会把自己置于名称的力量之下，或者去接受教育。在此范围内他也不会相信名称或名称的给予者，不会相信任何一种把他自己和其他存在谴责为非实体的不健康状态的知识；他不会相信一切事物都像一口漏锅，也不会相信这个世界就像一个人在流鼻涕。克拉底鲁，这些看法也许是真的，但也极有可能不是真的，因此我不想让你轻易地接受它们。好好想想吧，像一个人那样，不要轻易地接受这样的学说，因为你很年轻，正处在学习的年纪。你什么时候找到了真理，就来告诉我。

克拉底鲁：我会按你说的去做，尽管我向你保证，苏格拉底，我已经考虑过这个问题了，结果是一大堆麻烦，我还是倾向于赫拉克利特的观点。

苏格拉底：那么，我的朋友，当你哪一天回来的时候，给我上堂课，但是现在还是去那个国家吧，这是你的打算，而赫谟根尼会给你指路。

克拉底鲁：很好，苏格拉底，然而我希望你自己也会继续思考这些问题。

（选自［古希腊］柏拉图《克拉底鲁》437A—441，王晓朝译《柏拉图全集》第二卷第128—133页，人民出版社2002年版。标题为编者所加）

第二讲　关于科学知识

[古希腊] 亚里士多德

亚里士多德（Aristotle，前384—前322），古希腊哲学家，传世著作包括逻辑学、物理学、生物学、形而上学、伦理学、政治学、美学等方面，是近世许多学科的开山鼻祖。

求知是人的天性

［古希腊］亚里士多德

【编者按：求知是人的天性，而科学是知识的理想形态。出自天性的知识是纯粹的知识、自由的知识。亚里士多德在文章中系统地论述了科学的自由本性。】

求知是所有人的本性，对感觉的喜爱就是证明。人们甚至离开实用而喜爱感觉本身，喜爱视觉尤胜于其他。不仅是在实际活动中，就在并不打算做什么的时候，正如人们所说，和其他相比，我们也更愿意观看。这是由于，它最能使我们识别事物，并揭示各种各样的区别。

动物生来自然具有感觉，它们中有一些从感觉得到了记忆，有些则没有。由于这个缘故，那些有记忆的动物就比不能记忆的动物更聪明，更善于学习。那些听不到音响的动物，虽然聪明但不能学习，例如蜜蜂，以及这类的其他动物。只有那些不但有记忆而且有这种感觉的动物才能学习。

那些靠表象和记忆生活的动物，很少会有经验，唯有人类才凭技术和推理生活。人们从记忆得到经验，同一事物的众多记忆导致单一的经验。看来经验大致类似科学和技术，人们通过经验得到了科学和技术。包洛斯（Polos）说得好，经验造成技术，无经验诉诸偶然。当一个对同类事物的普遍判断从经验的众多观念生成的时候，技术也就出现了。例如，判断某物对患着某种疾病的卡里亚有效，对苏格拉底以及其他许多这样个别的人有效，这是经验的。而判断对按类来划分的患着某种病的人，例如对患痴呆症的人、患胆囊炎的人和发烧的人全都有效，那就属于技术。

对实际活动说来，经验和技术似乎并无差别，而我们看到，那些有经验的人比那些只懂道理而没有经验的人有更多的成功机会。其原因在于经验只知道特殊，技术才知道普遍。一切实际活动，一切生成都与个别相关，除非是在巧合的意义上，医生所治疗的并不是人，他或者是卡里亚，或者是苏格拉底，或者是如此称谓的其他人，他恰巧是个人。如若一个医生只懂道理，而没有经验，只知道普遍而不知其中的个别，行医时就要屡遭失败。治疗更主要的是治疗个人。尽管如此，我们认为认识和技能更多地属于技术而不是经验，有技术的人比有经验的人更加智慧，因为智慧总是伴随着认识。其所以如此，是因为有技术的人知道原因，有经验的人却不知道。有经验的人只知道其然，而不知道其所以然；有技术的人则知道其所以然，知道原因。所以我们说，各行各业的技师比工匠更受尊重，懂得更多，更加智慧，他们知道所做事情的原因（工匠们像某些无灵魂的东西，他们做事情，但不知道其所做的事情，例如火的燃烧；不过无灵魂的东西按照某种本性来做着每件事情，工匠们则通过习惯）。技师之所以更加智慧，并不在于实际做事情，而由于懂得道理，知道原因。

总而言之，知与不知的标志是能否传授。所以，我们主张技术比经验更接近科学，技术能够传授而经验不能传授。所以，我们断言感觉不是智慧，尽管要知道个别事物主要通过感觉，但它们不告诉关于任何事物的为什么，例如火为什么热，而只知火热。

那超越人所共有的感觉而最初发现了技术的人之所以使人们感到惊奇，不仅由于某一发现之实用，而且由于其智慧与众不同。在被发现的越来越多的技术中，有的为生活必需，有的供消磨时间。与前者相比较，后者总被当作更加智慧的，因为这些技术的科学，并不是为了实用。只有在全部生活必需都已具备的时候，在那些人们有了闲暇的地方，那些既不提供快乐、也不以满足必需为目的的科学才首先被发现。由此，在埃及地区，数学技术首先形成，在那里僧侣等级被允许有闲暇。

在伦理学中谈到过技术和科学，以及和其他诸如此类东西的区别。我们现在要讲的这些道理原因在于，所有的人都主张，研究最初原因和本原才可称之为智慧。前面已经说过，有经验的人比具有某些感觉的人更有智慧，有技术的与有经验的相比，技师和工匠相比，思辨科学与创制科学①相比均是如此。所以，很清楚，智慧是关于某些本原和原因的科学。

由于我们所探求的是这种科学，就须解决这样的问题：关于什么原因，什么本原的科学才是智慧。如若有人接受我们对智慧所作的判断，事情也许会由此变得更明显些。首先我们主张，一个有智慧的人要尽可能地通晓一切，且不是就个别而言的知识；其次，有智慧的人还要能够知道那些困难的、不易为人所知的事情（感觉是人尽皆有的，从而是容易的，算不得智慧）。在全部科学中，那更善于确切地传授各种原因的人，有更大的智慧。在各门科学中，那为着自身，为知识而求取的科学比那为后果而求取的科学，更加是智慧。一个有智慧的人，应该发命令而不被命令，不是这个有智慧的人服从别人，而是智慧低下的人服从于他。

以上就是我们关于智慧和有智慧的人所作的那些种和那些个判断。在这里，只有具有最高层次的普遍知识的人，才必然通晓一切。因为，他以某种方式知道了事物背后的全部依据。最普遍的东西也是最难知的，因为它离感觉最远。在最初因的知识中，最原始的就是最确切的。因为内容简练比语言繁杂更为确切，例如数学比几何学确切。而对原因的思辨科学当然更便于传授，因为传授就是对个别事物的原因的谈论。只有那种以最可通晓的东西为对象的科学才最是为自身而探求、而通晓。为知识自身而求取知识的人，以其最大的努力求取最高的科学。这

① hai de theoretikai ton poietikon.

种科学就是最可通晓的科学。最初原因是最可通晓的，其他事物都是通过它们或由于它们而被知道，而不是它们通过那些作为载体的东西。那种懂得个别事情应该为什么而做的科学，是诸科学中占最主导地位的，和从属的科学相比，它起着更大的指导作用。它是个别事情的善，总而言之，在整个自然中它是最高贵的。

由此可见，那所寻求的名称正是这种知识，它应该是对最初本原和原因思辨的科学，因为善以及何所为或目的是原因的一种。

很显然，这种知识一开始就不是创制科学。不论现在，还是最初，人都是由于好奇而开始哲学思考，开始是对身边所不懂的东西感到奇怪，继而逐步前进，而对更重大的事情发生疑问，例如关于月象的变化，关于太阳和星辰的变化，以及关于万物的生成。一个感到疑难和好奇的人，便觉得自己无知（所以，在某种意义上，一个爱智慧的人也就是爱奥秘的人，奥秘由奇异构成）。如若人们为了摆脱无知而进行哲学思考，那么，很显然他们是为了知而追求知识，并不以某种实用为目的。当前的事情自身就可作证，可以说，只有在生活必需品全部齐备之后，人们为了娱乐消遣才开始进行这样的思考。显然，我们追求它并不是为了其他效用，正如我们把一个为自己、并不为他人而存在的人称为自由人一样，在各种科学中唯有这种科学才是自由的，只有它才仅是为了自身而存在。

基于这样的理由，说它非人力能致，是公正的。人的本性在许多方面是奴性的。按照西蒙尼德的说法，唯神才有这样的特权，人没有资格去求取就自身而言的科学。如诗人们说什么神性生来是忌妒的，在这里似乎尤其如此，一切才智过人的人总是厄运重重。然而神性是不可能忌妒的，俗谚云，诗人多谎。切莫相信还有比此更高尚的科学了，它就是最神圣、最高尚的。神圣只有两层含义：或者它为神所有；或者某种对神圣东西的知识。只有这一科学才符合以上两个条件。众所周知，神是宇宙万物各种原因的始点，唯有神才最大限度地具有这种知识。一切科学都比它更为必要，但却没有一种科学比它更为高尚。

这种知识的掌握，似乎要走到开始时所探索的反面。正如我们所说过的，一切人都由对事物何以如此的好奇开始，例如对奇巧的机关，或者对太阳的回归，以及对对角线何以不可约分等等。对于从不思考原因的人来说，如果一件东西不能被最小单位所约分是奇怪的。但正如俗语所说，再思更好。如果人们对此有所理解，定会导致相反的但更好的结果。如若对角线竟然被约分了，一个懂几何学的人反而会感到无比奇怪了。

以上说的是，所追求的科学的本性是什么，以及研究的目标和整个进程。

（选自［古希腊］亚里士多德《形而上学》第一卷第一、二章，苗力田译，苗力田主编《亚里士多德全集》第七卷第 27—32 页，中国人民大学出版社 1993 年版。标题为编者所加）

科学的类别

［古希腊］亚里士多德

【编者按：作为百科全书式的学者，亚里士多德对希腊科学的类型进行了总结，指明科学的任务是寻求存在者的“本原”。】

我们寻求的是存在物的本原和原因，很显然这些事物是作为存在。身体健康和精力充沛有着某种原因，数学上有着本原、元素和原因。总之，一切思想以及包含某种思想的学问都是或者较为严密地或者较为松散地研究原因或本原。一切知识都是关于某种存在或种的，并对之进行考察，而不是关于单纯的或作为存在的存在，也不对它的是什么作出说明，而是由此出发，或者使它在感觉上更加明显，或者把是什么当作一个假设，这样或者较为必然地或者较为松散地证明他们所研究的种中固有的属性。所以很显然通过这种途径，得到的既不是实体的证明，也不是是什么的证明，不过是用另一种方式来显示。同样，他们也没有说明具所研究的种到底存在还是不存在。因为揭示事物的是什么和说明它是否存在属于同一种思想进程。所以，物理学正好研究存在的某一个种（是关于这样一种实体的知识，在其自身之中包含运动和静止的本原）。很显然，它既不是实践科学，也不是创制科学。创制的本原或者是心灵或理智，或者是技术，或者是某种潜能，它们都在创制者之中。

实践的本原即意图则在实践者中，因为意图的对象和作为之结果是同一的。如若把全部思想分为实践的、创制的和思辨的，那么物理学就是某种思辨的。不过它思辨那种能够运动的存在，仅仅思辨那种在定义上大多不能独立于质料的实体。我们应该揭示是其所是和定义是如何存在的，离开了这一点我们的寻求将一无所得。

那些规定了的东西或是什么，或者类似扁鼻，或者类似扁平的，两者的区别在于扁鼻是与质料结合在一起的（扁鼻即是扁平的鼻子），而扁平则脱离于感性质料。如果在物理学中一切用语类乎扁鼻，例如鼻子、眼睛、面孔、肌肉、骨骼，以及一般的动物；又如叶、根、皮以及一般的植物（它们的定义都离不开运动且永远具有质料），应怎样寻求和规定物理对象的是什么以及为何思辨灵魂的有些部分——在不脱离质料的范围内——会属于研究物理学的人，这就清楚了。

这样看来，物理学显然属于某种思辨领域，数学同样是思辨的，但现在还不清楚它的对象是否既不运动、又能分离。不过有一些数学对象作为不动的和可分离的东西被加以思辨还是清楚的。如若存在着某种永恒、不动和可分离的东西，很显然认识它们的应该是思辨科学，而不是物理学（物理学是关于某些运动着的东西的），也不是数学，而是先于两者的科学。物理学所研究的是可分离的但并不是不运动的东西，某些数学研究不运动，却也不能分离存在而是在质料之中的东西，只有第一哲学才研究既不运动又可分离的东西。一切原因都必然是永恒的，这些原因尤其是永恒的，因为它们是那些可见的神圣事物的原因。故思辨的哲学有三种，数学、物理学和神学（用不着证明，如若神圣的东西在什么地方，它就在这种本性中）。最崇高的知识所研究的应该是那类最崇高的主题。

思辨科学比其他学科更受重视，神学比其他思辨科学更受重视。人们会提出疑问，第一哲学是以普遍为对象呢，还是研究某个种，或某一本性？因为即使在数学中研究方式也不是一样的，几何学和天文学研究某种本性，而普遍则对一切是共同的。设若在自然组成的物体之外没有别的实体，那么物理学就会是第一科学。设若存在着不动的实体，那么应属于在先的第一哲学，在这里普遍就是第一性的。它思辨作为存在的存在、是什么以及存在的东西的属性。

（本文选自亚里士多德《形而上学》第六卷第一章，苗力田译，苗力田主编《亚里士多德全集》第七章第145—147页，中国人民大学出版社1993年版。标题为编者所加）

科学即证明

［古希腊］亚里士多德

【编者按：希腊科学是推理和论证的学问。在本文中，亚里士多德描述了证明的基本逻辑步骤。】

一切通过理智的教育和学习都依靠原先已有的知识而进行。只要考虑一下各种情况，这一点便显得十分清楚。数学知识以及其他各种技术都是通过这种方式获得的。各种推理，无论是三段论的还是归纳的，也是如此。它们都运用已获得的知识进行教育。三段论假定了前提，仿佛听众已经理解了似的。归纳推理则根据每个具体事物的明显性质证明普遍。修辞学家说服人的方法也与此相同：他们要么运用例证（这是一种归纳），要么运用论证（这是一种三段论）。

在两种情况下，必定要求原先就具有知识。有时必须首先假定事实，有时必须理解所使用的术语是什么意思，有时两者都是必需的。例如，我们必须了解，某个陈述要么其肯定是真实的，要么其否定是真实的；必须知道，“三角形”这一术语的含义；至于“单位”，我们必须既搞清它的含义，也确定它是存在的。这些东西并不是同样明显地显示给我们的。对一个事物的认识既需要原先已具有的知识，同时也需要在认识中所获得的知识。譬如说，对归属于我们已知的某种普遍的特殊事物的认识。已知所有三角形的内角和等于两直角，但这个半圆中的图形，我们只有在把特殊与普遍联系起来时，才认识到它的内角和等于两直角（对某些事物，譬如对不能述说主体的具体存在物而言，学习就是通过这种方式进行的，即端词不能通过中词而得到认识）。在还没有完成归纳过程或推出结论时，我们或许可以说，在一种意义上，这一事实已被了解，而在另一种意义上则没有。因为如果我们还没有确定地知道它是否存在，那我们怎么能确定地了解到这个图形的内角之和等于两个直角呢？很显然，我们对这一事实的理解并不是纯粹的，而是在我们理解了一个普遍原则的意义上而言的。

如果我们不作出区分，那就会遇到《美诺篇》中的难题①：要么一个人什么也没有学，要么他只是在学习他已经知道的东西。我们一定不要去作某些人在试图解决该难题时所作的那种解释。设想某人被问道："你知不知道所有的双数都是偶数？"如果他说"知道"，那么他的论敌就会找出一些他不知道其存在的双数。因此他也就不知道它们是偶数。这些人则解答说，他们并不是知道所有的双数都是偶数，而是他们所知道的双数是偶数。然而他们所知道的乃是他们已证明是如此的东西，即已经确定的东西。他们所把握的不是他们所知道的这一个三角形或这一个数，而是纯粹的数和三角形，在诸如"你知道什么是一个数"或"你知道什么是一个直线图形"这样的问题中，没有一个前提被断定。谓项属于主项的全体。但（我认为）没有什么阻止一个人学习他在一种意义上知道、在另一种意义上不知道他正在学习的东西。如果他在某种意义上知道他所学习的东西，这并不荒唐；但如若是指他知道学习它的方法和方式，那就荒唐了。

当我们认为我们在总体上知道：(1)事实由此产生的原因就是那事实②的原因，(2)事实不可能是其他样子时，我们就以为我们完全地知道

---

① 柏拉图:《美诺篇》,80D—E。

② pragma.

了这个事物，而不是像智者们那样，只具有偶然的知识。显然，知识就是这样子的。在无知识的人和有知识的人中，无知者只是自以为他们达到了上述条件，而有知者则确实是达到了。因而，如果一个事实是纯粹知识的对象，那么，它就不能成为异于自身的他物。

是否还具有其他认识的方法，我们在下文再加讨论。[①]我们知道，我们无论如何都是通过证明获得知识的。我所谓的证明是指产生科学知识的三段论。所谓科学知识，是指只要我们把握了它，就能据此知道事物的东西。

如若知识就是我们所规定的那样，那么，作为证明知识[②]出发点的前提必须是真实的、首要的、直接的，是先于结果、比结果更容易了解的，并且是结果的原因。只有具备这样的条件，本原才能适当地应用于有待证明的事实。没有它们，可能会有三段论，但绝不可能有证明，因为其结果不是知识。

前提必须是真实的，因为不存在的事物——如正方形的对角线可用边来测量——是不可知的。它们必定是最初的、不可证明的，因为否则我们只有通过证明才能知道它们；而在非偶然的意义上知道能证明的事物意味着具有对它的证明。它们必定是原因，是更易了解的和在先的：它们是原因，因为只有当我们知道一个事物的原因时，我们才有了该事物的知识；它们是在先的，因为它们是原因；它们是先被了解的，不仅因为它们的含义被了解，而且因为它们被认识到是存在的。

事物在两种意义上可以说是在先的，更易了解的。本性上在先的事物与相对于我们而在先的事物是不相同的；本性上更被了解的事物与为我们所更加了解的事物也是不相同的。相对于我们而言的“在先”和“更了解”，我是指与我们的感觉比较接近的东西，而纯粹意义上的“在先”和“更易了解”则是指远于感觉的东西。最普遍的概念最远离

① 《后分析篇》第 1 卷第 3 章，第 2 卷第 19 章。

② episteme apodeiktike.

我们的感觉，而具体事物则最与它相近。它们是相互对立的。

从最初前提出发即是从适当的本原出发。“最初前提”和“本原”我所指的是同一个东西。证明的本原是一个直接的前提。所谓直接的前提即是指在它之先没有其他前提。前提是判断的这个或那个部分[①]，由一个词项作为另一个的谓词而构成。如果是辩证的，它就随便地断定任何一部分。如果是证明的，它就明确肯定某一部分是真实的。判断的各部分是矛盾的。矛盾是在本性上排斥任何中间物的对立。在矛盾的各部分中，肯定某物为其他某物的部分是肯定判断，否定某物为其他某物的部分是否定判断。我把三段论的直接的本原叫作“命题”，它是不能证明的，要获得某些种类的知识也不必须要把握它。任何知识的获得都必须把握的东西我叫作“公理”。确实存在着一些具有这种性质的东西，我们习惯于用“公理”这个名称来指称它们。判定某判断的这个或那个部分（例如说某物是存在的，或者说它是不存在的）这种命题，我叫作假设；与此相反的命题是定义。[②]定义是一种命题，因为算术家把它规定为在量上不可分的单位。但它不是一种假设，因为单位的是什么与单位的存在是不相同的。

由于要相信和认识某个事物的前提条件是必须具有我们称作证明的那种三段论，由于三段论依赖它的前提的真实性，所以不仅必须预先知道最初的前提（全部的或部分的），而且必须比结论更好地了解它们。因为使某种东西拥有某一属性的东西，其自身往往在更大的程度上拥有那个属性。例如，使我们喜欢某物的那个东西其自身对我们来说往往更加可爱。如果最初前提是我们的知识和信念的原因，那么我们必定也在更高的程度上相信和知道它们。因为正是从它们出发我们才获得后面的知识。如果我们既不确实地知道某物，而且即使确实地知道了它也不会处于更佳状态，那么，相信它要胜过相信我们所知道的事物是不可能

① morion，即肯定判断或否定判断。

② horismos.

的。但如果一个人通过证明得出的信念没有先在的知识，那么这种情况就可能出现。我们必然更加相信（全部或部分的）本原而不是结论。如果某人要获得出于证明的知识，那么他不仅必须更加明确地认识和相信本原而不是被证明的东西，而且对任何与本原对立的事物，以及由此导致一个相反的错误三段论的事物的相信和理解必须绝不比对这些本原的相信来得更深，认识得更好；因为有着无条件的知识的人是不应动摇他的信念的。

（本文选自《后分析篇》第一卷第一、二章，余纪元译，苗力田主编《亚里士多德全集》第一卷第245—250页，中国人民大学出版社1990年版。标题为编者所加）

第三讲　科学断想

[意] 达·芬奇

达·芬奇（Leonardo da Vinci，1452—1519），意大利文艺复兴时期的艺术家、科学家，其画作《蒙娜丽莎》《最后的晚餐》使其进入不朽的行列，19 世纪重新发现的手稿和笔记表明他也是一位伟大的科学先驱。

科学断想

［意］达·芬奇

【编者按：近代科学开始面向感觉经验、面向外部世界，达·芬奇先于培根、伽利略等科学革命家一百多年表述了这种新的科学精神。】

应当有所发明，不可人云亦云

1. 我确实不能像著述家们那样引经据典，我认为，在经验的指导下读书，价值要大得多，因为经验是他们的老师的导师。他们趾高气扬，扬扬得意，而不用自己的劳动来争光，却拿别人的劳动给自己装点门面，甚至不允许我凭自己的劳动来争光。他们瞧不起我这个发明者，而他们自己无所发明，只是吹嘘、背诵别人的著作，难道不该受更大的谴责吗？

2. 有所发明的人，沟通自然和人类的人，好像镜子前面的实物；一味背诵、吹嘘别人著作的人，则好像镜子里面的物影。前者有自己的分量；后者什么都没有，他们对不起自然，看来只不过偶然披上了人形，因而也可以列入万物之长罢了。

3. 我的前人已经拿走了全部有用的、需要的题目，我选不出什么非常精彩的题材了，因此我只能像那些由于太穷，最后才赶到集市的人那样，给自己挑选些别人看过而未取、认为没什么价值的货色。①别人挑剩下的、瞧不上眼的、不肯要的货色，我要把它装进我简陋的担子，不敢运进大城，只是拿到小村里去兜售，卖一点公道价钱。

我完全知道，我不是一个文人，有些傲慢的人会因此认为有理由斥责我，说我对书本学问一窍不通。蠢材啊！他们不知道我可以反唇相讥，像马留斯斥责罗马贵族那样说："他们那些人拿别人的劳动给自己装点门面，会允许我凭自己的劳动吗？"他们会说我既然没有书本学问，当然说不清我要研究的问题。他们不知道，要说明我所研究的问题，需要的是经验，而不是别人的词句！经验既是一切文章妙手的老师，我就把它当作我的老师，在每个问题上都请教它。

4. 好人的自然愿望是求知。

我知道很多人会说这是无益的工作，这就是德梅特留所说的那些人。他说他不考虑他们嘴里那股咬文嚼字的风，而考虑那股来自他们下身的风；那些人只贪图物质财富，骄奢淫逸，根本不要什么智慧——这才是灵魂的粮食和唯一真财富。正如灵魂的价值高于肉体一样，灵魂的财富要比肉体的财富价值高。每当我看到一个这样的人从事这种工作②的时候，我总觉得很奇怪，心想他是不是会像猴子一样把它放在鼻子上闻闻，问我这东西能不能吃。

感觉经验是知识的唯一来源

1. 我们的一切知识，全都来自我们的感觉能力。

2. 智慧是经验的产儿。

3. 据说，从经验里产生的知识是机械的，在心灵中产生并完成的知

---

① 指经验科学、绘画、雕塑，这些科目在当时被人们鄙视，以为是工匠从事的，不登大雅之堂。——原编者注

② 指求知。——原编者注

识是科学的，从学问里产生而在手工操作中完成的知识是半机械的。可是在我看来，经验是一切可靠知识的母亲，那些不是从经验里产生也不受经验检定的学问，那些无论在开头、中间或末尾都不通过任何感官的学问，是虚妄无实、充满谬误的。如果我们怀疑一切通过五官的东西，以为不可靠，那就应当加倍地怀疑那些背离五官的东西，如上帝和灵魂的本质之类，因为在这类问题上是争执不休、永无定论的。的的确确，人们说不出根据的时候，就会代之以大吵大闹，在确凿的事情上，就不是这样了。所以说，凡是吵吵闹闹的地方，就没有真正的学问，因为真理只有一个结论，一旦弄清这个结论，争执就永远停息了，如果争论又起，那就说明这是虚假的、乱七八糟的学问，再没有什么可靠性了。

然而，那些真正的科学满怀希望，通过五官深入钻研，使争论者哑口无言；它们并不拿梦想来哺育研究者，始终根据那些真实不虚的、人所共知的根本原理一步一步前进，循着正确的次序，最后达到目的。这一点在普通数学里是很明显的，研究数的代数和研究量的几何就把不连续量和连续量讲得十分正确。这里就没人争论2×3大于6还是小于6，也没有人争论三角形的三个角加起来是否小于两个直角，一切争执都永远平息，献身研究的人们安安静静地享受着成果。这一点那些骗人的思辨之学是办不到的。如果你说这些真实的学问只有靠手工操作才能完成，所以属于机械知识一类，那我就要说，凡属由文人的手来完成的艺术也都是这样，因为它们属于素描一类，素描就是绘画的一个项目。天文学和其他科学也通过手工操作，它们虽然首先是精神性的，同绘画一样，先在思考者的心中，然而不通过手工操作就不能得到完成。

4.经验是没有错误的；犯错误的只是我们的判断，它会让经验去办超出能力范围的事情。

人们错误地大声反对经验，严厉地斥责经验骗人。放过经验吧，应该抱怨自己的无知；是无知使你被虚妄狂热的欲望迷住了心窍，你才指望经验做出超出能力范围的事情！

5. 自然界充满着无数未曾在经验中显现的原因。

6. 真理才是时间的女儿。

科学必须是经验与理性相结合

1. 我们所谓科学，就是这样一种理性探讨：它以最根本的本原为出发点，除了这些本原以外，再也找不到别的东西构成这门科学的部分了。例如在研究连续量的几何学里，如果从形体的面开始，那就会发现面还有它的来源，这就是它的极限，即线；我们到此还不满足，因为我们知道线又有它的极限，就是点，点以外再没有更小的东西了。所以点是几何学上最根本的本原，无论在自然界还是在人心中，都没有任何别的东西可以充当点的本原。

如果你说，用一个极尖的笔尖在一个面上一触，就造成了点，这话是不对的。我们说，这样接触到的是一个面，它围绕着自己的中心，这中心才是点的所在；这样的点是没有这个面的质料的，无论这个点，还是宇宙间所有的点合在一起（假定可以把它们合起来的话），都不能构成某一个面。假定你设想一个全体，由 1000 个点组成，而从 1000 这个数量中分出某一部分来，那就完全可以说，这个部分是与它的全体相等的。这一情况可以用零或无为例来说明，零是算术上的第十个数字，用一个“0”来表示无；在“1”后面加个“0”就读“10”，加两个“0”就读“100”，把它无限地加下去，每加一次，得到的数目就变大十倍；可是这零本身的值却无非是无，世界上所有的零加在一起，在实质和数值上还是与单单一个零相等。

人类的任何探讨，如果不是通过数学的证明进行的，就不能说是真正的科学。如果你说那些从头到尾都在理性中的科学才有真理性，那是我们不能同意的，我们有很多理由否定这个说法，最重要的一条理由就是这种理性探讨里毫无经验，离开了经验是谈不到什么可靠性的。

2. 经验这一沟通大自然与人类的译员告诉我们：大自然在受制于必

然性的凡人身上所做出的一切，都只能以理性这一舵手教它做的那种方式起作用。

3. 热衷于实践而不要理论的人好像一个水手上了一条没有舵和罗盘的船，拿不稳该往哪里航行。实践永远应当建立在正确的理论上，透视学就是正确理论的向导和门径，没有它，在绘画上就一事无成。

4. 科学是将帅，实践是士兵。

5. 最大的不幸是理论脱离实践。

（本文选自达·芬奇《笔记》，王太庆译，北京大学哲学系外国哲学史教研室编译《西方哲学原著选读》上卷第307—311页，商务印书馆1981年版。标题为编者所加）

一办法就是为自己发现名称或向别人学习名称。

克拉底鲁：我认为你说得很有意思，苏格拉底。

苏格拉底：但若只有通过名称才能知道事物，我们如何能够在有名称之前，因此也在他们能知道名称之前，假定名称的提供者拥有知识，或者说他们是立法者？

克拉底鲁：苏格拉底，我相信对这个问题的真正解释是，赋予事物最初名称的力量绝不是凡人的力量，这样提供的名称必定是它们真正的名称。

苏格拉底：如果名称的提供者是神灵附体的或者就是神，那么他怎么会自相矛盾呢？我们刚才不是说过，他用某些名称表达静止，用有些名称表达运动吗？是我们弄错了吗？

克拉底鲁：我假定这两类名称中有一类根本不是名称。

苏格拉底：那么我的朋友，哪一类根本不是名称，表达静止的，还是表达运动的？我以前说过，这个问题不能靠清点它们各有多少来决定。

克拉底鲁：不能，这个办法不行，苏格拉底。

苏格拉底：但若这是一场名称的战斗，它们中有些说自己是真理，其他一些则认为它们才是真理，那么我们该如何决定，凭什么标准？因为我们不能诉诸其他名称，而显然必须要有另一个不用名称的标准来弄清楚哪一类名称是正确的，这就是用来揭示真理的标准。

克拉底鲁：我同意。

苏格拉底：但若这是真的，克拉底鲁，那么我假定没有名称也可以知道事物，对吗？

克拉底鲁：显然如此。

苏格拉底：但你会怎样期待着知道它们？除了真实和自然的道路，通过它们自身，以及当它们相互表现出关联时，通过与它们相似的东西，还能有其他认识它们的方法吗？因为其他和不同必定表示另外的东西和与它们不同的东西。

第四讲　知识就是力量

[英] 培根

培根（Francis Bacon，1561—1626），英国哲学家、散文家，近代科学的预言家，著作有《伟大的复兴》《新工具》《新大西岛》等。

知识就是力量

[英] 培根

【编者按：纯粹理性的知识应该为改善人类的物质生活条件服务，知识应该转化为力量。培根吹响了近代科学转型的号角，为新科学的发展指明了方向。】

我们的科学要来一个伟大的复兴

当前知识的状况并非繁荣昌盛，也没有重大的进展。必须给人类的理智开辟一条与以往完全不同的道路，提供一些别的帮助，使心灵在认识事物的本性方面可以发挥它本来具有的权威作用。

我觉得人们不管对自己已有的知识，还是对自己的力量，都没有正确的理解，而是高估了前者，低估了后者。因此他们要么对自己现有的学艺评价过高，不再作进一步的探索；要么对自己的力量评价过低，把它花费在微不足道的琐事上，从不堂堂正正地用来解决那些主要的问题。这两点注定了人们在知识的道路上故步自封；因为人们既没有鼓起劲来深入钻研的要求，也不抱这个希望。要知道，人之所以要求改进，主要原因在于对已有的知识有看法，如果满足现状，就无意于为将来做准备了。既然如此，我们在开始工作的时候，就不仅应当、而且绝对必须把我们对于现有成就的过分推崇和赞赏坦率地、直截了当地去掉，恰如其分地警告人们不要夸大这些成就，对它们评价过高。

一个人只要仔细看看形形色色的科学技术书籍，就会发现到处都是不断地重复同样的东西，尽管论述的方法不同，实质上却没有新的内容，因为全部储存的知识乍看起来好像很多，一检查就看出非常贫乏。从价值和用途方面看，我们必须承认，我们主要从希腊人那里得来的那种智慧，只不过像知识的童年，具有着儿童的特性：它能够谈论，但是不能生育；因为它充满着争辩，却没有实效。因此我们学术界的现状就好像古老的斯居拉寓言里描写的那样，长着处女的头和脸，子宫上却挂满狂吠的妖怪，无法摆脱。我们熟悉的那些科学也是这样，虽有一些冠冕堂皇的、讨人喜欢的一般论点，可是一碰到特殊事物，即生育的部分，需要结出果实、产生成果时，就引起争执，吵吵闹闹，辩论不休了。这就是事情的结局，就是它们所能产生的全部结果。

我们再看看，如果这类科学里还有点生命力的话，好多世纪以来是决不会发生今天这种情况的。这就是：科学几乎停滞不前，没有增加任何对人类有价值的东西，因此不仅过去说过的话现在还在说了又说，而且过去提出的问题现在还是问题，并未通过讨论得到解决，只是固定了，扩大了。各个学派的传承依然是师徒的传授，而不是发明者与进一步改善发明者的继承。在机械技术方面我们看到的情况就不是这样。相反地，它们含有一些生命的气息，因而不断地生长，变得更加完善。在刚刚发明的时候，它们一般是粗糙的、笨拙的、不成形的，后来才得到了新的力量，有了比较方便的安排和结构。可惜人们很快就放弃了钻研，转到别的东西上去了，以致没有达到他们能够达到的完善地步。

与此相反，哲学和精神科学却同神像一样受到人们的崇拜和赞颂，但是一点都不动，一步都不前进。不但如此，有时候它们在创始人手里非常繁荣，以后就一代不如一代了。因为人们一旦依从别人，自己不作判断（像那些号称“行走”的参议员一样），同意支持某个人的意见，从那时起，就不是发扬光大科学本身，而是低三下四，为个别的名家涂脂抹粉，扩大跟班队伍了。不要说什么过去科学一直在逐步成长，最后终于达到了完备的程度，并且（十全十美地）在少数作家的作品中固定下来，现在已经没有发明新东西的余地，剩下的工作只能是把已经发明的东西拿来润色润色、琢磨琢磨了。那样倒不错，可是事实上，科学上这种拿来主义的做法，无非是出于少数人的自负和其他人的懈怠而已。因为在科学的某些部分得到辛勤的治理之后，就会出现某个胆大的人，以提供人们喜好的方法和捷径著名，表面上把它们归结成为一种学艺，实际上却把别人的成就统统破坏了。然而这种做法却是后人所欢迎的，因为它把工作弄得简便易行，省得进行人们所厌烦的进一步研究。如果有人把这种一般的默认和同意当成万无一失，经过时间考验的论据，我可要告诉他，他所依据的那个道理是极其错误、毫无力量的。因为，首先，各个时代、各个地方人们在科学技术方面所揭示、所发表的一切，我们并不是全都知道；至于个人私下从事的和做出的一切，我们更加不是全都知道；历史上的正产和流产，并没有都载入我们的记录。其次，人们的同意本身，以及保持同意的时间，也并不是很值得考虑的事。

因为不管行政上的法规有多少种，科学上的法规却只有一条，这就是通俗易懂；过去一直如此，将来也永远如此。我们知道，最得人心的学说总是那些争辩性的、论战性的学说，要么就是那些外表堂皇、内容空洞的学说，可以说都是挑逗逢迎、惹人同意的。因为这个缘故，毫无疑问，古往今来绝顶聪明的才子无不被迫离开自己的道路，超乎寻常的能人智士全都为了取得名声而甘心屈从时代的判断、众人的判断；因此，即或有些高级的思想出现在某处，也被流俗的见解立刻刮得一干二净。所以说，时间好像一条大河，把轻飘的、吹涨的东西顺流浮送到我们手里，沉重的、结实的东西全都沉下去了。

就连那些在科学界窃取了一种权威地位、自命不凡地以立法为己任的作者们，每当扪心自问的时候，也未免抱怨自然微妙，真理难寻，事物隐晦，原因纷纭，以为人心的力量微不足道。然而尽管如此，他们从来不表现得比较谦虚一点，因为他们所责备的是人类和自然的共同情况，并不是他们自己。凡是某种学艺没有办到的事，他们就摆起这方面权威的架子，断定这是根本办不到的。让某一学艺自己审判自己的案子，它怎能判决自己有罪呢，这不过是摆摆样子，免得显出无知，大丢其丑罢了。

至于那些公开发表并且得到公认的学说，情况则是这样：不下功夫，充满问题；在扩大认识方面非常迂缓，很不得力；整个看来好像十全十美，各个部分却是空空如也；让人挑选时颇受欢迎，可是连那些吹捧它的人也不能满意，所以只好用各色各样的手法来加以防护，加以说明。

即便有些人决心亲自进行试验，把气力用在扩大知识范围的工作上面，也还没有胆量完全摆脱众人接受的意见，从本源中去求知识；他们只要在现存知识的总和中添加了一点自己的东西，就认为自己已经做了一件大事；他们小心谨慎，认为自己添加了一点东西，就可以维护自己的自由；同时他们也同意别人的看法，借以保持谦虚的美名。可是这种为人称道的平凡和中道由于从众从俗，却成了损害科学的大患。因为同时既称赞又超过一位作者，是很难办到的；知识好像水一样，水一流到低处，是不会上升到它原来的高度之上的。所以说，这种人虽然有所订正，却没有什么提高；虽然改进了知识的状况，却没有扩大知识的范围。

确实也有一些人干得比较勇敢，他们放手大干，充分发挥自己的才智，推翻前人的见解，为他们自己、为自己的见解开辟了道路；然而他们的作为对事情推进不大，因为他们的目的并不是要在实质上和价值上推广哲学和学术，却只是要更换学说，使支配人们见解的权力转入自己手中；他们这样做当然所获甚少，因为他们的错误虽然与别人相反，错误的原因却是一样。

虽说也有些人酷爱自由，不受别人意见的束缚，也不受自己意见的束缚，希望别人同自己一道钻研，可是这些人尽管动机真诚，却努力不足。因为他们满足于追求大概的道理，在辩论的旋涡中转来转去，乱七八糟地自由探索，以致放松了研究的严格性。在必要的时候，没有一个人始终不越出经验和自然事实的范围。固然有些人投身于经验的海洋，几乎改变了机械学的面貌，可是这些人在实验中仍旧追求那种东捞一把西捞一把的研究，没有什么有条有理的操作体系。此外，他们大都从事研究某些琐屑的问题，把完成某项单个的发现当作一件大事；他们的研究进程在目的上是狭隘的，同时在方法上也是笨拙的。因为没有一个人能够实事求是地研究某物的本性，得出正确的、成功的结果；他们尽管辛辛苦苦地变更自己的实验，却总是达不到一个停息的处所，老觉得还要寻找些什么别的。

此外还有一件事值得我们记着，这就是：人们努力进行实验的时候，一开头都是提出一些特定的工作要求完成，都是怀着早熟的、过早的热情去追索的。这种努力，我说，寻求的是产生果实的试验，而不是带来光明的试验。它并不是模仿上帝的创世历程。要知道，上帝在第一天的工作中只创造了光，为此花了一整天工夫；那一天并没有造出什么物质性的产品，这一工作是在以后的日子里进行的。

至于那些把逻辑放在第一位的人，认定科学应该在逻辑里找到最可靠的帮助，他们确实非常正确、非常高明地看到，人的理智不能没有规范，否则就不可靠；可是他们投下的药剂太轻，治不了重病，而且本身也不是没有副作用。因为大家公认的那种逻辑只适用于人事，适用于涉及言谈和意见那些学艺，用于自然就嫌不够精细；把它用在它所不能驾驭的对象上，就只能使错误巩固、谬种流传，而非为真理开辟道路。

因此整个看来，在科学上，到现在为止，人们并不是幸福的；无论在对别人的信任方面，还是在自己的努力方面，都是如此；特别是各种证明和已知的实验都不很可靠。宇宙在人类理智的眼里好像一座迷宫，哪一面都呈现出那么多的歧路，各种事物、各种征象似是而非，各种自然现象杂乱无章，纠缠不清。尽管如此，道路还是必须打通，要依靠感官的那种闪烁不定、时明时暗的亮光，穿过经验的丛林，通过各种特殊现象向前迈进；可是那些自命为向导的人（据说）自己也是晕头转向的，他们又增加了错误的数目，扩大了流浪者的队伍。在这样困难的情况下，不管是人类天赋的判断力，还是什么偶然的幸运，都没有给我们提供任何成功的机会。杰出的才智也好，重复偶然的实验也好，都不能克服这样的一些困难。我们的步骤必须有一个线索引导，我们的整个道路，从第一个感官知觉起，必须建立在一个可靠的计划上。

大家不要把我意思误解了。我并不是说，人们花费了那么长的岁月，付出了那么多的劳动，什么事情都没有做成。我们没有理由妄自菲薄，看不起人类过去作出的那些发现；毫无疑问，古人发挥聪明才智、进行抽象思考的每一件事，都证明他们是非常了不起的。要知道，在仅仅依靠观察星象来航行的古代，人们已经能够沿着旧大陆的海岸航行，或者横渡少数不大的内海；而在能够穿过大洋发现新大陆之前，必须已经发明了使用罗盘作为更精确、更可靠的指针。同样情形，前此在科学技术方面作出的那些发现，是可以通过实践、思考、观察、论证作出的，因为这些事情贴近感官，又直接处在共同的概念之下。我们必须首先给人类的心灵和理智介绍一种更完善的用法，然后才能达到自然界那些更遥远、更隐蔽的部分。

知识就是力量

1. 人，既然是自然的仆役和解释者，他所能做的和了解的，就是他在事实上或思想上对自然过程所观察到的那么多，也只有那么多；除此以外，他什么都不知道，也什么都不能做。

2. 赤裸裸的手和无依无靠的理智，都是不能有多大能力的。手需要有工具和帮助，理智也是一样，有了才能做成工作。正如手的工具产生运动或指导运动一样，心的工具向理智提供指点或提供警告。

3. 人的知识和人的力量合而为一，因为只要不知道原因，就不能产生结果。要命令自然就必须服从自然。在思考中作为原因的，就是在行动中当作规则的。

科学的任务在于发现自然的规律

1. 在一个物体上产生和加上一种新的性质或几种新的性质，乃是人的力量的工作和目的。发现一种性质的形式，或真正的属差①，或产生自然的自然②，或流射的源泉③（因为这些名词都是对于这件事情的最近似的描写），乃是人类知识的工作和目的。附属于这些主要工作的，是另外两种次要的工作。附属于前者的，是在可能范围之内改变具体的物体；附属于后者的，是在各种产生和运动的情况下发现潜伏的过程，这种过程的进行，是从明显的动力因和明显的质料因达到所产生出来的形式；并以同样的方式发现静止不动的物体的潜伏结构。

2. 现在人的知识究竟是处在怎样一种恶劣的情况下，即使从一般所接受的原则来看，也是很显然的。认为"真正的知识是根据原因得到的知识"，乃是一种正确的看法；而原因也并不是不适当地分为四种：质料因、形式因、动力因和目的因。但是在这些原因中，目的因，除掉涉及人的行动的那些之外，并不能推进科学，而只足以破坏科学。形式因的发现也是令人失望的。动力因和质料因（正像一般所研究和接受的，把它们作为遥远原因而不涉及导致形式的潜伏过程）只是轻微的、表面的，并且如果对于真正积极的科学有点什么贡献的话，这种贡献也是微不足道的。我也没有忘记，在前面一段中，我曾经指出形式产生存在这种看法是人心的一种错误，并且加以纠正。因为在自然中真正存在的东西，虽然除掉个别物体按照一定的规律进行纯粹个体的活动之外，没有什么别的，但是在哲学里面，就是这种规律以及对于这种规律的研究、发现和解释构成知识与活动的基础。而当我说到形式的时候，我的意思

---

① "真正的属差"指本质或本质属性。——原编者注

② "产生自然的自然"与"被自然产生的自然"相对称，是当时习用的名词。由于把自然看成自己的原因，因此可以从原因与结果两方面来看自然：作为原因，便是"产生自然的自然"；作为结果，便是"被自然产生的自然"。——原编者注

③ "流射的源泉"指发出性质的本源，也用来表示形式。——原编者注

指的也就是这种规律及其所包含的部分①，这个名词是我宁愿采取的，因为它已经成为大家所习用和熟知的名词了。

3. 如果一个人只知道某些东西中某种性质（如血或热）的原因，则他的知识是不完全的；如果他只能在某些能够接受这种结果的实体上加上一种结果，则他的力量也同样是不完全的。一个人的知识如果只限于动力因和质料因（这些乃是不稳定的原因，只是在某些情形之下传达形式的媒介或原因），则他可以对在某种程度上相似的并且事先选择好的实体作出新的发现；但是他并没有接触到事物的更深的边界。但是熟悉形式的人就能够在极不相同的实体中抓住自然的统一性；因此也就能够发现从来没有发现过的东西，发现不管是自然的变化、实验上的努力以及偶然的原因本身都不能使它们实现的东西，发现人从来没有想到过的东西。因此由于形式的发现，我们就可以在思想上得到真理而在行动上得到自由。

4. 虽然达到人的力量的道路和达到人的知识的道路是紧挨着的，而且几乎是一样的，但是由于人们有喜欢停留在抽象事物上的恶劣积习，所以比较稳健的办法是从那些与实践有关系的基础上开始把各种科学建立起来，并且把实用的部分本身当作印章，来给与之相应的思辨部分盖印，来决定这个部分。因此，我们必须考虑，如果一个人要想在某种物体上面产生或加上某种性质，那么他最希望得到的是什么样的规则，什么样的指导或引导，并且用最简单明了的语言把这种东西表示出来。举例来说，如果一个人想把黄金的颜色加到银子上去，或者使它增加重量（根据物质的规律），或者想把透明性加到不透明的石头上去，或者把坚韧性加到玻璃上去，或者把植物性加到某种不是植物的实体上去——我说，我们必须考虑，如果他想这样做的话，他最希望得到的是什么样的规则和指导。首先，他必然是希望被引导到某种不会在结果上欺骗他或者在试验中使他失败的东西上去。其次，他必然是希望得到这样一种

① 这种规律所包含的部分大致是指培根所说的“简单性质”。——原编者注

规则，这种规则不致使他固着在某些手段或特殊的操作方式上面。因为也许他并没有这些手段，或者也不容易得到这些手段。如果有别的手段和方法可以产生所需要的性质（在规定的那个之外），这些手段和方法也许是他所能得到的；但是他仍然会被规则的狭隘性所排斥，而不能从这些手段和方法得到好处。第三，他还希望知道有某种东西并不像他所要去做的事情那样困难，而是更接近于实践的。

可见，一个真正完善的操作规则所需要的指导必须是**确实的、自由的，并且是可以导致行动的**，而这和真正的形式的发现就是一回事儿。因为一种性质的形式就是这样：有了一定的形式，一定的性质就必然跟着出现。因此，当这个性质存在着的时候，这个形式总是存在着的，它普遍地蕴涵这个性质，而且经常是这个性质所固有的。同样，这种形式也是这样：如果被取走了，这个性质也就必然跟着消失，因此，如果这个性质不存在，它总是不存在的，总是蕴涵这个性质的不存在，并且决不为别的东西所固有。最后，真正的形式乃是这样的：它把所要的性质从更多的性质所固有的某种存在源泉里面推导出来，这种存在的源泉在事物的自然秩序上是比这个形式本身更容易认识的。因此，一个真正完善的知识的公理所需要的指导和规则，就是要**发现可以和一定的性质互相转换的另一种性质，同时这另一种性质还是一种更普遍的性质的限制，如同一种真正实在的种**[①]**的限制一样**。可以看到，这两种指导，一种是行动的，另一种是思辨的，乃是同一的东西；而凡在操作上是最有用的，在知识上也是最真实的。

5. 改变物体的规则或公理有两种，第一种是把一个物体看成一团或一组简单的性质。例如，在金子里面，下面的这些性质会合在一起：它的颜色是黄的，它具有一定的重量，具有一定程度的展性或韧性，它是不容易改变的，火的作用不能使它的实质受到损失，使它变成具有一定程度流动性的流体，可以用特殊的方法把它分开和使它溶解，此外还有

① “真正实在的种”也就是指更普遍的性质。——原编者注

其他在金子中会合的性质。因此，这种公理把事物从简单性质的形式中推导出来。因为一个人如果知道黄色、重量、韧性、固定性、流动性、溶解性等等的形式和诱导它们的方法，如果知道它们的各种程度和形态，就会设法使它们在某种物体里面结合起来，从而可以使那个物体转化为黄金。这种操作是属于第一种行动的。因为产生某一简单性质的原则和产生许多这种性质的原则是一样的。所不同的只是：如果需要产生更多的性质，则一个人就会更加束缚和固着在操作上。因为要把这样许多除掉在自然所走惯的通常道路上便不容易会合在一起的性质结合为一，乃是很困难的事情。但是必须指出来，这种操作方式（对于简单的虽然是在复合物体中的性质来说）乃是从自然中的永恒普遍的东西出发的，它给人的力量开辟了广阔的道路，而这（就事物的现状论）是人的思想很难了解或预料到的。

（本文选自培根《伟大的复兴》和《新工具》，任华译，北京大学哲学系外国哲学史教研室编译《西方哲学原著选读》上卷第339—349页，商务印书馆1981年版。标题为编者所加）

第五讲　谈科学方法

[法] 笛卡尔

笛卡尔（René Descartes，1596—1650），法国哲学家，近代科学和近代哲学的开创者，著有《谈谈方法》《几何学》《折光学》《气象学》《第一哲学沉思集》《哲学原理》等。

谈科学方法

[法] 笛卡尔

【编者按：笛卡尔通过他的普遍怀疑方法，试图彻底颠覆“经院哲学—神学科学”一统天下的局面，倡导面向世界、遵循理性的科学方法。】

说明

这篇谈话①要是一口气读完嫌太长，可以把它分成六个部分。第一

① 作者把这本书的书名题为《谈……》(*Discours...*)，不像一般学术论著那样题为《论……》(*Traité* 或 *Dissertatio...*)。这是他有意让一般读者来阅读和评论他的文章，不想落入高头讲章的窠臼。为了这个目的，他宁愿用当时人人能读的口语法语写作，不用文人学士的拉丁文。这个意思他在本书里已经一再表露，如在第4页(中译本第5页)的第2段，以及第77—78页(中译本第59—60页)。此外，他还在1637年3月给Mersenne的信里写道：“可是我已经很了解您对这个标题的反对意见，因为我并不命名为《方法论》，而名之为《谈谈方法》，这就等于《关于方法的引言或意见》，以表明我并不打算讲授这种方法，只想谈谈它。因为，大家会从我所说的看出，它是实践多于理论，而且我还把以后的几篇论文称为《这种方法的试探》，这是由于我认为如果没有这种方法是发现不了那些论文里包含的东西的。此外我还在第一篇谈话里加进了某些形而上学上、物理学上和医学上的东西，表明这种方法可以用到各种题材上。”作者的这种态度表面上看是谦虚，实质上是以实事求是的作风来反对当时居统治地位的经院哲学的空洞与虚骄。——译者注(下同)

部分，大家可以看到，是一些对于各门学问①的看法。第二部分，是作者所寻求的那种方法的几条主要的规则。第三部分，是他从这种方法里引导出来的几项行为守则。第四部分，是他用来证明神②存在、证明人的灵魂③存在的那些理由，也就是他的形而上学④的基础。第五部分，是他研究过的一系列物理学⑤问题，特别是对于心脏运动以及其他医学方面难题的解释，还有我们的灵魂与禽兽的灵魂的区别。最后一部分，是作者认为一定要做哪些事情才能在自然研究方面比过去前进一步，以及是哪些理由促使他写书。

良知⑥，是人间分配得最均匀的东西。因为人人都认为自己具有非常充分的良知，就连那些在其他一切方面全都极难满足的人，也从来不会觉得自己的良知不够，想要再多得一点。这一方面，大概不是人人都弄错了，倒正好证明，那种正确判断、辨别真假的能力，也就是我们称为良知或理性的那种东西，本来就是人人均等的；我们的意见之所以分

---

① les sciences，这里指的并不是今天意义的“科学”，而是当时意义的各种知识，既包括数学、几何，也包括历史、传记以及诗词、小说等等。作者是见到当时的知识不可靠，要用他的方法排除其中的虚假成分，从而建立真正的科学。

② Dieu，基督教的唯一的神，旧教（天主教）称为天主，新教又称上帝。作者借用宗教神学的这一范畴来建立他自己的哲学，略去神之为信仰对象的意义，把它看成绝对的本体，作为一切存在的依据，以及正确认识的基础。

③ l' âme，原来指生命的根本，由于思想是生命的一个方面，所以生命的根本也是思想的根本。作者借用宗教神学的灵魂范畴来建立他自己的知识论，所以强调灵魂之为思想的根本，定为两个相对本体之一，称为心灵（l' esprit，mens），与形体（le corps）相对。

④ la métaphysique，指哲学中最根本的部分。这个词原来出于亚里士多德的著作 TA META TA ΦΥΣΙΚΑ，即《物理学以后诸篇》，是后人将亚里士多德遗稿中关于根本哲学的篇章编在一起置于《物理学》之后，以后拉丁文译者便用拉丁字母转写这个名称，成为 Metaphysica，中文译为《形而上学》。这部书讨论的是“是者之为是者”，即关于是者的理论。作者继承了亚里士多德的思想，也将他的最根本的哲学称为“形而上学”或“第一哲学”。

⑤ la physique，指自然科学，如光学、生物学、天文学等，但不是指亚里士多德的“物理学”。亚里士多德的“物理学”是关于自然界（Φύσις）的一般理论，即自然哲学。笛卡尔的自然哲学称为“物质性东西的原理”。

⑥ le bon sens，指一种良好的官能，不同于可以弄错的感觉官能如视、听等。这是一种绝对正确的分辨能力，有如孟子所谓不虑而知的良知，即理性。但是作者此处所用的意义不同于中国人所理解的分辨善恶的能力，而是指分辨真假的能力，即理性的知识论意义而非伦理学意义。此外，这里用的也不是斯多亚派智慧的意思，如《引导心智的规则》中所说的那种 bona mens（良心）。

歧，并不是由于有些人的理性多些，有些人的理性少些，而只是由于我们运用思想的途径不同，所考察的对象不是一回事。因为单有聪明才智是不够的，主要在于正确地运用才智。杰出的人才固然能够做出最大的好事，也同样可以做出最大的坏事；行动十分缓慢的人只要始终循着正道前进，就可以比离开正道飞奔的人走在前面很多。

拿我来说，就从来没有以为自己的才智完美，有什么胜于常人的地方。甚至于我还常常希望自己能有跟某些人一样敏锐的思想，一样清楚分明[①]的想象[②]，一样广博或者一样鲜明的记忆。除了这些以外，我不知道还有什么别的品质可以使才智完美，因为拿理性或良知来说，既然它是唯一使我们成为人、使我们异于禽兽的东西，我很愿意相信它在每个人身上都是不折不扣的，很愿意在这一方面赞成哲学家们[③]的意见，就是：同**属**[④]的各个个体只是所具有的**偶性**[⑤]可以或多或少，它们的形式[⑥]或本性并不能多点少点。

不过我可以大胆地说，我觉得自己非常幸运，从年轻的时候起，就摸索到几条门路，从而作出一些考察，得到一些准则，由此形成了一种方法。凭着这种方法，我觉得有办法使我的知识逐步增长，一步一步提高到我的平庸才智和短暂生命所能容许达到的最高水平。因为我已经用这种方法取得了那么多的成果，尽管我对自己的评判一贯从严，总是力求贬抑，不敢自负，尽管我用哲学家[⑦]的眼光看世人从事的各种活动和事业，觉得几乎没有一样不是虚浮无益的，我还是抑制不住对自己认为

---

① net et distinct，指既干净又没有混淆。这是作者心目中的真理标准。net 有时也写作 clair（明白）。

② l' imagination，指心灵的一种能力，根据对象的痕迹形成形象，因此为发明、创造所必需，不是一般所谓胡思乱想的意思。

③ 指当时占统治地位的经院哲学家们。

④ l' espèce，拉丁文作 species，指“种”（genus）下面的“属”。

⑤ l'accident，经院哲学从亚里士多德哲学中继承来的范畴，指一种性质，缺了或加上它并不影响某物之为某物。

⑥ la forme，经院哲学从亚里士多德哲学中继承来的范畴，指一种性质，为某物之为某物所必需。

⑦ 指真正的哲学家，即爱智者。

在寻求真理方面已经取得的那种进展感到极大的满意，觉得前途无量。如果在正派人从事的行业中有一种是确实有益而且重要的，我敢相信那就是我所挑选的那一种。

然而很可能这是我弄错了，也许只捞到点黄铜、玻璃，我却把它当成了金子、钻石。我知道，在牵涉到自己本人的事情上，我们是非常容易弄错的；朋友的评判对我有利的时候，也是非常值得我们怀疑的。不过，我很愿意在这篇谈话里向大家说清楚我走过哪些道路，把我的经历如实地一一描绘出来，使大家都能作出评判，好从群众的议论里听取大家对我的意见。这可以说是我在惯常采用的那些自我教育办法之外添上的一种新办法。

因此，我并不打算在这里教给大家一种方法，以为人人都必须遵循它才能正确运用自己的理性；我只打算告诉大家我自己是怎样运用我的理性的。从事向别人颁布训条的人一定认为自己比别人高明，如果稍有差错就该受到责备。可是这本书里提供的只是一种传记性的东西，也可以说只是一种故事性的东西，其中除了某些可以仿效的例子以外，也许还可以找到许多别的例子大家有理由不必遵循，所以我希望它会对某些人有益而对任何人无害，也希望我的坦率能得到大家的赞许。

我自幼受书本教育。由于听信人家的话，认为读书可以得到明白可靠的知识，懂得一切有益人生的道理，所以我如饥似渴地学习。可是等到学完全部课程，按例毕业，取得学者资格的时候，我的看法就完全改变了。因为我发现自己陷于疑惑和谬误的重重包围，觉得努力求学并没有得到别的好处，只不过越来越发现自己无知。可是我进的是欧洲最著名的学校①，如果天下有饱学之士的话，我想那里就该有。我把这所学校里别人所学的功课全部学完，甚至不以学校讲授的学问为满足，凡是大家认为十分稀奇、十分古怪的学问②，只要捞得到讲它的书，我统统

① 法国西部安茹省拉弗莱什城的亨利四世公学，一所由国王设立、交耶稣会士办理的贵族学校。笛卡尔于1604年入学，1616年获得硕士学位。

② 指炼金术、占星术、手相术、土占术、通灵术、巫术之类。

读了。此外，我也知道别人对我的评判，我没有见到任何人认为我不如我的同学，虽然他们当中已经有几位被选定为老师的接班人了。最后，我觉得我们这个时代人才辈出，俊杰如云，不亚于以往任何时代，这就使我可以自由地对所有的人作出我自己的判断，认为世界上根本没有一种学说真正可靠，像从前人们让我希望的那样。

尽管如此，我还是重视学校里所受的各种训练。我很明白：学校里教的语言文字①，是通晓古书的必要条件；寓言里的机智，可以发聋振聩；史传上的丰功伟业，可以激励人心；精研史册，可以有助于英明善断；遍读好书，有如走访著书的前代高贤，同他们促膝谈心，而且是一种精湛的交谈，古人向我们谈出的只是他们最精粹的思想。我也明白：雄辩优美豪放无与伦比；诗词婉转缠绵动人心弦；数学有十分奥妙的发明，用处很大，既能满足好奇心，又能帮助各种技艺，减轻人们的劳动；宣扬风化的文章包含许多教训、许多箴言，劝人淑世为善；神学指引升天大道；哲学②教人煞有介事地无所不谈，博得浅薄之人敬佩；法学、医学等类学问给治学者带来盛名厚利。而且我还明白：博学旁通，连最迷信、最虚妄的东西也不放过，是有好处的，可以知道老底，不上它们的当。

可是我认为自己用在语言文字上的功夫已经够多，诵读古书、读历史、读寓言花的时间也已经不少。因为同古人交谈有如旅行异域，知道一点殊方异俗是有好处的，可以帮助我们比较恰当地评价本乡的风俗，不至于像没有见过世面的人一样，总是以为违反本乡习惯的事情统统是可笑的、不合理的。可是旅行过久就会对乡土生疏，对古代的事情过分好奇每每会对现代的事情茫然无知。何况寓言使人想入非非，把许多不可能的事情想成可能。就连最忠实的史书，如果不歪曲、不夸张史实以求动听，至少总要略去细枝末节，因而不能尽如原貌；如果以此为榜样亦步亦趋，每每会同传奇③里的侠客一样陷于浮夸，想出来的计划每每会无法实现。

---

① 指古代的希腊文和拉丁文，是该校的基础课，于一年级、二年级、三年级修习。

② 指当时流行的经院哲学，该校于最后三个学年讲授。

③ 欧洲16世纪有著名小说《堂吉诃德》，给人深刻印象。

我很看重雄辩，并且热爱诗词。可是我认为雄辩和诗词都是才华的产物，而不是研究的成果。一个人只要推理能力极强，极会把自己的思想安排得明白易懂，总是最有办法使别人信服自己的论点的，哪怕他嘴里说的只是粗俗的布列塔尼[①]土话，也从来没有学过修辞学。一个人只要有绝妙的构思，又善于用最佳的辞藻把它表达出来，是无法不成为最伟大的诗人的，哪怕他根本不知道什么诗法。

我特别喜爱数学，因为它的推理确切明了；可是我还看不出它的真正用途，想到它一向只是用于机械技术，心里很惊讶，觉得它的基础这样牢固、这样结实，人们竟没有在它的上面造起崇楼杰阁来。相反地，古代异教学者们写的那些讲风化的文章好比宏伟的宫殿，富丽堂皇，却只是建筑在泥沙上面。他们把美德捧得极高，说得比世上任何东西都可贵；可是他们并不教人认识清楚美德是什么，被他们加上这个美名的往往只是一种残忍、一种傲慢、一种灰心、一种弑上。

我尊敬我们的神学，并且同别人一样要求升天。可是人家十分肯定地说：最无知的人也同最博学的人一样可以进天堂，指引人们升天的天启真理不是我们的智力所能理解的。我听了这些话，就不敢用我的软弱推理去窥测那些真理了。我想一定要有天赐的特殊帮助，而且是个超人，才能从事研究那些真理，得到成就。

关于哲学我只能说一句话：我看到它经过千百年来最杰出的能人钻研，却没有一点不在争论中，因而没有一点不是可疑的，所以我不敢希望自己在哲学上的遭遇比别人好；我考虑到对同一个问题可以有许多不同的看法，都有博学的人支持，而正确的看法却只能有一种，所以我把仅仅貌似真实的看法一律看成大概是虚假的。

至于其他的学问，既然它们的本原[②]是从哲学[③]里借来的，我可以肯

---

① Bretagne，法国西北部一个半岛，与英国隔海相望，居民的方言很难懂。

② le principe，原意是“开始”，即希腊哲学的 ἀρχὴ，我国一向译为“原则”或“原理”，是在它的本义“原始”上加了“规则”或“道理”的意思，这里用的不是这个词义。

③ 指占统治地位的经院哲学。

定，在这样不牢固的基础上绝不可能建筑起什么结实的东西来。这类学问所能提供的名利，是不足以促使我去学习它们的，因为谢天谢地，我并不感到境遇窘迫，要拿学问去牟利，以求改善生活；我虽不像犬儒派[①]那样自称藐视荣誉，对于那种只能依靠虚假的招牌取得的名声，我是很不在意的。最后说到那些骗人的学说，我认为已经摸清了它们的老底，再也不会上当受骗，不管它是炼金术士的包票，还是占星术士的预言，是巫师的鬼把戏，还是那些强不知以为知的家伙的装腔作势、空心牛皮。

就是因为这个缘故，一到年龄容许我离开师长的管教，我就完全抛开了书本的研究。我下定决心，除了那种可以在自己心里或者在世界这本大书里找到的学问以外，不再研究别的学问。于是趁年纪还轻的时候就去游历，访问各国的宫廷和军队，与气质不同、身份不同的人交往，搜集各种经验，在碰到的各种局面里考验自己，随时随地用心思考面前的事物，以便从中取得教益。因为在我看来，普通人的推理所包含的真理要比读书人的推理所包含的多得多：普通人是对切身的事情进行推理，如果判断错了，它的结果马上就会来惩罚他；读书人是关在书房里对思辨的道理进行推理，思辨是不产生任何实效的，仅仅在他身上造成一种后果，就是思辨离常识越远，他由此产生的虚荣心大概就越大，因为一定要花费比较多的心思，想出比较多的门道，才能设法把那些道理弄得好像是真理。我总是如饥似渴地要求学会分清真假，以便在行动中心明眼亮，一辈子满怀信心地前进。

的确，我在专门考察别国风俗的阶段，根本没有看到什么使我确信的东西，我发现风俗习惯是五花八门的，简直同我过去所看到的那些哲学家的意见一样。所以我由此得到的最大的好处就是大开眼界，看到有许多风俗尽管我们觉得十分离奇可笑，仍然有另外一些大民族一致赞成采纳，因此我懂得不能一味听从那些成规惯例坚信不移，这样，我就摆

---

① le cynique，古希腊苏格拉底以后的一个支派，以愤世嫉俗著称。

脱了许多错误的看法，免得我们天然的灵明[①]受到蒙蔽，不能听从理性。可是，我花了几年工夫像这样研究世界这本大书，努力取得若干经验之后，终于下定决心同时也研究我自己，集中精力来选择我应当遵循的道路。这样做，我觉得取得的成就比不出家门、不离书本大多了。

我那时在日耳曼，是那场尚未结束的战争[②]把我招引到了那里。我参观皇帝[③]加冕后回到部队的时候，冬天已经到了，只好留在驻地[④]。那里既找不到人聊天解闷，幸好也没有什么牵挂，没有什么情绪使我分心，我成天独自关在一间暖房里，有充分的闲暇跟自己的思想打交道。在那些思想当中，第一个是我注意到：拼凑而成、出于众手的作品，往往没有一手制成的那么完美。我们可以看到，由一位建筑师一手建成的房屋，总是要比七手八脚利用原来作为别用的旧墙设法修补而成的房屋来得整齐漂亮。那些原来只是村落、经过长期发展逐渐变成都会的古城，通常总是很不匀称，不如一位工程师按照自己的设想在一片平地上设计出来的整齐城镇；虽然从单个建筑物看，古城里常常可以找出一些同新城里的一样精美，或者更加精美，可是从整个布局看，古城里的房屋横七竖八、大大小小，把街道挤得弯弯曲曲、宽窄不齐，与其说这个局面是由运用理性的人的意志造成的，还不如说是听天由命。如果考虑到这一点，那就很容易明白，单靠加工别人的作品是很难做出十分完美的东西的。我也同样想到，有些民族原来处于半野蛮状态，只是逐步进入文明，感到犯罪和争吵造成麻烦，迫不得已才制定了法律，它们的治理程度就比不上那些一结成社会就遵奉某个贤明立法者的法度的民族。

---

① la lumière naturelle，指良知。

② 指1618年至1648年新教徒与旧教徒的战争。笛卡尔于1618年到荷兰作为志愿军参加了新教徒 Maurice de Nassau 的军队，后来又转入旧教徒巴伐利亚的 Maximilian 公爵的部队，1619年离开阿姆斯特丹到过丹麦、波兰、匈牙利等国。

③ 指 Ferdinand，波希米亚国王（1617）兼匈牙利国王（1618），被推选为神圣罗马帝国皇帝，1619年于法兰克福加冕。

④ 指莱茵河畔乌尔姆城郊的一个村子。

由神一手制定清规的真宗教[①]，就确实精严无比，胜过其他一切宗教。拿人的事情来说，我认为，斯巴达之所以曾经十分强盛，并不是因为它的每一条法律都好，其中就有许多条非常古怪，甚至违反善良的风俗[②]；其所以如此，原因在于它的全部法律是由一个人制定的[③]，是为着同一个目的的。我又想到，书本上的学问，至少那些只说出点貌似真实的道理、却提不出任何证据的学问，既然是多数人的分歧意见逐渐拼凑堆砌而成的，那就不能像一个有良知的人对当前事物自然而然地作出的简单推理那样接近真理。我还想到，既然我们每个人在成年以前都当过儿童，都不能不长期受欲望和教师的支配，教师们的意见又常常是互相抵触的，而且谁的教导都未必总是正确，那么，我们的判断要想一尘不染，十分可靠，就像一生下来就完全运用理性，只受理性指导一样，那是简直不可能的。

我们虽然没有见过谁把全城的房屋统统拆光，只是打算换个样式重建，把街道弄漂亮；可是常常看到许多人把自己的房子拆掉，打算重盖，也有时候是因为房子要塌，或者房基不固，不得不拆。以此为例，我相信：个人打算用彻底改变、推翻重建的办法改造国家，确实是妄想；改造各门学问的主体，或者改造学校里讲授各门学问的成规，也是同样办不到的；可是说到我自己一向相信的那些意见，我却没有别的好办法，只有把它们一扫而空，然后才能换上好的，或者把原有的用理性校正后再收回来。我深信，用这种办法做人，得到的成就一定可观，大大超过死守旧有的基础、一味依赖年轻时并未查明是否真实就贸然听信的那些原则。因为我虽然看到这样做有种种困难，那些困难却不是无法克服的，并不像涉及公众的事情那样，哪怕鸡毛蒜皮，改革起来都困难无比。那些大体制推倒了就极难扶起，甚至动摇了就极难摆稳，而且垮

① 指基督教。

② 例如斯巴达的宪法规定必须把发育不良的婴儿从山上抛下摔死，赞扬偷窃食物不被逮住的儿童，鼓励狡诈和密探，少女在体育场上裸体活动，公妻。

③ 传说斯巴达的法律是公元前 9 世纪由 Lycurgue 制定的。

下来是十分可怕的。至于它们的毛病，那是有的，单凭它们的分歧就足以肯定它们有毛病，可是习惯确实已经使毛病大大减轻，甚至在不知不觉中使大量毛病得以免除，或者得到改正，我们凭思虑是做不到那么好的。而且，沿用旧体制几乎总是比改换成新体制还要好受一些；旧体制好比盘旋山间的老路，走来走去就渐渐平坦好走了，还是照着它走好，不必翻大山过深沟抄直走。

因此，有些人飞扬浮躁，门第不高，家赀不厚，混进了官场，却老想改革政治，我是决不能赞成他们的。我要是想到这本书里有一点点东西可以令人怀疑我有那么愚蠢，我就会十分懊悔让它出版了。我的打算只不过是力求改造我自己的思想，在完全属于我自己的基地上从事建筑。尽管我对自己的工作相当满意，在这里向大家提出一个样品，这并不表明我有意劝别人学我。那些得天独厚的人也许会有比我高明的打算，可是对于很多人来说，我很担心我这个打算已经太大胆了。单拿下决心把自己过去听信的意见统统抛弃这一点说，就不是人人都应当效法的榜样。世界上的人大致说来只分为两类，都不宜学这个榜样。一类人自以为高明，其实并不那么高明，既不能防止自己下仓促的判断，又没有足够的耐性对每件事全都有条有理地思想，因此，一旦可以自由地怀疑自己过去接受的原则，脱离大家所走的道路，就永远不能找到他所要走的捷径，一辈子迷惑到底。另一类人则相当讲理，也就是说相当谦虚，因而认定自己分辨真假的能力不如某些别人，可以向那些人学习，既然如此，那就应该满足于听从那些人的意见，不必自己去找更好的了。

至于我自己，如果我一直只有一位老师，或者根本不知道自古以来学者们的意见就是分歧的，那我就毫无疑问属于后一类。可是，我在学生时期就已经知道，我们能够想象得出来的任何一种意见，不管多么离奇古怪，多么难以置信，全都有某个哲学家说过。我在游历期间就已经认识到，与我们的意见针锋相对的人并不因此就全都是蛮子和野人，正好相反，有许多人运用理性的程度与我们相等，或者更高。我还考虑到，同一个人，具有同样的心灵，自幼生长在法兰西人或日耳曼人当中，就变得大不相同；连衣服的样式也是这样，一种款式十年前时兴过，也许十年后还会时兴，我们现在看起来就觉得古里古怪，非常可笑。由此可见，我们所听信的大都是成规惯例，并不是什么确切的知识；有多数人赞成并不能证明就是什么深奥的真理，因为那种真理多半是一个人发现的，不是众人发现的。所以我挑不出那么一个人我认为他的意见比别人更可取，我感到无可奈何，只好自己来指导自己。

不过，我好像一个在黑暗中独自摸索前进的人似的，下决心慢慢地走，每样东西都仔细摸它一摸，这样虽然进步不大，至少保得住不摔倒。我甚至于宁愿先付出充分的时间为自己所要从事的工作拟出草案，为认识自己力所能及的一切事物寻找可靠的方法，而不一开始就大刀阔斧把过去未经理性指引潜入我心的一切意见完全抛弃。

我早年在哲学方面学过一点逻辑，在数学方面学过一点几何学分析和代数。这三门学问似乎应当对我的计划有所帮助。可是仔细一看，我发现在逻辑方面，三段论式和大部分其他法则只能用来向别人说明已知的东西，就连鲁洛①的《学艺》之类也只能不加判断地谈论大家不知道的东西，并不能求知未知的东西。这门学问虽然确实包含着很多非常正确、非常出色的法则，其中却也混杂着不少有害或者多余的东西，要把这两类东西区别开来，困难的程度不亚于从一块未经雕琢的大理石里取出一尊狄雅娜像或雅典娜像。至于古代人的分析②和近代人的代数，都是只研究非常抽象、看来毫无用处的题材的，此外，前者始终局限于考察图形，因而只有把想象力累得疲于奔命才能运用理解力；后者一味拿规则和数字来摆布人，弄得我们只觉得纷乱晦涩、头昏脑涨，得不到什么培养心灵的学问。就是因为这个缘故，我才想到要去寻找另外一种方法，包含这三门学问的长处，而没有它们的短处。我知道，法令多如牛毛，每每执行不力；一个国家立法不多而雷厉风行，倒是道不拾遗。所

① Lulle(拉丁文作 Ramon Lullus),1235—1315,加泰罗尼亚(今西班牙境内)的经院哲学家,著有《大学艺》(*Ars magna*)。

② 指几何学。

以我相信，用不着制定大量规条构成一部逻辑，单是下列四条，只要我有坚定持久的信心，无论何时何地决不违犯，也就够了。

第一条是：凡是我没有明确地认识到的东西，我决不把它当成真的接受。也就是说，要小心避免轻率的判断和先入之见，除了清楚分明地呈现在我心里，使我根本无法怀疑的东西以外，不要多放一点别的东西到我的判断里。

第二条是：把我所审查的每一个难题按照可能和必要的程度分成若干部分，以便一一妥为解决。

第三条是：按次序进行我的思考，从最简单、最容易认识的对象开始，一点一点逐步上升，直到认识最复杂的对象；就连那些本来没有先后关系的东西，也给它们设定一个次序。

最后一条是：在任何情况之下，都要尽量全面地考察，尽量普遍地复查，做到确信毫无遗漏。

我看到，几何学家通常总是运用一长串十分简易的推理完成最艰难的证明。这些推理使我想象到，人所能认识到的东西也都是像这样一个连着一个的，只要我们不把假的当成真的接受，并且一贯遵守由此推彼的必然次序，就决不会有什么东西遥远到根本无法达到，隐蔽到根本发现不了。要从哪些东西开始，我觉得并不很难决定，因为我已经知道，要从最简单、最容易认识的东西开始。我考虑到古今一切寻求科学真理的学者当中只有数学家能够找到一些证明，也就是一些确切明了的推理，于是毫不迟疑地决定就从他们所研讨的这些东西开始，虽然我并不希望由此得到什么别的好处，只希望我的心灵得到熏陶，养成热爱真理、厌恶虚妄的习惯。但是我并不打算全面研究一切号称数学的特殊学问。我看出这些学问虽然对象不同，却有一致之处，就是全都仅仅研究对象之间的各种关系或比例。所以我还是只从一般的角度研究这些关系为好，不要把它们假定到某种对象上面，除非那种对象能使我们更容易认识它们，更不要把它们限制到某种对象上面，这样，才能把它们同样恰当地应用于其他一切对象。我又注意到，为了认识这些关系，我有时候需要对它们一一分别研究，有时候只要把它们记住，或者放在一起理解。所以我想：为了便于分别研究它们，就该把它们假定为线的关系，因为我发现这是最简单的，最能清楚地呈现在我们的想象和感官面前；另一方面，为了把它们记住或者放在一起研究，就该用一些尽可能短的数字来说明它们；用这个办法[①]，我就可以从几何学分析和代数里取来全部优点，而把它们的全部缺点互相纠正了。

实际上，我可以大胆地说，由于严格遵守我所选择的那不多几条规则，我轻而易举地弄清了这两门学问所包括的一切问题，因此在从事研究的两三个月里，我从最简单、最一般的问题开始，所发现的每个真理都是一条规则，可以用来进一步发现其他真理。这样，我不但解决了许多过去认为十分困难的问题，而且对尚未解决的问题也觉得颇有把握，能够断定可以用什么办法解决，以及可能解决到什么程度。这一点，也许大家不会觉得我太夸口，因为大家会考虑到，一样东西的真理只有一个，谁发现了这个真理，谁就在这一点上知道了我们能够知道的一切。比方说，一个学了算术的小孩按照算术规则做完一道加法题之后，就可以确信自己在这道题的和数上发现了人心所能发现的一切。因为说到底，这种方法教人遵照研究对象的本来次序确切地列举它的全部情况，就包含着算术规则之所以可靠的全部条件。

不过这种方法最令我满意的地方还在于我确实感到，我按照这种方法在各方面运用我的理性，虽不敢说做到尽善尽美，至少可以说把我的能力发挥到了最大限度。此外我还感到，由于运用这种方法，我的心灵逐渐养成了过细的习惯，把对象了解得更清楚、更分明了。我没有把这种方法固定到某种对象上，很希望运用它顺利地解决其他各门学问的难题，跟过去解决代数上的难题一样。不过我并没有因此放大胆一开头就去研究所有的一切学问，因为那样做本身就违反这种方法所规定的次

① 指作者所建立的解析几何。在这以前，数学的两个分支几何和代数是各行其是，互不沟通的：几何以连续的量为对象，代数以不连续的量为对象。笛卡尔利用他的坐标打通了这两个数学分支，把图形和数目结合起来。

序。我考虑到一切学问的本原都应当从哲学里取得，而我在哲学里还没有发现任何确实可靠的本原，所以我想首先应当努力在哲学上把这种本原建立起来；可是这件工作是世界上最重要的事情，又最怕轻率的判断和先入之见，我当时才23岁，不够成熟，一定要多等几年，事先多花些时间准备，一面把过去接受的错误意见统统从心里连根拔掉，一面搜集若干经验作为以后推论的材料，并且不断练习我所规划的那种方法，以便逐渐熟练巩固。

我们知道，在重建住宅之前，光把旧房拆掉，备上新料，请好建筑师，或者亲自设计，并且仔细绘出图纸，毕竟还是不够的，还应该另外准备一所房子，好在施工期间舒舒服服地住着。所以，当我受到理性的驱使、在判断上持犹疑态度的时候，为了不至于在行动上犹疑不决，为了今后还能十分幸运[①]地活着，我给自己定下了一套临时行为规范，一共只有三四条准则，我愿意把它的内容告诉大家。

第一条是：服从我国的法律和习俗，笃守我靠神保佑从小就领受的宗教[②]，在其他一切事情上以周围最明智的人为榜样，遵奉他们在实践上一致接受的那些最合乎中道、最不走极端的意见，来约束自己。因为我虽然为了重新审查自己的全部意见，从那时起把它们一律当成一文不值，却深信最好还是遵从最明智的人的看法。尽管波斯和中国也许跟我们这里一样有很明智的人，我觉得还是效法自己周围的人好处最大。而且，要想知道他们真正的看法，一定要看他们的实际行动，不能光听他们说的话，这不仅是由于世风日下，有不少人不肯全说真心话，也是由于有不少人并不知道自己的真心是什么；因为相信一件事并不等于知道自己相信这件事，这是两种思想活动，常常分道扬镳。在那些有同样多的人接受的看法当中，我总是选择最合乎中道的。这样做，一方面是因

① heureusement，指安适不遭横祸。笛卡尔害怕受到攻击以至迫害，所以要争取安全，但是他并不把幸运（l' heur）与幸福（la béatitude）混为一谈，他把幸运看成我们身外之物所决定的，认为幸福才是我们内心的完全满足。后者是他的伦理学的目的，前者只是他应付环境的策略。

② 罗马天主教。

为这种看法永远最便于实行，既然偏激通常总是坏的，大概这也就是最好的看法；另一方面也是因为可以在犯错误的时候不致离开正道过远：万一我选择了一极端，应当走的却是另一极端，那就糟了。而且我特别认为属于偏激的是各种限制我们某项自由的诺言。这并不是我不赞成法律允许人们赌咒发誓、订立必须信守不渝的契约，以防止不坚定的人反复无常，保证达到某种正当目的，如保证公平交易之类。正好相反。这只是因为我看到，世界上的一切，特别是我这个人，并不是永远保持原状的。拿我来说，就希望把自己的判断弄得越来越完善，并不希望把它弄糟，如果由于曾经赞成过某件事，后来事情变了样我还只好说它对，我认为那就是犯了违背良知的大错，我要变卦，不认为它对。

我的第二条准则是：在行动上尽可能坚定果断，一旦选定某种看法，哪怕它十分可疑，也毫不动摇地坚决遵循，就像它十分可靠一样。这样做是效法森林里迷路的旅客，他们决不能胡乱地东走走西撞撞，也不能停在一个地方不动，必须始终朝着一个方向尽可能笔直地前进，尽管这个方向在开始的时候只是偶然选定的，也不要由于细小的理由改变方向，因为这样做即便不能恰好走到目的地，至少最后可以走到一个地方，总比困在森林里面强。为人处世也是这样，我们的行动常常必须当机立断，刻不容缓。有一条非常可靠的真理，就是在无法分辨哪种看法最正确的时候必须遵从或然性最大的看法，即便看不出哪种看法或然性大些也必须选定一种，然后在实践中不再把它看成可疑的，而把它当作最正确、最可靠的看法，因为我们选定这种看法的理由本来就是如此。我明白了这个道理，从那时起就不犯后悔的毛病，不像意志薄弱的人那样反复无常，一遇风吹草动就改变主意，今天当作好事去办的明天就认为很坏。

我的第三条准则是：永远只求克服自己，不求克服命运，只求改变自己的愿望，不求改变世间的秩序。总之，要始终相信：除了我们自己的思想以外，没有一样事情可以完全由我们做主。所以，我们对自身以外的事情尽了全力之后，凡是没有办到的，对于我们来说，就是绝对办不到的事情。我觉得明白了这一点就可以消除痴心妄想，凡是得不到的东西就不要盼望将来把它弄到手；这样也就安分守己、心满意足了。因为我的意志所能要求的，本来只是我的理智认为大致可以办到的事情，如果我们把身外之物一律看成由不得我们自己做主的东西，那么，在平白无故地被削除封邑的时候，就决不会因为丧失那份应当分封给我这位贵族的采邑而懊恼，就像不会因为没有当上中国皇帝或墨西哥国王而懊恼一样；推而广之，生了病也就不会妄想健康，坐了牢也就不会妄想自由，就像不会妄想生成金刚不坏之身、长出高飞远翥的翅膀一样。不过我也承认，一定要经过长期训练，反复思考，才能熟练地从这个角度去看万事万物。我相信，那些古代哲学家[1]之所以能够摆脱命运的干扰，漠视痛苦和贫困，安乐赛过神仙，其秘密主要就在于此。因为他们不断地考察自然给他们划定的界限，终于大彻大悟，确信除了自己的思想之外，没有一样东西可以由他们做主，确信只要认清这一点就可以心无挂碍，不为外物所动；他们对自己的思想作出了绝对的支配，因此也就有理由认为自己又富又强，逍遥安乐，胜过所有的别人，别人不懂这种哲学，不管得到自然和命运多大优待，还是不能支配一切、事事如愿以偿的。

最后，为了结束这个行为规范，我曾经想到检视一下人们这一辈子从事的各行各业，以便挑选出最好的一行。对于别人的行业我不打算说什么话，我认为我最好还是继续自己所从事的那一行，也就是把我的一生用来培养我的理性，按照我所规定的那种方法尽全力增进我对真理的认识。自从使用这种方法以来，我尝到了极大的快乐，觉得人生在世所能得到的快乐没有比这更美妙、更纯洁的了。我凭着这种方法每天发现若干真理，觉得都相当重要，都是别人所不知道的，因此满心欢喜，别的事情全都不放在心上。此外，我建立上述三条准则只有一个目的，就是继续教育我自己。因为神既然已经赐给我们每人一份分辨真假的天然灵明，我觉得自己决不应该有片刻工夫满足于别人的看法，只有打定主意在条件成熟的时候用自己的判断去审查别人的看法；我决不能马马虎

① 指古罗马的斯多亚派哲学家。

虎地跟在别人的看法后面转，只希望自己不放过任何机会尽可能地找出更好的看法。最后，我决不能限制自己的要求，也不能安于现状，只能走那样一条路，我认为照着这条路走下去，凡是我能够得到的知识都一定可以到手，凡是我能够得到的真正的好东西也就一定可以到手。因为我们的意志是不是追求一样东西，只是根据我们的理智把它看成好的还是坏的；有了正确的判断，就可以有正确的行动，判断得尽可能正确，行动也就尽可能正确，就是说，可以取得一切美德以及其他一切我们能够取得的好东西；知道自己一定可以这样，当然不能不高兴。

我用这三条准则给自己保了险，把它们并列于信仰上的真理，我心中永远占首位的真理。这样做了之后，我认为可以放手把我的其他看法统统抛弃了。我把自己关在那间暖房里得到了这样一些思想，可是为了顺利完成我的清扫工作，我觉得与其在那里闭门长住下去还不如走出来跟人们交往，所以我不等冬天过完又开始游历了。以后整整九年，我只是在世界上转来转去，遇到热闹戏就看一看，只当观众，不当演员。对每个问题我都仔细思考一番，特别注意其中可以引起怀疑、可以使我们弄错的地方，这样，就把我过去马马虎虎接受的错误一个一个连根拔掉了。我这并不是模仿怀疑论者①，学他们为怀疑而怀疑，摆出永远犹疑不决的架势。因为事实正好相反，我的整个打算只是使自己得到确信的根据，把沙子和浮土挖掉，为的是找出磐石和硬土。这样做我觉得相当成功，因为我对命题进行审查、揭露其错误或不确之处的时候，用的并不是软弱无力的猜测，而是明白确切的推理；我发现任何一个命题，不管如何可疑，总可以从其中推出一点相当可靠的结论来，哪怕那个命题本身是一点都不可靠的。人们拆除旧房的时候，总是把拆下的旧料保存起来，利用它盖新房。我也是这样办的。我断定自己的某种看法根据不足，把它取消不要的时候，总是从各方面观察，取得若干经验，这些经验后来都有助于建立更可靠的看法。此外我还继续练习我所制定的那种方法，因为我不仅从一般的方面着手，

① 古希腊晚期以 Pyrrhon 为首的主张怀疑一切的哲学家。

按照那些规则仔细地运用我的全部思想，而且还随时留下一点时间，从特殊的方面着手，解决了某些数学上的难题，甚至解决了某些其他科学上的难题；我发现那些问题所依据的本原不够牢靠，使它们脱离了那些本原，就把它们弄得几乎跟数学问题差不多了。大家可以在这本书里见到许多实例①，说明我是怎样做的。如此看来，我的生活方式表面上跟某些人没有什么两样：不做什么事情，只是愉快地、正派地过着日子，用心把欢乐和邪恶分开；为了不至于闲得无聊，从事着各种正当的娱乐。可是尽管如此，我仍然在执行我的计划，增进我对真理的认识，成绩也许比埋头读书、只跟读书人往来还要大些。

然而，时间已经过了九年，我还没有对学者们争论不休的难题作出任何评判，还没有开始寻求任何比流行学说可靠的哲学原理。过去有许多高明的人曾经打算这样做，我觉得他们并没有成功。这种失败的先例使我想到这件工作困难很多，要不是听到人们传说纷纷，说我已经完成了这件工作，我大概还不敢这样早就去做它。我说不出那种传说的根据是什么，如果与我的言论有几分联系的话，那一定是由于我比一般有点学问的人老实些，有啥说啥，不知道的就说不知道；也可能是由于我举出种种理由说明我为什么对很多别人认为可靠的看法发生怀疑，而并不是由于我吹嘘某种学说。可是我还有点志气，不愿意有名无实，所以我认为自己无论如何一定要争口气，不负大家对我的器重。整整八年，我决心避开一切可能遇到熟人的场合，在一个地方②隐居下来。那里在连年烽火之后已经建立了良好的秩序，驻军的作用看来仅仅在于保障人们享受和平成果，居民人口众多，积极肯干，对自己的事情非常关心，对别人的事情并不注意。我住在那些人当中可享受到各种便利，不亚于通都大邑，而又可以独自一人，就像住在荒无人烟的大沙漠里一样。

我不知道该不该跟大家谈谈我在那方面进行的第一批沉思，因为那

① 笛卡尔在原书中附有三篇论文，作为他运用这种方法进行研究的实例。

② 荷兰。

些沉思实在太玄远、太不通俗了，未必人人都感兴趣。可是，为了使大家能够评判我打下的基础够不够结实，我觉得还是非谈不可。我早就注意到，为了实际行动，有时候需要采纳一些明知很不可靠的看法，把它们当成无可怀疑的看待，这是上面说过的。可是现在我的目的是专门寻求真理，我想做法就完全相反：任何一种看法，只要我能够想象到有一点可疑之处，就应该把它当成绝对虚假的抛掉，看看这样清洗之后我心里是不是还剩下一点东西完全无可怀疑。因此，既然感官有时欺骗我们，我就宁愿认定任何东西都不是感官让我们想象的那个样子。既然有些人推理的时候出错，连最简单的几何学问题都要弄乱，作出似是而非的推论，而我自己也跟别人一样难免弄错，那我就把自己曾经用于证明的那些理由统统抛弃，认为都是假的。最后我还考虑到，我们醒时心里的各种思想在睡着时也照样可以跑到心里来，而那时却没有一样是真的。既然如此，我也就下决心认定：那些曾经跑到我们心里来的东西也统统跟梦里的幻影一样不是真的。可是我马上就注意到：既然我因此宁愿认为一切都是假的，那么，我那样想的时候，那个在想的我就必然应当是个东西。我发现，**“我想，所以我是”**①这条真理是十分确实、十分

① Je pense, donc je suis（拉丁译文作 Ego cogito, ergo sum。一般简称为笛卡尔的 cogito），我国旧译为：“我思故我在。”这样译，是把法文的 je suis 理解为“我存在”，再把现代汉语的“我存在”换成古代汉语的“我在”。但是这个“在”字读者一般了解为“在场”或“未死”的意思，而作者却将 suis（sum）说成“是个东西”“是个本体”。因此译文所表达的意思不完全符合作者的原意。

这种不符合是中西语言不同、因而思想不同造成的。西方语言（包括法语以至拉丁语、希腊语）的动词“是”字一般用作系词，但本来是实质动词，原意为“**起作用**”，再加上表语说明起什么作用，于是成了系词。中国的上古汉语本来不用系词，以后发展出系词“是”，用法与西方的系词相当，但没有实质动词的意义。笛卡尔所说的“我是”，如果把“是”理解为系词，缺少表语，当然没有意义，但他指的是“**起作用**”，即实质动词的意义。

“是”的这个意义在西方哲学上很重要，从巴门尼德起，经过亚里士多德，都讲τὸ ὄν这个范畴，笛卡尔讲“我是”正是这个传统的发展。但是在中世纪讨论“神是”问题时，为了生动，将这个根本范畴加以具体化，描述成在时间空间中的“是”，即所谓“存在”（existentia）。笛卡尔也继承了这个传统，所以他也说“是或存在”。“存在”是“是”的一种，“是”是“存在”的根本，所以二者相通，但不相等；直到现代，主要的哲学范畴还是“是”，如黑格尔就是这样，今天的存在主义者海德格尔和萨特还是这样。因此笛卡尔的“是”不能改为“存在”。

但是现代汉语的“是”字没有“起作用”的意思，需要加以规定，给它加上这个意义。请读者将“我是”的“是”字读重音，示别于可以读轻音的系词“是”。

可靠的，怀疑派的任何一条最狂妄的假定都不能使它发生动摇，所以我毫不犹豫地予以采纳，作为我所寻求的那种哲学的第一条原理。

然后我仔细研究我是什么，发现我可以设想我没有形体①，可以设想没有我所在的世界，也没有我立身的地点，却不能因此设想我不是。②恰恰相反，正是根据我想怀疑其他事物的真实性这一点，可以十分明显、十分确定地推出我是。另一方面，只要我停止了思想，尽管我想象过的其他一切事物都是真的，我也没有理由相信我是过。因此我认识了我是一个本体③，它的全部本质④或本性只是思想。它之所以是，并不需要地点，并不依赖任何物质性的东西。所以这个我，这个使我成其为我的灵魂，是与形体完全不同的，甚至比形体容易认识，即使形体并不是，它还仍然是不折不扣的它。

接着我就作一般的考察，看看一个命题必须具备什么条件才是真实可靠的。因为我既然已经发现了一个命题，知道它是可靠的，我想就应当知道它何以可靠。我发现，“**我想，所以我是**”这个命题之所以使我确信自己说的是真理，无非是由于我十分清楚地见到：必须是，才能想。因此我认为可以一般地规定：凡是我十分清楚、极其分明地理解的，都是真的。不过，要确切指出哪些东西是我们清楚地理解的，我认为多少有点困难。

下了这个结论之后，我接着考虑到，我既然在怀疑，我就不是十分完满的，因为我清清楚楚地见到，认识与怀疑相比是一种更大的完满。因此我想研究一下：我既然想到一样东西比我自己更完满，那么，我的这个思想是从哪里来的呢？我觉得很明显，应当来自某个实际上比我更完满的自然。至于我心里那些关于天、地、光、热之类成千上万个东西

---

① le corps，指我的身体。

② 即我不起作用，没有我。

③ la substance，指为别的东西所依赖的根本，它有属性，属性不能没有它。这个范畴创于亚里士多德，称为 οὐσία，指“是”的根本。拉丁文译为 substantia，原意为底子、撑子。我国旧译为“实体”，应补上“根本”的意思。

④ l' essencc，指一样东西之所是。

的思想，我不用费多大力气就知道它们是从哪里来的，因为我既然看不出它们有什么地方我觉得比我高明，就满可以认为：如果它们是真的，那就是沾了我的本性的光，因为我的本性是有几分完满的；如果它们不是真的，那是由于我凭空捏造，也就是说，它们之在我心里出现是由于我有毛病。可是，在我心里想到一个比我自己更完满的是者[①]的时候，情形就不能是这样了，因为凭空捏造出这个观念显然是不可能的事情。要知道，说比较完满的产生于比较不完满的，说前者沾后者的光，其不通实在不下于说无中生有，所以我是不能凭自己捏造出这个观念的。那就只能说：把这个观念放到我心里来的是一个实际上比我更完满的东西，它本身具有我所能想到的一切完满，也就是说，干脆一句话：它就是神。我还要作一点补充：既然我知道自己缺乏某一些完满，那我就不是单独存在的是者（请原谅，我要在这里放手使用几个经院里的名词），必定要有另外一个更完满的是者作为我的靠山，作为我所具有的一切的来源。因为，如果我本是单独的、不依靠任何别的东西的，因而凭自己具有了我从那个完满的是者分沾到的那一小份，那么，我能够根据同样理由凭自己具有我自知缺乏的其余一切，成为永恒无限、万古不移、全知全能的是者，具有我能够在神身上看到的一切完满了。因为根据我以上的推理，要想发挥我的本性的全部能力去认识神的本性，就不用做什么别的，只需要把我心里所想到的东西统统拿来，看看具有它们是完满呢，还是不完满。我深信：凡是表明不完满的，在神那里都没有，凡是表明完满的，在神那里都有。于是我看到，怀疑不定、反复无常、忧愁苦闷之类事情，神那里都不可能有，因为连我自己都很乐意摆脱它们的。除此以外，我还有一些关于可以感觉到的、有形体的东西的观念，因为我尽管假定自己在做梦，看到的、想象到的都是假的，却不能否认我的思想中确实有这些观念。可是，由于我十分清楚地知道我这里理智本性与形体本性是分立的，同时考虑到合成就是依赖的证据，而

① l'être，指起作用者，这里指神。

依赖显然是一种缺点，我就因此断定：由这两种本性合成绝不是神那里的一种完满，所以神绝非如此；如果世界上有某些形体、某些理智或其他并非十分完满的东西的话，它们之所以是就应当依靠神的力量，离开了神它们就片刻都维持不下去。

我很想马上就来寻求其他的真理。我拿几何学家们的对象来研究，把它看成一个连续体，一个在长、宽、高三方面无限伸张的空间，可以分成不同的部分，这些部分可以有不同的形状和大小，而且可以用各种方式挪动或移置，因为几何学家就是这样设定的。我浏览了几个最简单的证明，注意到它们之所以被人们公认为十分可靠，只是由于按照我们刚刚说过的那条规则，大家都明确地理解了它们。我也注意到，这些证明里面并没有什么东西使我确信它们的对象是存在着的。因为我很清楚地看出，只要设定一个三角形，它的三个角就必定等于两直角，可是我并没有因此看出什么东西使我确信世界上有三角形。然而，我回头再看我心里的一个完满的是者的观念时，却发现这个观念里已经包含了存在，就像三角形的观念包含着它的三个角等于两直角、球形的观念包含着球面任何一点都与球心等距离一样，甚至于还要更明确。由此可见，神这个极完满的是者是或者存在，这个命题至少同几何学上任何一项证明同样可靠。

可是有不少人认为自己很难认识这条真理，甚至很难认识自己的灵魂是什么。这是因为他们鼠目寸光，只看到可以感觉到的东西，养成一种习惯，完全用想象力考虑问题，而想象是一种用于物质性的东西的特殊思想方式，所以凡是不能想象的事情他们就觉得无法理解。这种倾向，在经院哲学家信奉的一条格言里表现得相当明显，他们说：理智[①]中的东西没有一样不曾在感官中。实际上，神的观念和灵魂观念在感官中是根本没有的。我觉得，那些人要想用想象来理解这两个观念，实在无异于要用眼睛来听声音、闻气味；只是还有这样一点区别：视觉同嗅

① l' entendement(拉丁文作 intellectus),指理解力,即知性。

觉或听觉一样使我们相信它的对象是真的，然而我们的想象、我们的感官如果没有理智参与其事，并不能使我们相信任何东西。

最后可能还有些人听了我说的这番话之后对神和灵魂的存在仍然不很信服。我很愿意告诉他们：有许多别的事情他们也许认为十分确实，例如我有一个身体、天上有一些星星、有一个地球之类，其实全都不甚可靠；因为尽管我们对这类事情有一种实际行动上的确信，谁要是敢于怀疑它们至少显得很狂妄，可是问题一涉及形而上学上的确实可靠，情形就不一样了：一个人如果注意到，我们睡着的时候也照样可以想象到这类事情，例如梦见自己有另外一个身体、天上有另外一批星星、有另外一个地球之类，而实际上并不是这样，那么，只要他不是神经错乱，就一定会承认我们有充分理由对那类事情不完全相信了。因为梦中的思想常常是生动鲜明的，并不亚于醒时的思想，我们又怎么知道前者是假的、后者不是假的呢？这个问题，高明的人可以尽量钻研，爱怎么研究就怎么研究。我相信，如果不设定神的存在作为前提，是没有办法说出充分理由来消除这个疑团的。因为首先，就连我刚才当作规则提出的那个命题："凡是我们十分清楚、极其分明地理解的都是真的"，其所以确实可靠，也只是由于神是或存在，神是一个完满的是者，我们心里的一切都是从神那里来的。由此可见，我们的观念或看法，光从清楚分明这一点看，就是实在的、从神那里来的东西，因此就只能是真的。这样看来，如果说我们常常有一些观念包含着虚妄，那就只能是那些混乱模糊的观念，因为它们从不是者①分沾了这种成分；也就是说，那些观念在我们心里那样模糊，只是由于我们并不是十分完满的。因为很明显，说虚妄、不完满本身来自神，其不通并不亚于说真理、完满来自不是者。可是，如果不知道自己心里真实的东西是来自一个完满的、无限的是者的，尽管我们的观念清楚分明，我们还是没有理由确信这些观念具有真实这一完满品质的。

---

① le néant(拉丁文作 nihil),指是者的反面。

我们认识了神和灵魂、从而确定了那条规则之后，就很容易明白，我们睡着时想象出来的那些梦想，决不能使我们怀疑自己醒时的思想不真。因为即使在睡着的时候也可以出现非常清楚的观念，例如几何学家就可以在梦中发现新的证明，人尽管在做梦，观念并不因此就不是真的；我们梦中最常犯的错误是用外部感官的那种方式表现各式各样的对象，这也不坏，可以引起我们对感性观念的真实性发生怀疑，因为这类观念在我们醒时也常常欺骗我们，例如黄疸病人就觉得什么都是黄的，距离很远的星星或其他形体在我们眼里就显得比实际上小得多。总之，不管醒时睡时，我们都只能听信自己理性提供的明证。请注意我说的是理性，并不是想象，也不是感官。例如，我们虽然十分清楚地看见太阳，却不能因此断定太阳就像我们看见的那么大；我们可以非常分明地想象到狮子脑袋接在羊身子上，却不能就此推出世界上真有一个四不像①。因为理性并没有向我们发出指示，说我们这样看到或想象到的就是真相。可是它却明白地指示我们：我们的一切观念或看法都应当有点真实的基础，因为神是十分完满、十分真实的，绝不可能把毫无真实性的观念放到我们心里来。然而在睡着的时候，我们的想象虽然有时跟醒时一样生动鲜明，甚至更加鲜明，我们的推理却绝没有醒时那么明确、那么完备，所以理性又指示我们：我们的思想不可能全都是真实的，因为我们并不是十分完满的；真实的思想一定要到醒时的思想里去找，不能到梦里去找。

（本文选自笛卡尔《谈谈方法》，王太庆译，商务印书馆 2000 年版，第 1—18 页。标题为编者所加）

---

① 希腊神话中想象的怪兽，名叫 chimère，狮头、羊身、龙尾、吐火。

第六讲　自然科学的形而上学基础

[德] 康德

康德（Immanuel Kant，1724—1804），德国哲学家，是西方哲学史上承前启后的哲学巨匠，代表作有《纯粹理性批判》《实践理性批判》和《判断力批判》等。他提出的太阳系起源的星云假说在科学史上亦有一席之地。

自然科学的形而上学基础

[德] 康德

【编者按：自牛顿集新物理学之大成以来，近代科学作为“知识典范”的地位已经牢固确立起来。然而，这是一种什么样的知识，它为何如此可靠，康德对此给出了经典的解答。】

如果单从自然一词的**形式**上的含义来看，由于它意味着一切属于一事物定在的东西的内在的第一原则①，那么有多少种不同的特殊事物，就有多少种不同的自然科学，因为每种特殊事物都必须包含自己那属于定在的规定性的内在特有原则。但此外，自然还被按**质料**上的含义来看待，不是作为性状，而是作为一切事物的总体，只要它们能够成为**我们感官的对象**，因而也能成为经验的对象，所以它也被理解为一切现象的总和，即除一切非感性的对象之外的感性世界。于是，在这种词义上所理解的自然依据我们感官的主要区别而有两大部分，一部分包括**外部**感官的对象，另一部分包括**内部**感官的对象，这样，对此就可能有一个双重的自然学说，即**物体学说**和**灵魂学说**，前者研究的是**广延**的自然，后者研究的是**思维**的自然。

---

① 本质是一切属于某物可能性的东西的内在最高原则。所以我们只能把几何图形算作一种本质(因为在其概念中不考虑任何表达一个定在的东西)，却不能算作一种自然。(凡未注明来源的脚注均为康德原注。——原编者注)

任何一种学说，如果它可以成为一个**系统**，即成为一个按照原则而整理好的知识整体的话，就叫作科学，而当这些原则可以作为把知识**经验地**，或者是**理智地**联结于一个整体之中的原理时，那么不论是作为物体学说还是作为灵魂学说的自然科学，似乎都必须划分为**历史的**自然科学和**理智的**自然科学。遗憾的是，如果要当得起自然科学这一称号，**自然**一词就要使理性从事物诸关系中得出的知识成为必然的(因为这个词标志着从事物的内在**原则**里推导出属于这些定在事物的杂多的东西)。因此不如说，自然学说可以划分为**历史的自然学说**和自然科学，前者只不过包括那些系统整理过的自然物的事实（而它又将由对**自然的描述**和**博物学**来构成，前者是按照类似性构成的一个自然物的等级系统，后者是自然物在不同时间地点中的系统展示）。这样，自然科学又会有**本义上**或是**非本义上**称呼的自然科学，前者完全按照先验原则来处理自己的对象，后者则按照经验法则处理自己的对象。

只有那些其确定性是无可置辩的科学才能成为**本义上**的科学；仅仅只是具有经验的确定性的知识只能在非本义上称之为**学问**（Wiesen），那种成系统的知识总体正因为成系统，就已经可以叫作**科学**（Wissenschaft）了，但如果把知识联结在这一系统中的是某种因果关系，那么它甚至可以称为**理智的**科学。不过，如果在科学中，例如在化学中，这些基础或原则最终不过是经验的，并且理性用来解释既存事实的那些法则仅仅是经验法则，那么它们就不具有自身必然性的意识（没有无可置辩的确定性），因而在严格意义上来讲这个整体也就没有资格称为科学，这样一来，化学与其被称为科学，不如叫作系统的技术。

因此，一种理智的自然学说，只有作为其基础的自然法则被理解为**先验的**，而不仅仅是经验的法则时，才有资格叫作自然科学，前一种类型的自然知识叫作**纯粹的**理性知识，后一种类型则称之为**应用的**理性知识。因为自然一词本身已带有法则概念①，而法则概念又已带有某事物

① 在德文中，“自然”（Natur）一词亦有本质之意。——译注

的定在所要求的它的一切规定的**必然性**概念。所以，人们不难看出，为什么自然科学只能由其纯粹部分、即包含着其他一切对自然的解释的先验原则的部分中，推导出这一命名的合法性，并且只是靠了这纯粹部分才成为本义上的科学。同样，根据理性的要求，每种自然学说最终都必须向自然科学进发并在那里完成自身，因为法则的那种必然性与自然（本质）的概念是不可分离地联系在一起的，因而要做彻底的理解；这样一来，由化学原理对某些现象所作的最完满的解释总还是留有某种缺憾，因为我们从这些仅仅是经验所学得的偶然法则的原理中引不出先验的基础。

所以，一切**本义上**的自然科学都需要一个**纯粹的**部分，在它上面可以建立起理性在其中所寻求的无可置辩的确定性。但由于这一部分根据其原则与那仅仅是经验的原则相比是完全不同类型的，那么将这一部分分离出来并严格地不和另外的部分相混，并尽可能在其全部完善性中加以阐明，以便能精确规定理性可以为自己提供的东西，以及它的能力在什么地方开始需要经验原则的帮助，这在方法上说是极其有益的，甚至按事情的本性来说是不可推卸的职责，仅仅出自**概念**的纯粹理性知识叫作纯哲学或形而上学，反之，借助于对象先于纯粹理性知识在先验直观中的呈现，而只建立在概念的**构想**上的理性知识，则叫作数学。

按其**本义**来称谓的自然科学首先是以自然的形而上学为前提的；所以，一事物的定在所隶属的必然性原则或法则关涉的是一个不能使其自行构想出来的概念，理由是这定在不能在纯粹直观中先验地加以描述。这样一来，本义上的自然科学要以自然的形而上学为前提。于是，自然的形而上学虽然任何时候都必须包含纯粹的、非经验的原则（因为它正因此才具有形而上学的称号），然而毕竟，它可以**要么**和任何一个确定的经验客体无关，因而在论及可以就一般自然产生出概念的法则时，在感性世界的这个或那个事物的本性上是不确定的，这样它就是自然形而上学的**先验**部分；**要么**，它研究这类或那类事物的特殊本性，关于这些事物有某种经验的概念，然而却不至于除了这个概念中包含的东西外还把其他经验原则用于这种知识上（例如它把某种物质或是能思的存在的经验概念当作基础，并寻求理性先天能够具有的关于这些对象的知识的范围）。在此，这样一种科学总还是必须叫作一种自然（即物体的自然和思维的自然）的形而上学，只是这样一来它就不是一般性的形而上学，而是特殊的形而上的自然科学（物理学和心理学）了，在其中上述先验原则被应用于我们感官的两类对象之上。

但我认为，在任何特殊的自然学说中所能找到的**本义**上的科学，恰好和其中所能找到的**数学**一样多。因为如前所述，本义上的科学，尤其是自然科学，要求一个为经验部分提供基础并先验地立于自然事物的知识之上的纯粹部分。在这里，先验地认识某物，就是从其单纯可能性中去认识某物。但一定的自然事物的可能性不能从其单纯的概念中来了解；因为从这概念中虽然可以了解到思想的可能性（思想可以不自相矛盾），但不能了解那作为可以在思想之外被（当作实存的东西）给予的自然事物的客体的可能性。所以，为了认识一定的自然事物的可能性，并为了对之作先验的了解，还有一个要求，就是要先验地给出与概念相一致的**直观**，亦即要构想概念。这由概念的构想而来的理性知识就是数学的，所以，尽管单是审察什么东西构成一个自然的普遍概念，这样一种一般的纯粹自然哲学没有数学也是可能的，然而关于**一定**自然事物的一个纯粹自然学说（物体学说和灵魂学说），却只有借助于数学才有可能，并且由于在任何自然学说中所找到的本义上的科学正好像其中所找到的先天知识那么多，所以在自然学说中所包含的本义的科学也正如在其中可以使用的数学那么多。

对于物质间相互的化学作用来说，只要还没有找出可以进行构想的概念，即只要还不能给出各部分接近与离开的法则——根据这法则，可以在它们诸如比重等关系方面，对其运动及其结果在空间中先验地进行直观并呈现出来（这是一个未必每次都会被满足的要求）——那么化学就只能成为系统的技术或实验指南，却完全不是本义上的科学，因为它的原则仅仅是经验的，而不允许先验地呈现在直观中，于是化学现象的原理按其可能性来说是根本不能理解的，因为它对于数学的运用无能为力。

但比起化学来，经验的灵魂学说甚至随时必须和某种可称为本义上的自然科学的位置保持更远的距离。这首先是因为数学无法运用于内感官的现象及其法则之上，除非人们想从内感官的变化之流中只考虑那**常住的法则**，但这法则将会是对知识的扩展，而这种知识与物体学说的数学所获得的知识相比，大约会相当于有关直线性质的学说与整个几何学的关系。因为要在其中构想灵魂现象的纯粹内直观是时间，它只有一维。但灵魂学说连作为系统的分析技术或实验指南而在某个时刻与化学接近起来都不行，因为在其中内部观察的杂多性只有通过思想的划分才能相互区别，但不能停留在被分离的状态，也不能任意重新组合，更不能让另一个能思的主体屈从于按照我们的意图而作的试验，甚至这种观察本身就足以使被观察的对象恼火或伪装起来。所以，灵魂学说永远不能超出内感官的一个历史的、因而在这范围内尽可能系统化的自然学说，这就是对灵魂的一个自然描述，但却不是灵魂科学，甚至连心理学的实验指南也不是；这也就正是我们为什么按照通常的说法将自然科学这一普遍名称用于这部著作的标题之上的原因，这部著作本来包含的是物体学说的原理。因为在严格意义上只有这种命名才适合于它，因而不会引起歧义。

但是，为了使数学在只有通过它才能成为自然科学的物体学说上可以运用，一般物质的可能性所包含的那些**构想**概念的原则就必须预先准备好；这就必须将一般物质概念的完善的剖析作为根据。这是纯哲学的一项工作。纯哲学用来实现这一意图的不是特殊的经验，而只是它在被分离的（虽然本身是经验的）概念本身中，在（按照一般自然概念本质上即已决定的那些法则）和空间时间内的纯粹直观相关联时所找到的东西，因此它是**有形体自然**的一个现实的**形而上学**。

因此，一切在其研究中想要作数学处理的自然哲学家总是（不论是否自觉到）使用了形而上学的原则，并且不得不使用这些原则，哪怕他们在一切针对自己的科学的形而上学要求面前一直保持着庄严的反对态度。他们毫不怀疑地认为这些要求是妄想，是随意臆想出各种可能性，是玩弄一些可能根本无法在直观中呈现出来的概念，对这些概念的客观实在性除了它们本身只是不自相矛盾之外没有任何凭据。一切真实的形而上学都是出自思维能力自身的本性，因而绝对是构思出来的，因为它不是从经验中借来的，而是包含着思维的纯粹活动，因而包含着最初将**经验表象**的杂多合规律地联结起来的那些先验概念和原理，这样就可以形成**经验性的知识**，即经验。因此每个数学物理学家都完全少不了形而上学原则，而且在这些原则中也少不了那些将他们的终极对象即物质的概念先验地适用于外部经验的原则，即运动概念的原则、空间的充实性原则、惯性原则等等。但他们只承认经验原理在这方面起作用，因而他们本来要给这些自然法则以无可置辩的确定性，但他们与这个确定性的合法权利格格不入，因此他们宁可假定这些原则，而不去追究其先验的根源。

然而，科学的进步中最重要的一点正在于，把各自不同的原则相互分离出来，把每条原则纳入一个特殊的体系，使它们构成自己这一门科学。由此而防止由混杂所产生的不确定性，因为我们可能会分辨不清，在这两类原则中，局限性的方面以及在运用这些原则时所可能产生的混淆性方面应当归咎于哪一类原则，为此，我认为，从经常有形而上学和数学的建构在其中交相影响的自然科学的纯粹部分（physica generalis，一般物理学）中，把前一种建构以及与之相伴随的这些概念的建构原则，也就是把一个数学的自然学说本身的可能性原则呈现在一个系统中。这是有必要的。这种区分所带来的好处除了已经提到过的以外，还有知识的统一性本身具有的某种特别的魅力，如果我们要防止各门科学之间的界限相互干犯而使它们各守自己应分的领域的话。

还可以用来赞扬这种处理方式的第二种原因是：在一切称之为形而上学的处理方式中都可以期望有科学的**绝对完满性**，我们不可能在任何别样的知识类型中期待这样的完满性，而正是在像一般自然的形而上学中，我们才可以有把握地期待它，在这时它也就是有形自然的形而上学完满性；其原因在于，当对象仅仅必须根据思维的普遍法则来设想时，它就被放在形而上学中考察；当它必须根据（既是纯粹的又是经验的）直观的数据（datis）来设想时，则被放在其他科学中来考察。这样一来，由于对象在形而上学中必须随时和思维的**一切**必然性法则相比较，形而上学就必须给出可以详尽阐述完的那些知识的一个确切的数目；其他科学则由于它们提供着（纯粹的或经验的）直观的一个无限杂多性，因而也提供出思维对象的无限杂多性，就永远达不到绝对的完满性，而是可以无限地扩展；就像在纯粹数学和经验的自然学说中那样。这种形而上学的物体学说只要它总是在扩展，总是在作完满的阐述，哪怕到底还没有因此而产生出真正伟大的成果，我也相信它。

使一个一般自然的形而上学系统，尤其是有形自然的形而上学系统臻于完善的构架，就是范畴表①。因为没有更多的纯粹知性概念可以涉

① 在对**乌尔里希**教授先生的《逻辑和形而上学教程》的那篇评论［《文学总汇报》第295期（1785）］中，我发现一些疑问，不是针对这个纯粹知性概念表，而是针对从中引出的关于整个纯粹理性能力甚至一切形而上学的边界确定的结论。在这些疑问中，这位深思熟虑的评论家声称自己与他的并不更肤浅的作者是一致的，问题在于，由于这些疑问直接针对我的《批判》所提出的体系的主要基础，据说它们就成了使这个体系在主要目标上还远未具有那种无可置辩的信念的理由，这种信念对于迫使人无条件地接受这个体系是不可缺少的；似乎是，这个体系的主要基础就是我部分地在**那里**，部分地在**序言**中所阐明的纯粹知性概念的**演绎**，而这个演绎恰好在应当说得最清楚的批判部分中是最模糊的，或者干脆就是在兜圈子云云。我对这些责难的回答只针对其主要之点，即认为：**因为没有一个完全清楚和足够充分的范畴演绎**，纯粹理性批判的体系在其根基上就是不稳固的。反之，我认为，人们只要同意（正如这位评论家自己所做的那样）我关于我们一切直观的感性原理，同意从一般逻辑判断机能中借来的，作为我们意识的规定性的范畴表之充分性原理，那么，批判体系必然具有无可置辩的确定性，因为它建立于这样一条原理之上：**我们理性的一切思辨的运用永远也不能达到比在对象上可能经验到的更远的地方**。因为，如果能够证明，理性在其一切知识中必须使用的那些范畴，除了仅仅用于与经验对象的关系之外，不能有任何别的运用（因为它们在经验中只是使思维的形式成为可能），那么对于范畴**如何**使思维形式成为可能这个问题的回答，虽然对于尽可能使这个演绎**完善化**来说是足够重要的，但对于体系的主要目的即规定纯粹理性的界限来说却绝不是**必不可少的**，而只是**值得提倡的**。因为根据这个目标，如果演绎表明，只要被思维的诸范畴是运用于直观之上（这些直观在我们这里永远只是感性的），它们就只不过是判断的单纯形式而已，但它们却由此而第一次得到客体并成为知识——那么这个演绎就已经进行得**足够远**了：因为这就已经足以给本义上的批判的全部体系在这上面以完全的可靠性奠定了基础。牛顿的万有引力体系就是这样确立的，尽管它带有自己的困难，即不能解释引力的超距作用如何可能，但**困难不是疑问**。所以，我将从被人承认的东西中证明，我的体系的主要基础即使没有范畴的完满演绎也是成立的：

及事物的本性。在四类范畴，即**量**、**质**、**关系**，还有**样态**的范畴之下，必定可以产生出某种一般物质的普遍概念的甚至是一切的规定性，因而甚至也必定可以产生出一切可以被范畴先验地思考的东西，可以在数学构想中呈现的东西，或可以在经验中作为确定的经验对象被给予的东西。在这里不可能作更多的发现和添加，顶多可以在也许缺乏清晰性和彻底性的地方作些改善。

(接上页)

1. **如果承认**：这个范畴表把一切纯粹知性概念、并正因此而把判断的一切知性活动形式都包括无遗，它们是从这些判断中引出来的，甚至除了由知性概念把一个客体就判断的这样或那样的功能思考为**确定的**之外，这些活动就没有任何区别（例如在**石头是硬的**这种直言判断中，**石头**是被作为主语，**硬**是被作为谓语来使用的，然而对于知性来说，把这些概念的逻辑功能加以替换而说：某个硬的东西是一块石头，这是无所谓的；反之，如果我在**客体之中**把石头设想为**确定的**，即石头必须在一个对象的一切可能规定中、而不只是在作为主语的纯概念规定中来设想，同时硬度则仅仅作为谓语来设想，那么，同一个逻辑功能就成了关于客体的**纯粹知性概念**，即**实体**和**偶性**的概念了）。

2. **如果承认**：知性由于其本性而具有先天综合原理，它由此而将可能给予它的一切对象都置于上述范畴之下，因而也必须有包含那些纯粹知性概念所不可缺少的使用条件的先验地直观，因为**没有直观就没有客体**（作为范畴的逻辑机能依照这种客体才能得到确定），因而也没有对任何**一个**对象的知识，所以，没有纯粹直观也就没有使知识在这一目的中得到先验的确定的原理。

3. **如果承认**：这种纯粹直观永远只能是外部或内部感官的**现象**的纯形式（空间和时间），因而只能是**可能经验的对象**：

那么就可以推出：纯粹理性在这上面的运用任何时候都只能是指向经验对象的，并且由于在先验原理中没有任何经验的东西可以作为条件，所以这些先验原理无非是一般**经验的可能性**原则。只有这才是纯粹理性的界限规定的真实而足够的基础，但它并没有解决这样一个课题：在这里经验是**如何**借助于那些范畴并仅仅通过它们而成为可能的。这样一个课题即使不解决，大厦也仍然是稳固的，然而它具有很大的重要性，而且如我现在所看出的，它也有同样大的简易性，因为从某个一般**判断**（一个使给予的表象首次成为对一个客体的知识的行动）的精密确定的定义中引出的一个唯一的结论，几乎就可以使这个课题得到完成。我并不否认在这个演绎的部分中由我先前的推论而来的那种模糊性，它必须归于进行实地考察的知性的通常命运，对这种知性来说，它所找到的第一条路往往并不是最短的路。因此我将抓住这个就近的机会来补足这个缺陷（即使它仅仅与表达方式有关，而与在那里已经正确指出和解释过的根据无关），但不想让这位思想敏锐的评论者置于临到头肯定会使他感到不快的必然性中，即由于现象和知性法则尽管有截然不同的来源，却具有可惊的一致，而去乞灵于某种前定的和谐，据说这对于一个比那种缺点更糟糕得多的补救办法来说是有帮助的，然而它实际上对此并不能有任何帮助。因为从这种和谐毕竟引不出那种**客观必然性**，即表现出纯粹知性概念［以及它运用于现象之上的原理］的特征的必然性，例如与结果概念联结在一起的原因概念那样，相对一切都只停留在**主观必然性**上，在客观上则仅仅是偶然的和谐，正如休谟把它叫作只是由习惯而来的幻觉时所说的那样。甚至于，除了从置于先验基础之上的**思维本身**的可能性原则中以外，世界上没有一个系统能从别的地方引出这个（客观）必然性，只有通过这些原则，有关那些将其现象给予了我们的客体的知识，也就是经验，才有可能。而这也就承认，尽管经验**如何**由此才初次成为可能的那种方式大约永远也不会得到充分的解释，但可以肯定，这些经验只有通过那些概念才有可能；反过来，那些概念也不能在任何别的关系中，而只能在经验对象上，才可能有一种意义和任何的运用，这毕竟还不是自相矛盾的。（康德在这里批评的这一评论为匿名作者所写，其中抨击了康德的知性范畴表和纯粹理性概念的演绎。——译者注）

因此物质概念必定会通过上述所有四种知性概念的功能（在四大部分中）来实现，在其每部分中都增加知性概念的一个新规定。一个应当成为外感官对象的某物，其基本的规定必定会是运动；因为外感官只有通过运动才被激动起来。甚至知性也将物质的一切属于自身本性的其他谓语归结于运动之上，所以自然科学通常就是一种或者纯粹的或者应用的**运动学说**。所以，自然科学的**形而上学**基础就要置于四大部分之下，其**第一部分**撇开运动物的一切质，而根据其量的构成把**运动**作为一个纯粹的量来考察，这可以被称为**动量学**，**第二部分**将运动视为物质所具有的**质**而在某种本原的动力的名目之下来讨论，因而叫作**动力学**，**第三部分**对于带有这种质的物质按照它自己在相对运动中的**关系**来考察，并设立在**机械学**的名目之下，而第四部分则仅仅涉及表象方式或**样态**，因而只是作为外感官的现象来规定物质的运动或静止，它被称为**现象学**。

但是，除了有那样一种内在的必要性，即把物体学说的形而上学基础不光与使用经验原则的物理学、而且甚至要与在其中涉及数学运用的那些原则的理性前提相区别的必要性之外，还有一种虽然只是偶然的、但也许是同样重要的外在原因，要将这种形而上学基础的详细研究与形而上学的一般体系区别开来，并将之系统地展示为一个特殊的整体，因为，如果可以允许将一门科学的界限不仅按照客体的性状和对客体的专门知识种类，而且也根据我们把这门科学扩展运用到其他方面所抱的目的来勾画，并且，如果我们发现，有这么多学者至今还不是为了扩展自然知识（这通过观察、实验和把数学运用于外部现象上更为容易和可靠得多），而是为了达到那完全超出一切经验界限的有关上帝、自由和不朽的知识，从而研究了形而上学并还将继续研究它——那么，当我们把那种意图从某种虽然萌发于其根部、但却只是阻碍着它的正常生长的枝条中清除掉，将这个枝条单独培植，但却不误将其根源看作出自那种意图，并且将它的整个生长从一般形而上学体系中删去，这时我们就促进了这个意图。这对一般形而上学的完满性毫无损害，并且当我们在需要普遍性物体学说的一切场合下只允许引证这个单独的体系，而这个体系又不会使那个更大的体系膨胀起来时，这终究使这门科学走向自己目的地的单调进程变得轻松起来。还有一件事实上值得十分注意的事（但却不能在这里详细展开），即一般形而上学在它需要例证（直观）以赋予其纯粹知性概念以意义的一切场合下，它总是必须从一般物体学说中，因而从外部直观的形式和原则中取得这些例证，当这些例证没有完全展示出来时，它就在纯属意义空洞的概念之下摇晃不定地四处摸索。因此就有关于现实矛盾的可能性、关于内涵的量的可能性等等问题的著名争执，至少是含混不清。在这些问题上，知性只有通过取自有形自然的例证才能获得教益，这是那些空洞概念能够得到客观现实性、也就是得到意义和真实性的唯一条件。这样，有形自然的一个单独的形而上学就通过提供出例证（具体情况），而对**一般的**形而上学作出了卓越的不可缺少的贡献，它使后者（本来意义上的先验哲学）的概念和原理成为现实的，即把意思和意义赋予了一个单纯的思想形式。

我在这篇文章中即使不是严格遵守数学方法（对此需要比我所可能花在这上头的更多的时间），但却模仿了数学方法，这不是为了用一种对彻底性的夸耀来为文章博取一个更好的印象，而是因为我相信，一个这样的体系可以很好地运用数学，而这样一种完善性随着时间的推移也许可以由一双更灵巧的手来完成，只要通过这一计划的促进，自然的数学研究者不再会觉得，没有必要把形而上学部分作为一个特别的基础在自己的普通物理学中来讨论，并以数学的运动学说使它们统一起来。没有这一计划，他们在形而上学中是什么也余留不下来的。

牛顿在其《自然科学的数学原理》的序言中（当他指出几何学从它所假设的机械操作中只须画出两种线条即直线和曲线之后）说：**几何学感到骄傲的是，它能够用它从别处取来的如此少的东西，提供出如此多的东西。**①反之，关于形而上学我们可以这样说：**它所感到震惊的是：**

① Gloriatu：Geometria，quod tam pausis principiis aliunde petitis tam multa praestet. 牛顿：《自然哲学的数学原理》，序言。

它用纯粹数学给它提供的如此多的东西，却只能产生出如此之少的东西。然而，这很少的东西毕竟是某种东西，甚至数学在运用于自然科学时也绝对需要它；由于数学在这里必须从形而上学中借来自己的必然性，数学也就可以毫无愧色地被视为与形而上学结为同盟了。

（本文选自康德《自然科学的形而上学基础》序言，邓晓芒译，生活·读书·新知三联书店1988年版，第1—19页。沿用原有标题）

第七讲　什么是自然科学

［德］狄尔泰

狄尔泰（Wilhelm Dilthey, 1833—1911），德国哲学家，在19、20世纪之交产生过重要影响，著作有《人文科学导论》《历史中的意义》等。

什么是自然科学

[德] 狄尔泰

【编者按：随着自然科学突飞猛进的发展，人文科学的“科学”地位日益受到质疑和挑战。如何理解自然科学与人文科学的差异并且为人文科学的合法性辩护，成为人文哲学家紧迫的理论任务。狄尔泰在此描述了一个人文哲学家眼中的自然科学形象。】

现代自然科学产生于我们已经描述过的语境之中。现代人的文化在中世纪的科学机构中，经历了一种训练。作为一种学术机构从事的职业，科学日益追求技术的完美，将自己限制于力所能及的范围内。而且，社会的有力冲动促进了这一点。从终极原因的研究中解放出来，科学的使命开始由社会、商业、医学和工业等发展的、实践的目标加以确立。将技术与反省思想结合起来，勤勉的中层阶级为实验的、定量的科学提供了不可胜数的重要资源。基督教也为拉丁民族和德意志民族，提供了如弗兰西斯 · 培根所说的精神应该支配自然的这样一种强烈情感。因此，一种实证的自然科学确定了它的有限目标，最为清楚地将自己从文化整体分离了出来——这种文化整体是由借助于形而上学的人的全部精神力量浇灌而成的。自然知识与作为一个整体的精神生命，分离了出来。愈来愈多的精神生命中固有的预设，从自然知识中排除了。这种知识基础简单化了，并愈来愈严格地限制于外在知觉的作用中。16 世纪的自然科学，仍然在运用存在于自然过程中的心理关系而运作。伽利略和笛卡尔开始成功地反击这些形而上学时代的残余概念。为了解决寻找对于出现于外部经验中的表象——包括它们的共存和系列的解释及预见它们出现的条件，连实体、原因和力量都逐渐地变成了解决寻求具体条件的方法的启示式概念。

现代自然科学逐渐破坏了实体形式的形而上学。

现代自然科学为现实世界寻找一种解释的基础的逻辑必要系统，仍然包含一种知识的观念，正如形而上学所发展和规定的观念一样。这种系统仍然具有实体和因果关系（有效原因）概念的成分，形而上学同样也从整个人类存在活生生的经验中“科学地”抽象和发展这一点。当认识论基础和逻辑必要性从形而上学中发展出来时，这两种引导人类思想从其基地中走出的基本表象还继续得到运用。因此，我们看到，对于自然的研究尝试将变化和运动的知觉表象，还原到一种因果关系链中，掌握领会其规律，建立作为这种过程载体的实体——不是那种感觉对象型的生与死的客体。就此而言，包含于现代自然科学中的知识过程与探究宇宙原始动因的古希腊思想，并没什么不同之处。那么，何以区别现代人对自然的研究呢？现代人凭什么破坏了旧的宇宙论系统呢？

在炼金术中，已经有一种向真正的自然因素的转折。亚里士多德的元素学说，已经使温暖、寒冷、潮湿、干燥这些简单知觉的特性基本化。以帕拉塞尔苏斯（Paracelsus）①所代表的化学阶段，已运用化学分析穿破这种观察的描写模式而达到了构成事物的真正因素。它区别出三种基本实体：一是燃烧的（硫黄），二是冒烟和升华的（水银），三是非燃烧型灰末（盐）。可以肯定，这三种实体不是孤立存在的，它们可以通过燃烧过程的化学技巧加以区别。从这三种实体中，帕拉塞尔苏斯推出

① Pseudonym of Philippus Aureolus Theophrastus Bombastus von Hohenheim (1493 – 1541), Swiss-born physician, alchemist, and philosopher.

了亚里士多德所说的那些元素。这是通过实验中的实际物质分析而获得化学元素的第一步骤。正是这种开始于帕拉塞尔苏斯的燃烧过程，给拉瓦锡提供了走向量化的研究模式的途径。然而，早在化学获得一种坚实的基础之前，伽利略已使力学成为一门精确的科学。拉格朗日(Lagrange)[①]在谈到伽利略的成就时已经指出，发现木星的卫星、金星的状态及恒星的位置，只需要望远镜和勤奋，但从一直被视为理所当然而未经解释的外表中找出自然规律，却需要一种不寻常的头脑。伽利略视为基本的概念简单、数量确定的思想，预设了一种达到抽象成分的运动过程的分析，因为基本关系的简单化，它们使运动精确地属于数学成为可能。看起来显而易见的惯性原理，破坏充斥了我们描述的整个形而上学理论。按照这种理论，运动仅仅通过其动力原因的持续性所维持，因此统一不变的运动的作用原因便必须被找到。我们的身体因冲击而摇动，继之又恢复了平稳，这一感觉印象也支持了这一理论。这种理论于是变成这种假说的基础：精神实体导致了自然中大范围的变化，并在运动的属性中得出其更为持久的力量。然而，伽利略的理论却说明了，运动的持续性来自于运动状态中客体本身持续的必要性。与这种必要性相一致，客体经历了其过程中的每种不同的阶段，因为它经历了前一阶段。这样，自然的形而上学的观念的基础就被破坏了。

将力学引入一个事实的复杂系统的首次尝试——这是其可能的最为辉煌壮丽的尝试——发生于外层空间中天体的大规模运动。它产生了太空动力理论，分析几何和微积分中数学的发展使其成为可能。借助于重力提供了天空的无形的纽带的理论，人们对太空中天体旋转的复杂运动进行了力学方面的探讨。结果，自然的形而上学的超越世界的精神消失了，变成了一个过去时代的童话故事。

哥白尼将太阳置于宇宙的中心之后，人类有关世界的看法，产生了

---

① Joseph Louis Lagrange(1736 –1813), French mathematician, recognized as the greatest mathematician of his day; especially well known for his work in mathematical astronomy.

巨大的变化。在这一点上，他继续了古希腊的类似研究。因为，他说："人很难将这种火炬置于自然的圣殿中的其他地方。"①开普勒的三定律，描述性地勾勒了太阳系行星运动的情况及其数量关系。在毕达哥拉斯学派之后，开普勒在这些运动中看到了天体的和谐。牛顿继而将它们分析为两个因素：一是行星在与它们目前进程相切的方向上接受的动力，二是引力作用，寻求对于这些形式限定的运动的解释。因而，他能推导出它们轨道的曲率。一旦采用哥白尼的太阳中心说的立场和开普勒更为精确的论述而使问题变得简化，其精神力量和精神的相互联系为显示轨道的复杂形式及其不同的机构提供了解释的基础的精神存在，就会被一种与巨大的时钟结构相类似的结构装置所取代。通过一种分析使这种转变成为可能，这是将一种形式回溯到用以解释它的元素协作之中的分析。直到那时，这种形式仍是一种美学和目的论描写性观察的对象。

我们将不探究，化学和物理的进步对于整个传统形而上学转变的意义。尤其在化学中，分析过程的目标，似乎是以实验的方法发现构成宇宙的实体。可以说，实体形式形而上学的第二个主要立足点，在于有机生命的形式，这也是它将要失去的。对于有机形式和功能——这是所有自然现象中最为复杂的——缩减为物理和化学的机械论的需求，实体形式的形而上学通过一种"生命—灵魂"的概念尚能抵挡一会儿。接着生物学家至少还将化学和物理的力量的运用归因于生命—灵魂，但到最后，大部分生物学家，尤其是德国的生物学家，干脆放弃了生命—灵魂或生命—力量的概念，将其视为研究发展中无效的东西，因而试图将其全部消除。这里又是对于过去被视为一种自精神存在发展而来的活生生的整体的自然形式的分析，它带来了旧形而上学的崩溃。

因此，分析的方法，不仅仅是思想中的分析，而是实际掌握事物的

---

① Dilthey is apparently quoting from memory the following passage from Copernicus, *On the Revolutions of the Heavenly Spheres*, Bk. I, sec. 10: "For in this most beautiful temple, who would place this lamp in another or better position than that from which it can light up the whole thing at the same time?" [trans. Edward Rosen (Batimore: Johns Hopkins University Press, 1978), p. 22.]

分析，致力于发现自然的第一原因，却免除了精神实体和实际形式。

一神论学说形成了传统形而上学的核心，（即使）在严格的科学中，这种学说也有其来自于天文学事实的推论的支持。现在，这些推论的严格性也被破坏了。

即使开普勒也仅仅是在他的发现的引导下，才将产生了行星运动的神圣力量转向了作为所有轨道中心的太阳。正是这样，他才得到假设一种存在于太阳的中心力量的存在。我们必须达到这两种结论中的一种：活动的灵魂愈弱小，它们离太阳愈远；或者，存在着一种在星际中心——亦即太阳中单独活动的灵魂，它使得每个星体按距它远近而强弱不同。在比较远的地方，因为距离遥远、力量微弱，它们就变得很微弱。①

对牛顿来说也是一样，物质领域仅仅提供了行星运动形式的一种解释理由。在这种理由下，他还需要设想：在被推动下，一个行星才能在具体方向按具体速度运行。这样，一种最初动力仍是需要的，尽管任务微小。而且牛顿认为，在行星和彗星处于它们与重力原理相一致的轨道时，这些轨道最初统一的部署并不能由这些原理说明。“这种最为美丽的太阳、行星和彗星系统，只能在一种有才智的、有力量的神的部署支配之下才能运行。”②这种神的精神实体，保障了宇宙各个部分间的相互作用。因此，关于神的存在的宇宙论证据中的天文部分，仍将在一个时期内持续产生影响，虽然这种力量日趋减弱。有很多重要的思想家，在其他方面曾与教会思想作过激烈斗争，但却被这种说服力已经很弱的论点所折服。但自从康德和拉普拉斯的机械论，被用来解释行星系统的起源时，机械论就在新的假设中代替了神学。

---

① Johannes Kepler, *Mysterium Cosmographicum*, c. 20 [text of quotation from English translation by A. M. Duncan(New York: Abaris Books, 1981), p. 199]. (D)

② From the celebrated "General Scholium" to the third book of Isaac Newton's *Philosophiae Naturalis Principia Mathematica* (1687); text of quotation from Sir Isaac Newton's *Mathematical Principles of Natural Philosophy*, and *His System of World*, trans. A. Motte, rev. by F. Cajori (Berkeley and Los Angeles: University of California Press, 1946), p. 544. (D)

就这样，伴随我们通过整个形而上学历史的形而上学论证，终于瓦解了。而且，一个更高的不变世界与这个星球上变化的生活之间的差别，现在已被星际变化的发现以及力学、物理学在天空中的运用所取消。幸存的是形而上学论式或心理状态，这是人身上的一种基本的形而上学感情，伴随着他走过了漫长的历史——早在东方游牧民族观望星星、寻找奇迹，祭司在东方庙宇的观测台中将观察与对星星的崇拜合为一体的时候，它就开始了。在人类意识中，这种形而上学的感觉处处与对于神的信仰的心理起源交织在一起。它是由作为无限的象征的浩瀚空间导致的，是似乎指示着一个更高世界的纯洁的星光所导致的，但它首先是由一种可感的秩序导致的，这种秩序将哪怕是简单的星体穿越的轨道带入一个神秘却有生机感的空间几何意识的关系之中。所有这一切聚集为一种基调，心灵宽阔了，一种可感的神的气氛将周围的一切变得无拘无束。这种情感无法转变成一种说明的证据。形而上学是沉默的，但正如毕达哥拉斯学派所说的，在黑夜的沉静中，从星体中仍能发出一种（即使对我们来说）为世界的嘈杂之声掩盖了的空间的和谐。它产生了一种恒久的形而上学心境，它强化了全部的论证，并超过了这些论证。

如果说现代自然科学瓦解了我们已经描绘的物质形式和精神实体的形而上学——包括其由世界的统一精神动因构成的内在核心——那么问题出现了：它被瓦解为什么呢？

对于自然复合体的分析用什么代替那些实体形式的——它们曾是描述解释的对象，来源于精神般地存在的位置了呢？人们一直说：是一种新的形而上学。事实上，存在着这么一种观点——费希纳近来将其称为一种“黑夜景观”①——对它来说原子及重力都是形而上学的实体，正如以前的实体形式一样。在这种观点中，旧的形而上学换成了一种新的形而上学，人们却不能说一种较差的被一种较好的取代了。唯物主义就

① See Gustav Theodor Fechner, *Die Tagesansicht gegenuber der Nachtansieht* (Leipzig: Breitkopf und Hartel, 1879). According to Fechner, a “night view” of the world is dark in the sense of being unilluminately by spirit.

是这样一种新的形而上学，而通行的自然科学一元论只不过是它的后代，因为在这里，原子、分子和重力也是实体或实在，就像可以看得到、摸得到的客体一样。真正的实证科学家与他们运用的了解自然的概念之间的关系，不同于他们与形而上学一元论的关系。牛顿并不将引力视为一种可知的物理原因，而只视为一种规律表述的探索性概念。① 诸如力量、原子、分子这些概念，对于大多数卓越的自然科学家来说，是一种探索性的构建系统，通过它们，我们将既定的条件解释为一种可以清晰表述的、在生活中有用的构架。

“事物”和“原因”不能成为来自于感官的知觉的构成部分，它们并不来自于知觉元素中对于一种逻辑必要联系的精神需求，更非来自于仅仅作为这些元素关系的共存和序列。对自然科学家来说，他们因此缺乏一种合法来源。他们在为我们提供了一种感觉联系的活生生的经验基础上，构筑其观念。在发展的术语上，他的先于自觉的记忆。

在历史概观的过程中，我们从这些（“事物”和“原因”的表现中）看到了实体和因果关系的抽象概念。②现在，事物间的区别及作用、经受、状态间的区别，决定了实体和因果关系的概念间的区别——它们通过科学合法地来自于它，同时也决定了我们判断的形式。因此，我们可以从言语上、却不能从我们真正思考或表现的事物中排除这些概念。对于自然的探究，只能通过包含了适合于我们的意识，适合于构建一个解释自然的适当的、独立的条件系统的那些理论和概念来寻找。

在我们历史概观的基础上，我们可以得到临时性的结论，“实体”

① Newton, Principia, def. VIII: "I likewise call attractions and impulses, in the same sense, accelerative, and motive; and use the words attraction, impulse, or propensity of any sort towards a center, promiscuously, and indifferently, one for another; considering those forces not physically, but mathematically: wherefore the reader is not to imagine that by those words I anywhere take upon me to define the kind, or the manner of any action, the causes or the physical reason thereof, or that I attribute forces, in a true and physical sense, to certain centers (which are only mathematical points); when at any time I happen to speak of centers as attracting, or as endued with attractive powers" [text of quotaiton from Newton's *Mathematical Principles*, pp. 5 – 6]. (D)

② Dilthey here distinguishes the concept of Kausalitat from the more original representation of Ursache.

和来自于此的建构性的概念“原子”，来源于在事物变化中安排秩序的认识需求。它们是在对付真正的客体时的逻辑思想的历史产物，因此它们不是较一些具体事物更为高贵的实体，而是寻求使事物容易理解的逻辑创造，它的认识价值隶属于活生生的经验和知觉的条件，在这其中事物是既定的。在我们化学现象的经验的限制内，事物的质量和性质在化合和分解之中仍然不变，上述（实体和原子）概念的图式可作为这些伟大发现的一种构架。由此，产生了这样一种可能性，即探究知觉中的现象及其关系，以获得一些间接的、更为基本的东西，从而达到一种统一的自然观，这对于所有富于成效的自然探究都是需要的。在大的、可见物体的基础上形成，并为外层空间的客体研究所肯定的关于质量、重量、运动、速度和距离的清晰概念，同样也运用于感觉为想象所代替的地方。因而，在原子论稳步前进的时候，德国唯心主义克服这种物质构成的基本概念的尝试，只是一种无效的插曲，尽管有时他们运用特别的原子颗粒的自然概念。这些特别概念并不符合我们对于宇宙第一原因的理想观念，但却是一种可见的类似物，它使得最适合于解释这些现象的、同时确定科学的位置的概念系统成为可能。因为它们与精神生命的结合，自然的唯心主义哲学似乎较具价值地成为了一个自然解释的出发点。但因为它们认为外物后面存在着一种异质的内在性质，这些理论仍不能真正解释外物，因此是徒劳无益的。①

我们必须对力量及其相关的因果关系、法则等概念的认识价值，作出同样的结论。尽管实体的概念形成于古代，力量的概念却只在现代科学的语境中得到表述。让我们再次回顾一下，我们在神话中发现了这一概念的源头，在那里，它一直是一个活生生的经验。这种活生生的经验的性质，后来隶属于认识论研究。这里我们只想强调，我们在自己的活生生的经验中所看到的东西，即能够控制我们的观念、控制我们的四肢

---

① Cf, Gustav Theodor Fechner, *Uber die physikalische und philosphische Atomenlehre*, 2d ed. (Leipzig: Mendelssohn, 1864). (D)

运动的意志，以及在不活动时它所具有的这种能力。的确，在一种外在限制的作用中，这种能力可能被一种相似的或更强的力量所遏止，但却同样存在。由此，我们就抓住了一种先于具体的有效行为，尤其是来自于一种有效力量积蓄的自觉的行为和事实的实施能力（或一种力量）的观念。我们发现，这一观念最初在亚里士多德的动力、能量、隐德莱希(Entelecheia)等概念中得到了系统的发展，但亚里士多德系统中，这种能动的力量未能与其功能的目标形式相区别，在此我们认识到了亚里士多德科学的显著特征及其某种限制。这种区别使得世界的机械论观点成为可能。它使得一种力量（能量、运作）的数量的抽象概念，脱离于具体的自然现象。每种机械观都展示了一种可以度量的活量。①这种量与能量出现的形式不同，它同时展示了这种能量通过运转得以消耗的方式：力量通过活动而得到消耗。通过热力的发现及其能量守恒定律的奠定，一种有关于此的客观的、纯概念性的条件系统的理想循此得以认识。这并不是一种先天的定律，毋宁说是经验的发现，使得自然科学距一定的理想更近了一步。当另一种自然力之后的自然力融入运动时，这种运动已经属于一种更大的法则：每一运动都是前一同等量运动的效果，每种运动都影响着同等量的下一运动，系统是相互联系的。因此，相对于能量观念的运用，能量守恒定律具有同样的功能，正如相对于物质来说世界上质量守恒一样。它们两者都运用经验，疏离世界的变化中的恒定之物——一些形而上学的时代试图构想而未成功的东西。

再也清楚不过，将自然机械论这一中世纪以来欧洲科学思想最为非凡的结果，视为一种新的形而上学，这是一种绝大的误会，即便这一结论建立在归纳的基础上。无可否认，自然系统解释知识的观念，仅仅是逐步缓慢地与形而上学相区分的，只有认识论研究，才能够分辨清楚形而上学精神与现代自然科学的精神的完全对立。在说明我们的知识理论之前，我们可以暂时给出下列自然科学的定义和界限。

① the power, by acting, is consumed.

1. 外部现实不是作为现象而是作为实在，占据了我们自我意识的全部，它影响我们，抵抗我们的意志，引起我们的愉快和痛苦的感觉。通过意志的冲动和对于意志的抵抗，我们在观念中得到一种与其他不同的自我反省意识。[①]其他则只有在其肯定确定之中才能显示于我们的意识，这些确定仅仅说明了与我们感觉和意识的关系；这些确定的主体或主体们，其自身并不显示于我们的意识印象之中。因而我们知道，主体在那里，但不能确定它是什么。

2. 自然的机械论为外部现实的这种现象，寻求具有逻辑必然性的条件。尤其是，因为外部现实是作为一种动力性的东西，加之于人的，对于人来说它常常成为有关其实体和潜在的因果关系的研究对象。而且，通过其判断功能，思想必定要达到一方面是实体间，另一方面是行为、遭遇、性质和规则间的区别。判断所分隔和联系的这两组概念间的区别，只能通过判断及思想本身加以克服。但正因为如此，在这些条件之下发展起来的概念，只能是外部世界研究的符号，是作为在意识中获得统一性的方法而引进于知觉系统之中、以便解决知识问题的符号。因为知识可能并不拥有一种独立于活生生的经验的现实，它可能只能将对于经验和活生生的经验的作用，追溯到一种它们得以理解的条件系统中。它能够在那些在自然生命的不同形式中得以重现的构成要素间，建立起持久的联系。因此，当我们离开经验自身的领域后，我们所面对的只能是发明的概念，而不是现实。就此观点看，如果说原子是实体，不如说是实体的形式，它们是科学思想的创造物。

3. 自然机械论所寻求的条件，只能解释外部现实的部分内容。这种原子、以太、振动的有形世界，只是一种得之于经验和活生生的经验计算的、具有高度人为色彩的抽象物。其任务是构建条件，以便我们获得数量精确的感觉印象，及相应地预言未来印象。完成这种任务的元素的运动系统，仅仅包括现实的一个层面，因为恒常性实体的观念已经包

---

① Innewerden. For the meaning of “reflexive awareness” see the *Introduction and Book Four.*

含了一种起码的抽象、一种启示式的科学工具。这样一种观念的特征，是认为所有实际的变化都来自于外在世界之于意识的转化。由此，外部世界就免除了讨厌的感官性变化。仅仅因为它们从难以达到之物抽象到量化的状况，力量、运动、规则及元素这些引导性的概念的澄清才成为可能。因而，这种自然机械系统，首先是一种根据数量和运动关系来表达自然事件的全部秩序的必要的、富于成效的符号。如果自然科学家不想脱离这一精密科学的立场的话，那么他就无法回答会有什么可能超越于这种秩序之外。

4．一种自然机械论所建立起来的条件系统，完全不能证明外部现实的各个方面。各种有机体，就显示了一种这样的自然机械论的限制。生机论承认物理和化学法则，同样可以应用于有机体。自然科学给自己规定了通过减少生命力从自然机械系统中获得生命过程的深远任务，但它仍然不能解释生命的有机形式，它的构成法则、它的发展，及其有机体类型的差异模式。

5．还有一种更进一步的结论，可以从这种研究外部实在的条件所具有的程序的本性中得出。我们不能肯定，是否存在隐含于事实之中的更进一步的条件——这种知识会获得一种完全不同的建构。的确，如果我们拥有更宽泛的实验范围，这些由我们创造出来的虚构实体，可能会被构成更为原始的基本实体所代替，正如原来一样。这是由至今无法解释的促使形而上学者从整体出发、从观念出发的遗留问题所导致的。如果我们将元素作为最初的数据，那么我们必然会被抛入疑问的深渊：这些元素是否相互影响，是否展示出共同性，以及借此介入有意识自我激励的有机体的形成之中。一种自然机械论，可能暂时会将这种纯概念性的秩序得以进行的最初安排视为偶然的，但偶然性是求知意愿在自然科学中寻求的逻辑必要性的取消。

6．自然科学不能获得一种它最初寻找的统一的条件系统，因为包含所有物质元素的自然规律，并不能解释任何一种具体的物质元素的行为。分析已经达到这两个界限：原子和规则。在原子中，或在它被作为自然科学中的一个特定整体的方式中，都不存在任何东西，可以让我们将它及自然统一系统带进一种独立的认识论构架之中。一个关系系统中的整体——颗粒表现得像其他一样，并不能在它作为一个具体整体的基础上加以说明；的确，在那些条件中抓住它似乎并不容易。而现在，因果关系的影响究竟如何产生于不变的具体整体中，现在的确难以想象。我们的知识界一定要将世界打破为原子，将它当作机器一样拆卸，但世界是一个整体，知识界却永远不可能从这些原子中得到它。现代自然科学中的自然分析的主要结果，类似于古希腊的自然形而上学：实体形式和物质。自然规律对应于实体形式，整体——颗粒对应于物质。在最终的分析中，所有这些孤立的成果所显示出的，是作为统一性作用于意识整体的特性与作为一种具体积极属性构成这些性质的东西间的差别；简言之，它们显示出了判断和思想的性质。

因此，即使对于自然进行的孤立考虑，我们也只可以说一元论也仅仅是一种秩序，在其中性质、行为与它的关系是必要的，因为这种关系是作为一种意识的现象从现实中创造出来的。这种关系的结果，仅仅联合了并非天然隶属的东西，也就是说，一种具体的原子量及往往指向我们意识的概念性的统一系统。无论如何，当自然科学一元论越过了外部世界的界限、将其精神深入解释的领域时，自然科学研究就取消了自己的条件和预设。这种研究从一种求知意志中获取力量，但其解释否定这种求知意志的全部现实。

那种因而逃避科学解释的东西，其实在意识中与反过来植根于我们精神生活全部的我们之于自然的全部关系相互联系。正是同自于这种全部关系，关于自然的现代科学观才变得与众不同，独立出来。我们已经指出，对于柏拉图、亚里士多德、奥古斯丁和托马斯·阿奎那来说，这种分化并不存在。他们的自然形式观与他们的完美意识及理解宇宙之美的意识息息相关。当自然的机械观抽象于自然作用于我们的使命体时，它取消了自然科学的目的概念。当然，这种概念还继续存在于自然，作用于我们的生命体中。如果我们认识到这种超感觉的完美系统，对应于我们的内在生命的古希腊目的论认识，就会知道这种人类种族的目的性观念是无法破坏的。自然的形态、种属、种类仍然表达了某种内在意图——达尔文主义者仅仅想抑制它。而且，这种目标意识与按规律产生了自然种类的自然的概念性秩序的知识紧密相连。无论我们的印象意味着什么，我们的自然知识的发展都能够使这些符号——它们与另外一些面对于我们的意志的东西处于一种固定的关系之中——并将其还原到一种与我们的知识特性相应的系统中去。

在我们追求自然机械论的同时，一种自然中生命的深刻意识，却以一种不可抵抗的自然现象的力量在诗歌中表达了自己，它存在于我们自己生命的总体性之中。这种所包含的不是一种美丽的形式外表（如形式主义美学所主张的），而是一种有力的生命情感。我们首先在卢梭那儿看到这种自然感觉，他最为倾向于自然科学方面；然后，我们在歌德的诗歌和自然哲学中也看到了这一点。歌德激烈而痛苦地斗争着，但缺乏挑战牛顿的自然机械观的方法；他的斗争是徒劳的，因为他将这种学说看成是 种自然哲学，而不是一种历史性的现象，一种对于自然的部分系统概括，一种了解运用自然的抽象工具。即便席勒也反对分割、破坏了艺术观察的综合性的自然分析，他将这种分析视为达到一种更大程度的形而上学真理的途径。由此，在他的美学中，他将自然中的独立生命归于艺术家。因而，在精神生命与社会的区别过程中，作为我们生命性中神圣不可侵犯的全能的东西，是由诗人和艺术家所热爱和象征的，但它却不能适用于科学的方法。这里我们既不应该蔑视诗人，他充满着不为科学所容的东西，又不应该蔑视科学家，他对诗人最为快乐的东西一无所知。在社会生命的分化中，像文学这样的系统，一直在修改着它的功能。在自然的机械概念高涨时，文学保存了自然生命的伟大情感，对于机械观来说它是神秘而不可解的。同样，诗歌无处不在地保护着无法概念化的活生生的经验，因此经验的东西将不会消失于抽象科学的分析操作中。正是在这个意义上，卡莱尔和爱默生所写的，是仅仅缺少了诗歌形式的诗。虽然对于自然的流行描述——它伤感地将一种内在生命的骗人的游戏，设计成了分析意识世界的智力的坚实、清楚的表现——不过是应受谴责的混合物，虽然德国自然哲学通过向自然知识中输入精神而给其带来了混乱，通过将精神领域投入自然而贬低了这一领域，但诗歌却保持着它不朽的使命：

> 高尚的精神，这是你给我所有的东西，所有这一切
> 都是我所寻求的。这不是徒然的，
> 在光芒中你把头转向我。
> 你给了我高贵的本性，正如我自己的，
> 给了我体验她、欣赏她的力量。不仅仅是
> 你答应我的，一次拜访的冷冷的惊奇，
> 而让我穿透她的心，就像穿透一个亲密的朋友的心。
> 你将所有活着的主人们引导到我眼前，
> 教我认识我的兄弟们
> 在寂静的树丛中，在空气和水中。①

（本文选自狄尔泰《人文科学导论》第二编第二部分二章，赵稀方译，华夏出版社 2004 年版，第 132—143 页。标题为编者所加）

① Goethe, *Faust*, Pt. I, lines 3217 - 3227, trans. Walter Kaufmann (Garden City, N. Y. Doubleday, 1961), p. 311.

第八讲　伽利略对自然的数学化

［德］胡塞尔

胡塞尔（Edmund Husserl，1859—1938），德国哲学家，现象学的创始人，对20世纪西方哲学和思想产生过重大影响，著作有《逻辑研究》《纯粹现象学通论》《欧洲科学危机与先验现象学》《经验与判断》等。

伽利略对自然的数学化

[德] 胡塞尔

【编者按：伽利略是近代科学之父，他开创了数学加实验的科学认识模式。“自然的数学化”是近代科学诞生的决定性步骤。数学化意味着什么？自然为何能够被数学化？胡塞尔从这个角度深刻揭示了近代科学的本质。】

对于柏拉图来说，实在[①]是对理念的或多或少完全的分有。这一思想为古代的几何学提供了初步的实际使用的可能性。通过伽利略**对自然的数学化**，**自然本身**在新的数学的指导下被理念化了；自然本身成为——用现代的方式来表达——一种数学的流型[②]。

这种对自然的数学化的意义何在？我们如何才能重新引起这一变化的思想线索呢？

这个世界是前科学地在日常的感性经验中相对于主体被给予的。对于它我们每个人都有自己的表象。我们把这些表象认为是真实的存有者。在我们的互相交往中，我们早已发觉，在我们的存有的认定之间存

---

① “实在”(das Reale)这个词在胡塞尔那里指时空的物质的世界。——译者注

② Mannigfaltigkeit,指由很多互相不同的东西组成的集合体。在过去的集合论文献中,这个概念是跟“Menge”(集)同义的。——译者注

在差异。但是我们并不因此而认为存在很多世界。我们必然相信**这个世界**仍然为一，尽管其事物向我们不同地显现。现在的问题是：难道我们只有关于客观自在的存有事物的空洞的、必然的观念吗？难道在这些表象本身中不存在我们必须归之于真的性质的内容吗？显然，纯几何学和一般关于时空的纯形式的数学，在其能够构成作为观念的存有的纯形式方面，以其绝对普遍有效的自明性所教给我们的一切东西，是属于这种内容的——我在这里只描述那些触动伽利略的思想的“不言而喻的东西”(Selbstverständlichkeit)[①]，而不表述我自己的立场。

我们需要仔细说明伽利略把什么引为“自喻的东西”，以及什么对于他来说还能成为进一步的意义上的不言而喻的东西，从而触发了他的新的意义上数学的自然认识观。我们注意到：他作为一个自然哲学家和物理学的“开路先锋”，还不是在完全的当今意义上的物理学家；他的思想还没有像我们现在的数学家和数学物理学家那样进入远离直观的那个符号化领域中去，我们不应把通过他和通过进一步的历史发展所认识到的“不言自喻的东西”归之于他。

“纯几何学”

让我们首先考虑“纯几何学”，即关于一般的时空形式的纯数学。对于伽利略来说，这种纯几何学作为一种旧的传统已经存在在那里了，并处于一种活生生的发展过程中，或普遍地说，它对于我们每个人来说也同样是已经存在在那里的东西。它是一种关于“纯粹的观念存有”的科学，但另一方面它又被一贯地应用到感性经验的世界中去。由于我们在日常生活中如此熟悉这种先天的理论和经验之间的转换，以致我们通常倾向于不去把几何学所谈论的空间和空间形状跟经验的现实的空间和

① 这是胡塞尔这一著作中的重要术语。它指不被加以怀疑的，但并非必然没有疑问的东西。我在不同的上下文中把它译为“不言而喻的东西”，“不言而喻性”，“显然的东西”，“显然性”，“理所当然的东西”，“理所当然性”等。——译者注

空间形状区分开来，仿佛它们是同一个东西。然而，如果几何学应该被理解为精确的物理学的意义基础，那么我们在这里以及在其他地方就必须十分确切。为了澄清伽利略思想的形成结构，我们因而不仅需要重构那些在意识方面触动他的因素，而且更有意义的是澄清那些蕴涵地包括在他的数学的主导模式中的东西，即使由于他的兴趣方向，他自己没有谈及它：这些东西作为隐而不显的被预先假定的意义自然而然地一起进入他的物理学中。

在直觉地被给予的周围世界中，通过抽象地注视时空形状，我们经验到“体”——这种体不是几何学的观念的体，而是我们实际地经验到的体，这种体的内容是我们实际经验的内容。不论我们怎样在想象中任意改变这些体，我们这样所获得的那种自由的、并在一定意义上是“观念的”可能性绝不是几何观念的可能性：它们不是能在观念的空间中被绘制的几何的“纯粹”形状——“纯粹”体、“纯粹”直线、“纯粹”平面、“纯粹”圆形和发生在“纯粹”圆形中的运动及其规定性。因此几何学的空间决不意味着想象的空间，或一般地说，一个可任意地想象的（可设想的）世界的空间之类的东西。想象只能把一些感性的形状改变成另一些感性的形状。这样一类的形状，无论是现实的还是想象的，只是在程度的差异方面是可想象的：或多或少是直的、平的或圆的等等。

的确，在我们所看到的周围世界中的事物，在其总体上，在其所有的性质方面，处于完全典型的流变状态之中：它们的自我一致，它们的自我同一和它们在时间延绵中的同一，仅仅是近似的，它们跟其他事物的相似性也是如此。这牵涉到一切变化，以及**它们的**可能的同一性和变化。这也同样适用于我们经由对在经验中被直觉到的体和它们的关系的抽象所把握的形状。这种趋向完美的顺序能被刻画为或多或少的完美性。实际上，这里也像其他地方一样，存在着一种在能完全满足特殊的实际的兴趣的意义上的绝对完美性。但是当兴趣不同的时候，对于某一种兴趣来说能完全地、精确地满足的东西，对于另一种兴趣来说则不然。此外，在进行完美化的规范的技术能力方面，如作一条更加直的直线和一个更加平的平面的能力方面，当然是存在限度的。但是技术是随着人类一起进步的，对于技术上更为精致的兴趣也是如此；完美的观念就是这样被一步步地向前推进。从而一个**能设想**可以被不断改进的完善的领域是永远向我们开放的。

如果我们不深入到这里所涉及的本质的互相关系中去（这项工作从来没有被系统地做过，并绝非容易），我们所能理解的是：在完美化的实践中，在自由地“一步一步”朝向**可设想**的完美的领域的逼近中，**极限形状**产生出来。这种极限形状是不断改进的特殊的系列所永远逼近的、但永远达不到的、不变的终极目标。如果我们有兴趣于这些观念的形状，并不断地从事于规定它们，和根据已经被规定的东西构造出新的东西，那么我们就是“几何学家”。这也同样适用于包括时间的一维在内的广阔领域：在那里我们成为关于“纯粹”形状的数学家，这种“纯粹”形状的普遍的形式是时间和空间统一起来观念化的形式。如果我们超出实在的实践领域——不论是行动的实在的实践还是考虑经验的可能性的实在的实践都与现实的和实际可能的经验的物体有关——我们就进入到一个“纯粹思想的”**观念的实践**的领域中去，这是一个只包括**纯粹的极限形状的领域**。通过那种在历史上早就形成的，并能在社会中主观地加以实践的，进行观念化和构造的方法，这些极限形状就成为能被习惯地使用的工具，并始终能被用来掌握新的东西——这个研究领域是一个无限而又完备的观念的对象世界。就像一切经由人类的努力而获得的文化产品一样，纯粹的极限形状也是可以被客观地认识和使用的，虽然它们的意义构造经常没有被清晰地重新阐明。纯粹的极限形状，在感性体现的基础上，例如通过语言文字，被我们统觉地加以掌握和操作处理。感性“模型”的作用方式与此相类似。我们在工作中经常使用的在纸上的绘图和印在教科书中的为帮助阅读理解的绘图，以及诸如此类的东西，都属于这种感性模型。对于“极限形状”，就像对于某些文化产品（如钳子、钻头等）一样，我们理解和简单地“看到”它们特殊的文化性能，却没有重新审视使这些性能具有根本意义的东西。在长期被理解的文化的获得物的形式中，我们可以说沉淀在感性的体现中的意义为数学家的方法论的实践服务。正是这些意义使得在观念对象的几何世界中的脑力劳动成为可能（对于我们来说，几何学在这里代表整个时空数学）。

但是在数学的实践中，我们达到在经验的实践中对于我们来说被否定的东西：“精确性”；因为在这里产生出**在绝对的同一性中规定**观念的形状的可能性，产生出把观念的形状认作可在方法论上一义性地规定的性质的根基的可能性。但是，这不仅发生在个别的情况中，和只是按照一种普遍相同的方法，研究任意挑选出来的可直观的形状，到处进行观念化，并在客观的和单义的规定性中，创造出与这些形状相适应的作为观念的存有的问题。在这一方面，**某些形体特别优越**，如直线、三角、圆等。而且有可能——并且这是**过去创造出几何学的发现**——借助于这些事先挑选出来的作为可资普遍利用的优越的基本成分，按照与这些基本成分结合在一起的操作程序，不仅**构成**越来越多的因其进行制作的方法而成为主观性地一义性地被规定的形状。最终这样的一种可能性产生出来了：通过一种先天的、包罗万象的系统的方法，构成地、一义性地制作出**一切可设想的**观念的形状。

从作为基本的规定手段的基本的形状出发，通过一定的运算程序规定其他的一部分观念的形状，以及最终规定一切观念的形状的几何学的方法，可以**追溯到**在**前科学的、直观的周围世界**中所应用的方法，这种方法开始时是极其原始的，后来逐步成为一门技艺的**测量和勘定的方法**。在周围世界中的本质形式中，我们可以清楚地发现这种测量活动的起源。在周围世界中的那些可感性地经验到的和在感性的直观上可设想的形状，以及在任何一般性的层次上可设想的这些各类形状，互相交融地组成一个连续统一体。在这统一体中，这些形状充实作为它们的形式的（在感性上可直觉的）时空。在这一开放的无限的范围中的每个形状即使在现实中是作为**事实**被直观地给予的，还**缺乏“客观性”**；因而它不是主观性地可规定的，和在它的规定性方面对于每个人来说都可以互相地交流的，因为每一个其他的人并不在同时实际地看到它。**测量的技艺**显然有助于实现这种客观性化的目的。测量的技艺涉及的范围很广（实际的测量只是其中的最后一个组成部分）：一方面，由于河流、高山、建筑等的形体通常缺乏严格规定的概念和名称，因此，必须为它们创造出这样一些概念：首先（按照它们的图像方面的相似性）为它们创造出“形式”方面的概念，其次为它们创造出量值和量值关系的概念，以及通过对与已知的、作为已经被确定了的地点和方向相关的距离和角度的测量，创造出方位的规定性方面的概念。测量的技艺**在实践中**发现把某些在实际中普遍被使用的，具体地固定在经验上不变的物体上的经验的基本形状选择出来作为标准的可能性。测量的技艺还发现借助于这些基本的形状和其他形状之间所存在的（或所能被发现的）关系，主观性地和在实践上一义性地确定后者的可能性。这首先发生在狭小的范围内（如在**勘定土地的技艺**中），然后发生在涉及新的形状的范围内。由此我们可以理解，**经验的测量的艺术**和它的在经验—实践方面的客观化的功能，是如何作为一种自觉地寻求规定“真的”东西的，即规定世界的客观的存有的知识，亦即“哲学的”知识的努力的后果，经过一种从实践的兴趣到理论的兴趣的转化，而**被观念化，并因而成为一种纯粹几何的思想方法的**。测量的技艺从而成为彻底普遍的几何学和它的纯粹的极限形状的“世界”的开路先锋。

伽利略物理学的基本思想：自然作为数学的宇宙

伽利略所知道的，不仅广泛用于地球，而且也用于天体的、相对先进的几何学，因而对于他来说已经是作为传统被预先给定了的。它是伽利略把经验的问题跟数学的极限观念联系起来的思想指南。当然，由几何学所连带地规定的测量的技艺，及其不断地增加测量的精确性和通过这种测量不断地增加对形状本身的客观规定的精确性的意图，也已经作为传统而存在在那里了。如果说，经验的和非常有限的技术实践的要求，在原先唤起纯粹几何的要求的话，那么现在倒过来作为“应用”几何学的几何学久已成为一种技术手段，作为一种设想和进行系统地构造测量的方法论的任务的指导。这种测量的方法论用于在不断地增加对几何的理想形状，即极限形状的接近中客观地规定各种经验的形状。

对于**伽利略**来说，以上这些是已经被预先给定的。因而十分自然，他不会感到有必要去研究原先实现观念化的那种方式（即它是如何在前几何学的、可感性地觉察的世界和它实践的技艺的基础上发展起来的），或去深入探索必真的数学自明性的起源。几何学家看不到那种需要：他们认为他们的工作毕竟是研究几何学，即去“理解”几何的概念和命题，熟悉涉及精确地定义形体结构和正确地利用在纸上的图形（“模型”）的演算方法。伽利略没有想到，探讨几何的自明性以及关于它的“如何”起源的问题对于作为关于存有者的普遍知识（即哲学）的分支——几何学来说会是相关的，甚至是具有基本的重要性的。注意力中心的转移是如何成为紧迫的，关于知识的“起源”问题是如何成为主要问题的，我们通过考虑从伽利略起的历史进程，很快就产生出研究它们的浓厚兴趣。

在这里，我们可以看到几何学是如何决定伽利略的思想和指导他达到物理学的观念的方式的。几何学具有一种素朴的先天的自明性，由于这种自明性使得每一项几何学的工作在动态中保持不变。由于几何学的启发，通过伽利略的毕生工作，这种物理学的观念才第一次产生出来。几何学从一开始就有助于在一种旧的传统领域的范围内一义性地规定可感性地觉察的周围世界。从这种实践上可理解的几何学的方式出发，伽利略自己对自己说：凡在这样的一种方法论被建立的地方，我们就克服了对于经验地可直观的世界来说，本质地具有的那种主观解释的相对性。因为通过这种方式我们获得一种**前后一致的、非相对的真理**，凡能理解和应用这种方法的人都能使自己信服这种真理。**因而在这里我们认识到一种真正地本身存有的东西**——尽管只是在一种从经验地被给予的东西出发而上升到作为指导的极标而起作用的几何的观念形状的逼近的形式中。

然而，整个**纯**数学只是在一种**纯粹的抽象中**才与形体和形体的世界相关，这也就是说，纯数学只与时空中的**抽象的形状**相关，进而只与那些作为纯粹“观念的”极限形状相关。然而在具体的实际中，对于我们来说，真实的和可能的经验形状，首先只是在经验的感性的直觉中，完全作为“质料”的“**形式**”，即作为**能被感性地充实的东西的形式**而被给予的。因此，它们是同在所谓“特殊的”感性性质①：颜色、声音、气味等中，和在它们自己的程度中显现本身的东西一起被给予的。

物体与物体所固有的物体的变化相结合的这一事实也属于这种可感性地直觉的物体的具体性，即属于它们的这种在实际的和可能的经验中存有的具体性。物体在时空位置方面的变化，或在形式和充实的特征方面的变化，并不是偶然的和任意的，而是以一定的感性类型的方式互相经验地依赖的。在物体中所发生的事件之间的关系**本身是日常的经验直觉的环节**。它们被经验到它们**一起属于**同时地或前后相继地**一起存在**的物体的特征，即它们的存有（Sein）是跟它们的如此存有（Sosein）**相结合**的。经常，尽管不是始终，我们清楚地经验到这种实在的—因果的互相依赖性及其成分。如果情况不是那样，如果发生了引人注目的新的东西，我们会立即问为什么，然后在时空的周围世界中寻求原因。在被直觉到的周围世界中的事物（它们总是被当作就像它们在日常生活活动中被我们所直觉到的那个样子，并且被认为是现实的）仿佛有它们的习

① 一贯偷偷摸摸地用所谓“**感性材料**”、“知觉材料”来代替在日常被直觉到的周围世界中被实际地经验到的物体的感性性质，即在**物体本身一方面作为物体的特性**被知觉到的颜色、触觉性质、气味、冷热、重量等，以及至少在一般的情况下完全不把感性材料和感性性质加以区分，把后者不加区分地称之为前者，这是洛克以来的心理学传统的有害遗产。凡在这种差别被感觉到的地方，人们不去详尽地从根本上描述这种差别，忽视这样做的必要性。一种完全错误的观点：“感性材料”构成被直接给予的东西在此起了阻碍的作用。关于这一点我们以后还要谈到。这样，与那些属于物体本身一方面的感性性质相适应的东西，通常就被偷偷摸摸地用数学物理的东西代替了，而关于这些性质的意义起源的问题正是我们所要研究的。为了忠实地表达我们的实际经验，我们在此以及在其他地方都谈论实际地在这些性质中被知觉到的物体**性质**或**特性**。当我们把它们刻画为形状的**充实**的时候，我们也把这些形状当作物体本身的“性质”，并且也当作感性的性质。只是它们作为普遍的感性性质与特殊的感性性质不一样。后者有一种跟与之单独所属的感官的联系，前者则没有那种联系。

惯——它们在相类似的环境中以相类似的方式表现自己。如果我们把可被直观的世界当作一个直接地呈现在我们面前的，在流动中表现自己的一个整体，那么它作为整体也有自己的“习惯”，即它以一种习惯性的方式连续地重复自己。因此，我们所经验地直觉到的周围世界有一种经验的**整体样式**。我们可以在想象中改变这个世界，或者按照其可能性使我们所未知的将来世界的过程像其所可能的那样表现出来。我们必须按照世界迄今所具有的那种样式来表现它。我们可以在反省中和在对这种可能性的自由变更中清楚地意识到这种样式。我们以这种方式使可被直观的世界在整个经验之流中所保持的不变的普遍的样式成为我们的研究课题。我们以这种方式清楚地看到，事物和它们的事件，普遍地讲，并不是任意地出现和流逝的，而是通过这种样式，即通过这种可被直观的世界的不变形式，先天地结合在一起的。换句话说，一切在这个世界中**所共同地存有的**东西，都是通过一条**普遍的因果律**，直接或间接地互相依存的。由于这种样式，世界不仅是一个万有的总体（Allheit），而且是一个万有的统一体（Alleinheit），即一个**整体**（尽管它是无限的）。这是先天地自明的，不论我们对此从特殊的因果依存关系中所实际地经验到的是多么少，也不论关于它从以往的经验中所知道的和为将来的经验所预示的是多么少。

这种被直观地给予的周围世界的普遍的因果样式使假设、归纳和对世界的现在、过去和将来的未知事件的预言成为可能。然而在前科学的认识生活中，我们对此只近似地知道一个大概而已。如果我们只有一个模糊的总体意识，只意识到世界是一个地平圈，对于其中的东西我们的兴趣和认识的主题时来时往、不断转变，那么**“哲学”**，即对**世界的科学的认识**如何是可能的呢？当然，正如已经表明的，我们也能够把世界整体当作一个主题来思考，并把握它的因果关系样式。但是我们借此只获得这样的一个空洞的、笼统的认识：在任何地方和任何时间中的任何可被经验的事件都是因果地被决定的。但是关于特殊地被决定的世界的因果关系，即关于使在一切时间中的一切现实的事件具体化的特殊地被决定的因果依存关系的网络，又是怎么样呢？只有当一种系统地和在某种意义上可以说事先地**构成**世界和它的因果的无限系列的方法被设计出来，在严格的科学的方式上，即在哲学的方式上对世界的认识才具有意义。这种方法是从在直接经验中被相对地确立起来的非常有限的材料出发的，而却势必需要去**证实**这种对无限世界的构成。这是可思议的吗？

在这里，数学可引为师资。数学在时空的形状方面以两种方式为此开辟道路。首先，通过在时空的形状方面观念化物体的世界，数学创造出观念的对象。数学从没被规定的普遍的生活世界的形式中，使空间和时间及其在它们之中可想象的经验上可直观的形体成为一个真正的客观的世界。这也就是说，数学创造出一个在方法论上普遍地对于每一个人来说都可清楚地规定的**观念对象**的无限的总体。这样，数学最早向我们表明，用一种先天的普遍的方法，可以使原先主观地相对的、只是在一种模糊的一般观念中可想象的对象的无限性成为**客观地可规定的**，和可**真正地按其自身的规定性设想**的东西，更确切地说，对于这种无限性可以事先在其一切对象及其对象的性质和关系方面加以规定和**决定**。我说，它是能够被设想的，正是因为它是通过一种现实地产生出来的，并且真的被制定的，而不是仅仅被假定的方法，按其客观的真的自在的存有本身所构成的。

其次，数学通过接触和指导测量的技艺，再次从观念存有的世界降到可被经验地直观的世界。这表明，我们可以获得一种关于**直观的现实世界的物体的全新的客观的实在的**知识。一切物体都必然地具有形状，而这种客观实在的知识涉及的只是关于形状的数学所关心的那些方面，即它以不断趋近的方式与它自己的观念的存有相联系。一切经验地可直观的世界中的物体，按照其世界的样式来看都具有形体的特征。它们都是“res extensae”（广延的实体）①，它们在变动着的排列配置中被经验

① 这个概念出自笛卡尔。按照笛卡尔的心物二元论，存在两种实体：一种为心，它的基本特征是思维，因此被称为“res cogitans”（思维的实体）；另一种为物，它的基本特征是广延，因此被称为“res extensae”（广延的实体）。——译者注

到；从整体考虑，它们有总的排列配置，特殊的形体在这些排列配置中有其相对的位置，等等。借助于纯数学和实践的测量技艺，我们能够对一切在形体世界中以这种方式伸展的东西作出一种**完全新的归纳的预言**，即能够根据已知的、被测定的、涉及形状的事件，以绝对的必然性对未知的、用直接的测量手段所达不到的事件作出“计算”。于是，这个**与世界相疏远的观念的几何学变成了“应用的”几何学**，并且，在某种程度上可以说，变成了认知实在的东西的一般方法。

但是，这种在世界的抽象的方面被实践的客观化的方式不免产生以下的思想和可猜测的问题：

与此相类似的事情对于这个具体的世界来说难道不也是可能的吗？如果一个人，如伽利略，（由于文艺复兴对古希腊罗马哲学的回归）已经坚信哲学作为知识实现客观的世界科学的可能性，并且如果他看到纯数学在应用于自然的时候完满地完成了形状领域内的知识的构想，那么这样的一种自然观对于他来说就是顺理成章的了：**自然**在它的**一切其他的方面**也可以用同样的方式**构成地规定**。

我们预断，这种测量的方法通过不断趋近和构成的规定能达到直觉的世界的**一切**实在的性质和实在的因果关系，达到一切可在特殊经验中被经验到的东西。这是可能的吗？我们如何才能公正地评价这个一般的预断呢？以及它如何才能成为为具体的自然知识服务的实践的方法呢？

这**困难**如下：具体地充实形体世界的时空形状环节的质料的充实（“特殊的”感性性质），在它们自己的度量方面**不能**像形状本身一样被**直接地**处理。然而，这些性质以及构成可感性地直观的世界的具体性的一切东西又必须被当作“客观”世界的表现。更确切地说，它们必须继续被认作是那样的，因为（这是触发新物理学观念的思想方式）把我们大家联结在一起的同一个世界的确定性和自在地存有的现实性，是经历一切主观解释的变化而不断地保持自身的东西；因为经验直觉的一切环节展示了这个世界的某种东西。当这些环节，如特殊的感性性质，在关于时空形式和它可能的特殊形状的纯数学中被抽象，尽管本身不能被直接地数学化，然而却能被**间接地**数学化的时候，它就能成为客观知识。

（本文选自胡塞尔《欧洲科学危机与先验现象学》第二部分第9节，张庆熊译，倪梁康选编《胡塞尔选集》下卷第998—1010页，上海三联书店1997年版。沿用原有标题）

第九讲　现代科学的起源

[英] 怀特海

怀特海（Alfred Whitehead, 1861—1947），英国数学家、哲学家，早年对数学基础有过重要贡献，晚年构造形而上学体系，在英美世界影响颇大，著作有《数学原理》（与罗素合著）、《自然的概念》、《思维方式》、《过程与实在》等。

现代科学的起源

［英］怀特海

【编者按：现代科学是在一种什么历史条件下出现的？博学深思、文理兼通的学术大师怀特海给出了一个独特的回答。】

文明的进展并不完全像是一股奔腾向前日趋佳境的巨流。如果我们用一种相当大的比例尺把它绘制成图，也许会具有上述外观。但这种广泛的看法往往会模糊细节，而我们对这一过程的全部理解却必须着眼于这种细节。假如我们从绵延几万年的全部人类历史来看，新时代的出现往往是相当突然的。默默无闻的民族有时突然在事物的主流中出现；技术上的发现可以改变人类生活的状况；原始的艺术可以很快地开出花朵，以满足某种审美的热情；伟大的宗教在披荆斩棘的时代，可以在各族人民之间传布天国的安宁和真主的剑。

公元16世纪时，西方基督教发生了分裂，同时，现代科学也欣欣向荣地发展起来了。这是一个翻腾酝酿的时代。当时各种新范畴和新观点被提出的固然不少，可是被确定下来的却无可称述。在科学上，哥白尼和弗萨柳斯可以作为代表人物。他们典型地表现了当时的新宇宙观和强调直接观察的科学精神。乔尔丹诺·布鲁诺受难的原因虽然不是为了科学而是为了自由构思的玄想，但他却是当时的殉道者。严格地说来，近代科学的第一个世纪是由于他在1600年的死而开了先河。但因为后世的科学思想风尚不信任他那种空泛的玄想，所以乔尔丹诺·布鲁诺受刑这件事情中便存在着一种象征意义而没有被人察觉。宗教改革虽然极为重要，但只能认为是欧洲民族内部的事情。连东方的基督徒也用一种完全漠不相关的态度来看待它。同时，这种分裂在基督教和其他两种宗教中，也不是什么新鲜事了。我们即使把这次伟大革命的意义扩大到基督教会全部历史的范围中来观察，也仍然不能认为它在人类生活中创立了什么新的原则。但不论是好是坏，总而言之，这是一次伟大的宗教改革，只是不能算为一种新宗教的出现而已。宗教改革运动本身并不承认有一种新宗教出现，而宗教改革家也说他们只是把那些被人遗忘的东西恢复起来而已。

至于近代科学的兴起，情况就迥然不同了。它在各方面都和当代的宗教改革运动形成了对比。宗教改革是一种群众性的骚动，它曾使整个欧洲在一个半世纪中沐浴在血泊里。而科学运动在刚开始时，则只限于少数知识界的精华，在那目睹三十年战争发生，而尼德兰的亚尔伐事件[①]又还是记忆犹新的世纪里，科学界人物遭到的最大不幸，只是伽利略在平安地寿终正寝以前所受光荣的拘禁和谴责，人类面貌自古以来第一次最深入的变革，就是以这种平静的方式开始的。迫害伽利略的方式可以说是这个变革的开幕式上的一个献礼。因为自从一个婴儿降生在马槽里以来，还很难说有这么大一次变革是以这样小的骚动开始的。

这一次系统讲演的主题是要说明科学上这种平静的发展，实际上把我们的思想面貌完全改变了。因此，以往某些例外的思想方式现在却在知识界中流传得极广，这种思想面貌的改变在欧洲的人民中已经缓慢地进行了许多年，最后爆发为一种科学的飞跃进步。新的思想面貌也由于得到了这样显著的体现而加强了。这种新思想方式甚至比新科学和新技术更为重要。它把我们心中的形而上学前提以及构思的内容全都改变

① 西班牙将军亚尔伐征服尼德兰时曾大肆屠杀。——译者注

了。因此，以往的旧刺激到现在就能获得新的反应。新面貌的比喻也许太着痕迹了。我所说的仅只是差之毫厘、失之千里的变化。令人钦敬的天才学者威廉·詹姆士在一封公开的信中有一句话说得很贴切。当他写完他那部伟大的著作《心理学原理》之后，曾写了一封信给他的兄弟亨利·詹姆士，说道："我必须面对着无情而不以人意为转移的事实铸成每个句子。"

以上所谓现代思想的新面貌，就是对于一般原则与"无情而不以人意为转移的事实"之间的关系发生了强烈的兴趣。世界历史的每个时代，都有注重实际的人致力于"无情而不以人意为转移的事实"，世界历史的每一个时代，也有富于哲学头脑的人在孜孜不倦地致力于创造普遍原则。对详细事实的这种热烈兴趣，以及对抽象结论的同样倾心就构成了现代世界的新奇观。以往这种现象只是零星出现，似乎完全是出于偶然。但现在这种思想上的发展却变成了有素养的思想家中一种盛极一时的传统习惯。这是使生命甜蜜的糖。大学的主要责任就是要继承这种传统，作为一种文化遗产而广泛传布，使之流传于万世。

在16、17世纪时期使科学远远凌驾于欧洲各种潮流之上的特点之一就是当时的大学。现代科学诞生于欧洲，但它的家却是整个的世界。在最近两个世纪中，西方文化方式曾长期而纷乱地影响亚洲文化。东方的贤哲对自己的文化遗产极其珍视，这是毫不奇怪的。在过去和现在，他们都一直百思莫解，不知道那种控制生命的秘密可以从西方传播到东方，而不会胡乱破坏他们自己十分正确地加以珍视的遗产。事情越来越明显，西方给予东方影响最大的是它的科学和科学观点。这种东西只要有一个有理智的社会，就能从一个国家传播到另一个国家，从一个民族流传到另一个民族。

在这几次讲演中，我不打算讨论科学发现的详细内容。我的主题是现代世界某种思想状况的繁荣发展过程、它的普遍结论，以及它对其他精神力量的影响。阅读历史的方法有两种，一种是从近代回溯到古代，另一种是从古代往近代按顺序推下来。在思想史中这两种方法都是用得着的。用 17 世纪作家一句高明的话来说：要理解一种观点的趋势，便必须考虑它的前因与后果。因此，我在这次讲演中将讨论一下现代观察自然界的方法中的某些前因。

首先，我们如果没有一种本能的信念，相信事物之中存在着一定的秩序，尤其是相信自然界中存在着秩序，那么，现代科学就不可能存在。我用本能这个字眼是很审慎的，人们的行为如果是受着固定本能的控制，口头上无论怎么说是完全没有关系的。口头上的说法也许最后能毁灭本能，但在没有达到这一点之前，它是不起决定性作用的。对于科学思想史说来，这一论点更加重要。因为我们发现自从休谟时代以来，流行的科学哲学一直在否认着科学的合理性。这种结论是以休谟哲学的表面理论为基础的。我们不妨把他的《人类理性研究》第 4 节中的下面一段为例来作说明：

> 总之，任何结果和它本身的原因都是截然不同的两回事，因之便无法在原因中找出结果来。在先天观念中首先产生出它或对它形成概念的过程必然完全是武断的。

如果原因本身不能对结果提供任何消息，致使这一概念的产生过程完全变成武断的，那么我们马上可以得出一个结论说：除非科学的意义就是建立完全武断的关联，而且这种关联也完全得不到原因或结果的固有本质的证实，否则科学就不可能存在了。休谟哲学的某些变形在科学家中流传极广。但科学的信念及时地兴起了，而且也悄悄地移开了哲学所造成的这座大山。

当我们看到科学思想上存在着这种奇怪的矛盾之后，首先就会问：与自成体系的理性的要求完全格格不入的那个信念，它的前提是什么。为了这一点，我们必须追溯一下，确信在每个细节中都可以发现自然秩序的本能信念，根源究竟在哪里。

我们大家当然都具有这种信念，因而便相信产生这种信念的理由是我们理解了其中的真理。但一个普遍观念（如自然秩序的观念）的形成，以及对这一观念的意义的了解和在不同情况下的观察等等，却绝不是这一观念的真理所产生的必然结果。事物在不断地发生着，人们并不关心它。要对十分明显的事物作出分析，就必须具有非凡的天才。因此，我就打算谈谈这种分析经过了哪些阶段才明确起来，最后又是怎样坚定不移地深入了欧洲知识界的心中。

显然，生活中的主要重现事物是极常见的，纵使是最没有理智的人也不能不注意到。甚至于在理性还没有出现以前，它们就已存在于动物的本能上了。从大体上说来，某些自然现象是重复产生的，我们的本性也适应了这些重复现象，这一点是无须多加讨论的。

但跟着而来的一个事实，也是同样显而易见的，那就是：没有任何东西会把一切细节完全重现出来。任何两天或两个冬季都不会完全相同。已成过去的事物是永远消逝了。因此，人类的实用哲学只是预见大体上的重复现象，而把那些细节看成是超越了理性的范围，从神妙莫测的事物深处发出来的。人们可以预期太阳东升，但风却可以随心所欲地刮。

肯定地说，自从希腊古典文明时期以来就有许多人，甚至是许多派的人，不接受这种极端的非理性现象。他们力图把所有的现象都解释成是无微不至的事物秩序所产生的结果。天才人物像亚里士多德、阿基米德和罗吉尔·培根等人必然都具有完全科学的头脑。他们本能地认为事无大小，全都可以看作是支配全部自然秩序的普遍原则的体现。

但直到中古世纪结束以前，一般知识界人物对这种观念还没有十分确切的认识和不厌其详的兴趣，所以不可能不断提供具有相当能力和充分时间的人来共同研究，发现这种假说的原则。那时人们可能是怀疑这些原则的存在，也可能是怀疑能不能找到它们。这些人也许是没有兴趣来思索这些问题，或是在找到之后又看不到它们的实际意义。不管是由于哪种原因，从一个高度发达的文明的大好时机和所经历的漫长时间来看，当时的研究是很消沉的。但到16、17世纪时，为什么步伐又突然加快了呢？中古世纪结束时涌现了一种新思潮。发明刺激了思维，思维又加速了对自然界观察的进展，同时希腊的手稿也显示了古人的发现。虽然直到1500年欧洲方面所知道的东西还没有公元前212年去世的阿基米德那么多，但到1700年的时候，牛顿完成了巨著《自然科学的数学原理》，整个世界也就因之进入了崭新的现代。

在某些伟大的文明中，科学事业所需要的奇特的心理均衡只是偶尔出现，而且产生的效果极微。例如，我们对中国的艺术、文学和人生哲学知道得愈多，就会愈加羡慕这个文化所达到的高度。几千年来，中国不断出现聪明好学的人，毕生献身于学术研究。从文明的历史和影响的广泛看来，中国的文明是世界上自古以来最伟大的文明。中国人就个人的情况来说，从事研究的禀赋是无可置疑的，然而中国的科学毕竟是微不足道的。如果中国如此任其自生自灭的话，我们没有任何理由认为它能在科学上取得任何成就。印度的情形也是这样。同时，如果波斯人奴役了希腊的话，我们就没有充分理由可以相信科学会在欧洲繁荣起来。罗马人在这方面并没有表现出什么创造性。纵使就已然的情形来说，希腊人虽然掀起了这个运动，但却没有用现代欧洲所表现的那种热情来支持这个运动。我们说的并不是大西洋两岸最近几代的欧洲人民，而是指宗教改革时期范围较小的欧洲而言。那时欧洲的人民都沉浸在战争和宗教的纷争里。我们不妨看看地中海东岸从西西里到西亚细亚这一个区域，在阿基米德死后（公元前212年）到鞑靼入侵这一千四百年中的情形。那儿曾发生过多次的战争、革命和宗教变革。但和16、17世纪整个欧洲的战争比起来情形坏不了多少。那儿也有一个伟大而繁荣的文明。其中夹杂着异教的、基督教的和伊斯兰教的成分。在那一个时期里，科学上也增添了不少的东西。但整个的看来，进展还是迟缓而迂回曲折的。除开数学一项以外，文艺复兴时期的人还得从阿基米德已经达到的地步开始。在医学和天文学方面已经有了若干进步，但整个的进展情况和17世纪那种令人惊讶的成就比起来还是微不足道的。我们不妨把1560年伽利略和开普勒即将出生之前到1700年牛顿鼎盛时期止这一段时间中所产生的科学进步，和上述刚好长了十倍的古代的进步相比较，事情就不言而喻了。

不过，希腊终归是欧洲的母亲。要找到现代观念的源头就必须看看希腊的情形。我们都知道，地中海东岸曾经有一个非常兴盛的爱奥尼亚哲学学派，他们对有关自然的理论深感兴趣，他们的观念经过天才的柏拉图和亚里士多德加以丰富之后一直流传到今天，但这一学派并没有达到完整的科学思想的境地，只有亚里士多德是一个极大的例外。从某些方面说来，这倒更好。希腊的天才人物是富于哲学性的，思路也是明晰的，并且长于逻辑。这一派人物主要是提出哲学问题。他们问：自然的始基是什么呢？是火、是土还是水？抑或是其中两种或三种的结合？它会不会是单纯的一种流变，而不能化为任何静止的物质呢？这派人对数学也很感兴趣。他们创立了数学的一般原理，分析了前提，并且严格遵照着演绎推理的方式，而在定理方面得出了重要的发现。他们的头脑里充满了一种酷爱一般原则的热忱。他们要求得到清晰而大胆的观念，并且用严格的推理方法把这些观念加以推演。所有这一切都极高超而富于天才，这是一种观念上的准备工作，但却不是我们所理解的科学。那时仔细观察的耐心还远没有占主要地位。归纳法的综合过程，在得出结果之前在思想上常常有一种混乱的悬空状态，这对他们的天才是完全不相宜的。他们都是明智的思想家和大胆的推理家。

其中当然也有例外。他们的最高代表人物——亚里士多德和阿基米德等人恰恰就是例外。同时也有许多天文学家曾经进行了不倦的观察，对星象方面曾有简洁的数学推论，并且有过一种幻想，认为天上有一小群可以数计的行星逃逸了。

每种哲学都受着一种无形的思想背景所濡染。这种背景在该哲学的思想过程中从不显现出来。希腊人对自然的看法（至少是他们流传到后世的宇宙观）本质上是戏剧性的。但这并不是说他们这样的看法就一定错了，而只是说，他们的看法确实是极端富于戏剧性的。因此，他们认为宇宙的结构方式就像一出戏剧中的情节那样，完全是为了体现出一般观念都归结到一个目的。自然被分化了，为的是给每一件东西安排一个适当的归宿。宇宙有一个中心，是重物体运动的目的。还有一个天穹，是本性引体向上的物体运动的目的。天穹属于无知觉和不能繁殖的物体，下界则属于有知觉和可繁殖的物体。自然是一场戏，每件东西都在扮演自己的角色。

我并不是说，亚里士多德可以不作重大的保留就能同意这一看法。事实上他所要保留的意见大致上就是我们所保留的意见。然而希腊后来的思想体系从亚里士多德的学说中抽绎出来而留传中古世纪的却正是这一看法。这种关于自然的幻想结构把历史精神窒息了。因为既然只有“目的”能说明问题，那么我们何必去追究它的本源呢？宗教改革和科学运动形成了历史性革命的两个方面，这一历史性革命就是文艺复兴后期的主要思潮。换句话说，这一思潮中包含着两个方面，一个是复溯基督教之源，另一个是弗兰西斯·培根主张动力因而反对目的因。也正是由于这个缘故，伽利略才和他的对手不知不觉地陷于一种无法解脱的矛盾之中。这一点在他的《关于托勒密和哥白尼两大世界体系的对话》中可以看得很清楚。

伽利略所谈的一直是事物是如何发生的，而他的对手则有一套完整的理论说明事物为什么发生。令人遗憾的是这两个理论所得的结论并不相同。伽利略坚持“无情而不以人意为转移的事实”，但他的对手辛普利歇斯则提出另一套至少在他本人看来是很充分的理由。如果我们把这次历史性革命看成一次提倡理性的革命那就完全错了。事实正好相反，这是一次十足的反理性运动。这是回到玄思神秘事物上去的运动。这个运动是从中世纪思想的僵硬理性上倒缩回来的结果。我这个说法只是总结了老派人物本身的结论。例如我们在保罗·萨比神甫的《特里腾宗教会议史》第 4 章中就可以看到，1551 年主持会议的教皇特使曾下令：

> 所有神职人员的观点都必须符合于圣经、使徒传统、正式批准的神圣宗教会议、教会法典和圣师的权威著作。他们必须

> 简洁自处，避免浮华而无益的问题和乖僻的争论……这一命令使意大利的神职人员感到不快，认为这是一种新方法，这是谴责经院神学，因为经院神学遇到困难时总是运用**理智**的。同时，（根据这条法令）连圣托马斯·阿奎那和圣文都拉等名人的行为也都不合法了。

这些意大利神职人员，这样坚持已经过时的无限制的理性主义是使人无法不表同情的。他们被人们抛弃了。新教徒坚决反对他们，教皇也不支持他们，宗教会议上的主教们甚至不能理解他们。在上述引文的后面不远就有这样一段话：

> 虽然很多人（对这法令）提出意见，但却没有起什么作用，因为神甫们（主教们）一般都希望听到人家说出能听得懂的话，而不希望像在"复义"和其他已经讨论过的问题中一样，听到深奥难懂的话。

可怜的中古主义者来得太迟了！当他们运用理性的时候，甚至连他们那一时代的统治集团的人物都听不懂。将来要经过许多世纪，顽强的事实才会被理智驯化，那时钟摆也缓慢而沉重地摆到运用历史方法的那一极端去了。

在这些意大利神职人员写下上述史籍之后四十三年，理查·胡克在他那本著名的《教会法》中对他的清教徒对手也提出了同样的抱怨。①胡克思想平稳，所以人们便称之为"公平的胡克"。他提出这种看法时所用的文体极其松懈繁冗，极不易总结为一个简短而集中的问题。但他在上述一节中，指斥他的对手时曾用到"他们对理智的污蔑"一语。同时还明确地提到"最伟大的经院神学家"来支持自己的说法，我认为

---

① 参看《科学与近代世界》第3章，第8节。——原注

他们指的是托马斯·阿奎那。

胡克的《教会法》是在萨比的《特里腾宗教会议史》之前不久出版的。因此，两本书是各自独立写成的。但不论是1551年的意大利神职人员，还是16世纪末的胡克，都证明了那一世纪反理性的思潮。在这一方面他们把烦琐学派的时代和自己的时代对立起来了。

这一反作用对中古世纪漫无限制的理性主义说来，无疑是一种非常必要的纠正。但一般反作用都是走极端的。因之，它所起的反应虽然有一个效果是产生了现代科学。但我们还要记住，科学也因此而承袭了这一源流的偏执思想。

希腊戏剧作品通过各种形式在许多方面对中古思想发生了间接影响。今天所存在的科学思想的始祖是古雅典的伟大悲剧家埃斯库罗斯、索福克勒斯和欧里庇得斯等人。他们认为命运是冷酷无情的，驱使着悲剧性事件不可逃避地发生。这正是科学所持的观点。希腊悲剧中的命运，成了现代思想中的自然秩序。他们倾注精力于特殊的英雄的事迹上，并把它当作命运的业绩的证明和个别实例。在我们这一时代里，这一点表现为致力于决定性事件的实验上。有一次我很幸运地参加了在伦敦召开的皇家学会会议，会上我听到英国皇家天文观察员宣布著名的日蚀照片已经由他在格林威治的一个同事测量出来，结果证明爱因斯坦主张光线经过太阳附近时将发生弯曲的预言是正确的。当时那种兴高采烈的情绪完全是希腊戏剧式的气氛。我们都异口同声地称颂着这一卓越事件在发展过程中所显示的命运的律令。当时每个情景都具有戏剧性。传统的仪式和后面挂的牛顿画像都提醒我们：伟大的科学结论在两个多世纪以后的今天得到了第一次的修正。从个别的人说来，兴致也很浓，因为一次思想上的大冒险终于安全地到达了彼岸。

我要提醒一句，悲剧的本质并不是不幸，而是事物无情活动的严肃性。但这种命运的必然性，只有通过人生中真实的不幸遭遇才能说明。因为只有通过这些剧情才能说明逃避是无用的。这种无情的必然性充满了科学的思想。物理的定律就等于人生命运的律令。

希腊戏剧中的人生活动的秩序这一概念，绝不是戏剧家本身发现的。这一定是当时一般严肃的观点传播到文学传统中来的结果。但在得到这个有力的表现形式之后，它又转过来加深了本身发源的那一个思潮。人生活动的秩序的景象深深地印在古典文明的思潮之中了。

后来那个伟大的社会崩溃了，欧洲进入了中古世纪。希腊文学的直接影响消逝了，但人生活动的秩序和自然秩序的观念却受到斯多葛派哲学的崇奉。例如勒启在他那部《欧洲伦理思想史》中就说："塞涅卡认为神规定了一条毫不容情的命运法则，一切事物都有了规定，但神本身也服从着这条法则。"斯多葛派人物影响中古世纪思想最深的一面还是罗马法散布于各地的秩序观念。我们不妨再引勒启的一段话来说明一下，他说："罗马的立法从两方面说来都是哲学的产儿。首先，它是根据哲学的模式制定的，因为它并不光是适应社会实际需要的经验系统，而是首先确定了许多关于权利的抽象原则，然后再力求符合于这些原则。其次，这些原则又都是直接从斯多葛派哲学中搬用的。"罗马帝国崩溃后，欧洲大片大片的区域实际上都陷入了无政府状态。但法律秩序的观念却仍然存在于帝国人民的民族传统之中。同时西方教会中也经常生动地体现了帝国法治的传统。

必须注意的是，中世纪文化上的这种传统的烙印，并不是应贯穿在行为中的某几个聪明的格言，而是一个明确规定的系统观念。这个系统为一个社会机体的详细结构，以及为周密的行动方式规定了法律义务。这里面没有任何东西是含糊的。这并不是一些令人羡慕的格言，而是一些将事物放置并保持在适当位置上的确定程序。中古世纪在规律的见解方面为西欧的知识形成了一个很长的训练时期。当时也许缺乏一些实践。但这观念在任何时候都没有被冲淡。这个时期十分明显地是一个有秩序的思想的时期，完全是理性主义的时期。正因为当时存在着无政府状态，所以才加速了一个完整体系的观念的形成，就好像现代欧洲的无政府状态刺激了"国联"这一明智观念的产生一样。

对于科学说来，除开事物秩序的一般观念以外，还要一些其他的东西。我们只要稍微提一句，就能说明经院逻辑与经院神学长期统治的结果如何把严格肯定的思想习惯深深地种在欧洲人的心中了。这种习惯在经院哲学被否定以后仍然一直流传下来。这就是寻求严格的论点，并在找到之后坚持这种论点的可贵习惯。伽利略得益于亚里士多德的地方比我们在他那部《关于托勒密和哥白尼两大世界体系的对话》中所看到的要多一些。他那条理清晰和分析入微的头脑便是从亚里士多德那里学来的。

说到这里，我认为我仍然没有把中世纪思想对科学运动的形成所提供的巨大贡献说出来。我所说的是一种坚定不移的信念，它认为每一细微的事物都可以用完全肯定的方式和它的前提联系起来，并且联系的方式也体现了一般原则。没有这个信念，科学家的惊人的工作就完全没有希望了。这个本能信念活生生地存在于推动进行各种研究的想象力之中，它说：有一个秘密存在，而且这个秘密是可以揭穿的。这个信念又怎么会这样明晰地印在欧洲人心中呢？

我们把欧洲思想的这种倾向，和任其自生自灭的其他文化状况比较一下，就可以看出它只有一个来源，即中世纪对神的理性的坚定信念。这种理性被看成是兼具耶和华本身的神力和希腊哲学家的理性。每种细微的事物都受着神视的监督并被置于一种秩序之中。研究自然的结果只能证实对理性的信念。但请记住：我说的不是少数个别人物公开表示的信念，而是欧洲人心中由于好几百年没有受到诘难的信念而产生的印象。这种信念是一种本能的思想风尚，而不仅是信条的文字。

亚洲方面，关于神的观念不是太武断就是离人性太远。因之，这种观念便无法对于思想的本能习惯发生多大影响。他们认为，任何固定的事物都是由于一个非理性的专制神明发出命令而产生的，要不然便是从一种超人性的和不可思议的事物根源中来的。他们不曾有过像我们这样的信念，认为近乎人性的神具有可以为人理解的理性。我并不是说欧洲人相信自然可以穷究这一点在逻辑上已经得到了证明，这个问题甚至在我们自己的神学中也没有办到。我唯一的目标就是要理解这问题是怎样产生的。我的解释是：在现代科学理论还没有发展以前人们就相信科学可能成立的信念是不知不觉地从中世纪神学中导引出来的。

但科学并不仅仅是本能信念的产物，它还需要对生活中的简单事物本身具有积极的兴趣。

“为事物本身”这一点很重要。中世纪的前期是一个象征主义的时期。它是观念丰富多彩的时代，也是技术的原始时代。那时跟自然打交道的事情很少，只限于在自然界中挣得一个艰苦的生活。但那时的哲学和神学等都具有等待开发的思想园地。原始的艺术可以把充满在思想家脑子里的观念加以象征化。中世纪前期的艺术具有一种无与伦比的、扣人心弦的迷人之处。它的使命超越了艺术自身为达成审美目的而存在的范围，成了深藏在自然界内部的事物的象征。这样便增强了它的内在品质。在这个象征主义的时期，中世纪艺术以自然为媒介而繁荣起来，但它却是倾向另一世界的。

中世纪前期的环境和科学思想所需要的气氛是截然不同的。为了理解两者之间的对照，我们不妨把意大利 6 世纪的情形和 16 世纪比较一下。在这两个世纪中，意大利的天才人物都在为新时代奠基。6 世纪之前的 3 个世纪，虽然基督教的勃兴带来了对未来的希望，但却仍然暴露了文化衰落的气象。每个世纪都丧失了一些东西。当我们阅读到当时的史籍时，心中总是出现了一个阴影，担忧野蛮时代又会来临。当时也有一些伟大的人物，他们的行为思想都极高超，但他们仅能做到暂时抑止普遍衰落的趋势。到 6 世纪时，意大利的形势可以说是达到最低潮。但那一个世纪中的每一行动，都在为新欧洲文化的蓬勃高涨奠定基础。查士丁尼统治下的拜占庭帝国从三方面决定了西欧中世纪前期的背景的性质。首先，他的军队在贝利萨留斯和纳西斯的领导下把统治意大利的哥德人赶出去了。这样就起了一种清宫除道的作用，使古代的意大利天才可以创立许多组织，成为日后文化活动中的观念的卫护者。毫无疑问，我们是同情哥德人的。但教皇统治西欧一千年的意义，却比我们从意大利统治严密的哥德王国中所能得到的好处不知要大多少倍，这一点是毫无疑义的。

其次，罗马法典的制定树立了法治的观念。欧洲往后几个世纪的社会观念都受这个观念的支配。法律一方面是政府的工具，同时也是约束政府的条件。教会法典和国家的世俗法律对欧洲的发展起了很大影响，这都是查士丁尼时代的法律家的丰功伟绩。他们在西方人的心目中树立了一个观念，即政府应当行法也应当守法。它本身应当显示出一种根据理性来调节的组织系统。6 世纪的意大利首先显示出这些观念是如何在与拜占庭帝国接触的过程形成的。

然后，在非政治的艺术与学术中，君士坦丁堡也为已得的成就树立了一个典范。这一方面是人们有直接模仿这种典范的动力，另一方面，有些人仅仅是由于知道有这么一个东西存在而产生了许多间接灵感，这两种因素使这种典范对西欧的文化不断起了刺激作用。拜占庭在中世纪初期思想中所起的作用正和埃及在希腊人早期思想中所起作用相同。这两种思想中的实际知识的分量可能刚好适合接受者的要求。他们所知道的东西刚好够他们了解一种可以达到的标准，但又不至于多到受传统刻板思想方法束缚的程度。因此，在这两种情形之下，人们都能按照自己的意愿前进，而且效果极好。谈到欧洲科学思想的兴起，任何人都不能不提到拜占庭文化在背景上所起的影响。6 世纪时，拜占庭和西方的关系曾经有过一种危机。这危机可以和希腊文学在 15、16 世纪中对欧洲思想的影响对照起来看。意大利在 6 世纪时有两个为未来的时代奠定基础的杰出人物，一个是圣本笃，另一个是大格黎哥里。提到他们，我们马上就可以看出希腊曾经达成过的科学思想方法，是怎样又完全陷于衰败之中。那时科学的温度可以说是零度。但格黎哥里和圣本笃一生的工作对欧洲的重建作出了贡献，他使这次重新建设起来的科学思想比古代效果更为卓越。希腊人过于偏重理论。对他们说来，科学仅是哲学的衍生物，格黎哥里和圣本笃都是重实际的人，重视平凡事物的意义。他们把这种实际的精神和自己的宗教与文化活动联系起来。尤其是由于有了圣本笃，当时的隐修院才成了实际农艺家、艺术家、圣哲与学者的家园。多亏早期本笃会员有实际精神，科学与技术才能结合起来，学术也就因之和“无情而不以人意为转移的事实”建立了联系。现代科学导源于希腊，同时也导源于罗马。现代科学和实际世界保持密切联系，因而在思想上增加了动力，这一点就是从罗马这一派源流得来的。

但隐修院和自然界实际联系的影响首先还是表现于艺术方面。中世纪后期自然主义兴起之后，科学发展所必需的最后一种成分也就深入了欧洲的人心。这就是对自然界物体与事态本身发生了兴趣。某一地区天然的树叶曾被雕刻在一个偏僻地点的后期建筑上，其目的只在于表示对这些常见的物体所发生的兴趣。各种艺术整个的气氛都反映出对周围事物的理解所产生的一种直接的喜悦。中世纪晚期装饰雕刻的艺人以及几奥图、华兹华斯、沃尔特·惠特曼、新英格兰现代诗人罗伯特·弗罗斯特等人在这方面彼此都很相近。可以直接见到的朴素事实，一方面是引人注意的主题，但另一方面，它在科学思想之中就变成了“无情而不以人意为转移的事实”。

欧洲人的心理那时已经准备好了一次思想上的新冒险。科学兴起的过程中有许多偶然因素是无须细谈的，诸如财富和闲暇时间的增加、大学的扩展、印刷术的发明、君士坦丁堡的陷落、哥白尼、瓦斯哥·达·伽马、哥伦布、望远镜等等都属于这一类。只要有适当的土壤、种子和气候，树林就可以生长起来。在后来的文艺复兴这一历史性的革命中，科学并没有把它的源流在它身上留下的烙印去掉。这一遗留下来的烙印主要成了一个以天真的信念为基础的反理性运动。科学所缺少的推理能力从数学方面借来了，这是希腊理性主义的遗迹，它所根据的是演绎法。因之，科学便否定了哲学。换句话说，科学从来不为自己的信念找根据，或解释自身的意义，对于休谟所提出的驳斥也完全置之不理。

当然，这个历史性的革命是完全有理由的。当时需要这种革命。不仅仅是需要，而且在一个正常的发展过程中这是必不可少的。世界需要对“无情而不以人意为转移的事实”作几个世纪的观察。一个人要同时做好几件事情是不容易的，但在中世纪的理性主义狂热之后人们却必须这样做。这是一个极为明智的反作用，但却不是维护理性的运动。

故意躲避走向知识之途的人，是难免于天罚的。克伦威尔的呼声响彻了几个世纪："同胞们，我以上帝的名义请求你想想自己可能错了。"

科学的进展现在已经到了一个转折点。物理学的坚实基础被摧毁了。而生理学则第一次站起来成为一个能起作用的知识体系，它不再是一堆支离破碎的东西了。科学思想的旧基础已经无法为人所理解。时间、空间、物质、质料、以太、电、机械、机体、形态、结构、模式、功用等等都需要重新加以解释。如果不理解机械是什么，而侈谈机械论的解释又有什么意义呢？

实际的情形是这样，现代的科学事业开始时，继承了亚里士多德派哲学学说中的最薄弱方面的许多观念。从某些方面说来，这选择是很不错的。它使 17 世纪的物理和化学知识能用一种完整的方式表达出来。这种完整性一直到现在还保存着。但生物学和心理学的进展可能由于不加批判地采用了许多半瓶醋的真理而遇到了障碍。如果科学不愿退化成一堆杂乱无章的特殊假说的话，就必须以哲学为基础，必须对自身的基础进行彻底的批判。

在这一系统讲演的下几次讲话中，我将追述一下欧洲思想在近三个世纪以来所持宇宙观中某些特殊观念的成败。在一般情况下，观念总是能支持两三个世代，也就是能支持六十至一百年的时间。但也有些寿命较短的思想浪花，只在主流的表面上昙花一现就消逝了。因此，我们将发现欧洲某些方面的面貌变革缓慢地影响了往后的几个世纪。然而在整个历史时期中，某种固定的科学宇宙观却始终存在着，这种宇宙观事先就假定有一种不以人意为转移的和不能为人所知的物质存在。这种物质也可以说是一种外形的流变下充满空间的质料。这种质料本身并没有知觉、价值或目的。它所表现的一切就是它所表现的一切，它根据外界关系加给它的固定规则来行动，这种规则并不是从它本身其所以能存在的性质中产生出来的。我所谓的"科学唯物论"就是这种假说。但我也将对这一假说提出诘难，我认为它完全不适合于我们现阶段的科学状况。但若加以适当解释，这种假说倒还不错。如果我们脱离产生事物的全部环境，只限于讨论某些类型的事物，那么唯物论的假说就能完满地表达这些事物。但如果我们把感官运用得更细致一些，或是由于要求理解思维的意义与连续性，而超出了上述抽象结论的范围时，这种理论体系马上就垮台了。正是由于这理论体系的有效范围很狭窄，它只把注意力导向几类在当时的知识状况下需要加以观察的事实，因此便在方法论上获得了极高的成就。

这种理论体系的确立对于欧洲许多思想潮流是不利的。这次历史性的革命是反理性主义的革命，因为烦琐学派的理性主义在接触到不可认识的事实时必须作出明显的修正。但笛卡尔和他的继承者在恢复哲学时却只根据表面意义接受了那种科学宇宙观，因而在发展过程中完全带着这种色彩。他们的根本观念后来还是获得了成功，因而使科学家有理由拒绝把这些观念当成理性探讨的结果来加以修正。当时任何哲学都不得不在某种方式之下把它们全盘接受下来。同时，科学上的例证也在其他的思想领域中发生了影响。因此，这次历史性的革命就被过分夸大了，以致把哲学在协调方法论的各种抽象结论方面可能起的作用都排斥掉了。思维本是抽象的东西，而理智对抽象思维的偏执运用却是它本身最大的缺陷。这一缺陷在回到具体经验去时也并没有完全得到纠正。因为人们所要注意的具体经验只限于某种有限的范围。有两种方法可以澄清这些概念，一种是运用身体的感官作冷静的观察。但观察是具有选择性的。因此，用观察法时，如果某种抽象方式能在很广的范围内获得成功，我们就很难超脱它。另一种方法是把各种稳固地建立在经验的基础之上的抽象方式加以比较。这种比较法的形式可以满足保罗·萨比所提到的意大利经院派神职人员的要求。他要求运用理性。理性的信念就是相信事物的终极本质是聚集于一种没有任何武断情形的谐和状态中。也就是相信我们在事物的后面所找到的将不仅是一堆武断的神秘物。对自然秩序的信念使科学得以成长起来，但这只是一种深刻信念中的一个特殊例子。这种信念不能用归纳的概括加以证明，它是当我们对自身的现存直接经验中所显示的事物本质作直接观察时产生出来的。这种信念和我们是血肉相连的。体验这一信念时就会发现以下几点：(1)我们作为自身而存在的时候不仅是我们自身而已，(2)我们的经验虽然不明确和零碎，但却说明了现实最奥妙的深处，(3)事物的细节仅只是为了要恢复它们的本来面目就必须放在整个事物的系统中一起观察，(4)这种事物体系包含着逻辑理性的谐和与审美学成就的谐和，(5)逻辑谐和在宇宙中是作为一种无可变易的必然性而存在的，但审美的谐和则在宇宙间作为一种生动的理想而存在着，并把宇宙走向更细腻、更微妙的事物所经历的残缺过程融合起来。

（本文选自怀特海《科学与近代世界》第一章，何钦译，商务印书馆 1959 年版，第 1—19 页。沿用原有标题）

第十讲　自然科学的方法

［德］李凯尔特

李凯尔特（Heinrich Rickert，1863—1936），德国哲学家，新康德主义的代表人物之一，著作有《自然科学概念形成的界限》《文化科学和自然科学》等。

自然科学的方法

[德] 李凯尔特

【编者按：自然科学与人文科学有何本质不同？李凯尔特认为，与人文科学追求历史的独特性不同，自然科学追求普遍性，因而普遍化方法是它的特有方法。】

从传统的观点看来，一切科学的概念形成或科学的阐述的实质首先在于，人们力求形成普遍的概念，各种个别的事物都可以作为“事例”从属于这种概念之下。事物和现象的本质就在于它们与同一概念中所包摄的对象具有相同之处，而一切纯粹个别的东西都是“非本质的”，而达不到科学的地位。甚至我们在近代科学兴起以前所使用的词汇，除了专有名词之外，就其意义而言也或多或少是普遍的，而且在一定程度上也可以把科学看作是一种对那些未经我们参与而早就形成的对于现实的理解的继续扩大和自觉琢磨的方式。因此，概念或者是通过对**经验所与的**对象进行比较而获得的，或者概念可能达到一种广泛的普遍性，以至于它们远远**超出**直接的经验。这一点如何可能，我们在这里不去考虑。只要指出下面这一点就够了：在这种情况下，概念的内容是由所谓**规律**组成的，也就是说，是由对于现实的一些或多或少广阔的领域——从来没有任何人看到这些领域的全部范围——所作的**无条件**的普遍的判断所组成的。所以，概念时而具有较大的普遍性，时而具有较小的普遍性，因此，概念对于特殊的和个别的事物来说是**或多或少**离得比较远的；但有时也能与特殊或个别之物接近，以至只有少数的对象能包摄于这种概念之中。然而，概念抛去了一切使现实成为单一和特殊之物的东西，就这种意义来说，概念始终是**普遍的**。因此，科学不仅由于它具有概念性而与直观性相对立，而且，由于它具有普遍性而与现实的个别性相对立。

早在亚里士多德的逻辑中（直到现在为止，几乎所有的逻辑研究在这一点上都依据亚里士多德的逻辑），就是按上述方式，而且仅仅按这种方式去理解科学概念的形成的。不论现代的规律概念与古代的种属概念有多么大的差别，亚里士多德的观点在今天似乎仍然和以前一样流行：关于单一的和特殊的东西的科学是没有的，即从对象的单一性和特殊性方面去阐述对象的科学是没有的。毋宁说，一切对象都从属于普遍的概念之下，在可能的情况下，也从属于规律概念之下。

一切科学的形式的特点是否确实是由这种概念形成的方式决定的呢？

如果人们把概念仅仅理解为科学用以形成它的概念的“因素”，如果人们进一步认为只有普遍的概念才能由普遍的因素所形成，那么对这个问题必须作肯定的回答。力学概念的最后因素在一切情况下都是普遍的。概念之所以只能由普遍的因素所形成，这只是因为科学所使用的词汇必须具有普遍的意义，以便能为大家所理解。因此，就概念的因素而言，在科学方法中是没有任何形式上的区别的。毋宁说，这个问题只能作这样的表述：由这些普遍因素形成的科学概念是否始终是普遍的，而当我们只考虑自然力学方法的时候，对这个问题也必须作肯定的回答。这样一来，我们必须从康德的意义上，也就是从形式的或逻辑的意义上去理解“自然”一词，而不是把它仅仅理解为物质世界。事实上，在这种假设下，认识自然就意味着从普遍因素中形成普遍概念，如果可能的话，形成关于现实的绝对普遍的判断，也就是说，发现自然规律的概念。自然规律的逻辑本质决定了在其中不能包含有哪种只能在这个或那个单一和个别现象之中发现的东西。

如果有人否认这是自然科学的方法，那最多只是因为人们把普遍性概念理解得过分狭窄，或者只想到一种特殊的普遍化的方式。由于这种情况已经发生，并且由此对这里发挥的思想产生了最奇怪的误解，因此，我想对自然科学概念的“普遍性”再多说几句。

我们把每个这样的概念称为普遍的，在这种概念中不包含这个或那个特定的、单一的现实的任何特殊性和个别性。在这样做的时候，我们不考虑普遍概念由以形成的那个过程中的差异。我们也很少询问，我们涉及的是关系的概念还是事物的概念，不论这种差异对于逻辑学来说可能是多么重要。我们在这里必须把关于普遍概念的完全普遍的概念当作基础，因为唯一重要的事情在于认识到**一切**自然科学的**共同之点**。我们不可以只限于考虑那样一种概念形成，它作为“比较的抽象”包含有一定数量的事例的共同之点。事实上，谁也不会否认，这种分类的形式只限于一部分自然科学。还有另一种获得普遍概念的方式，例如，自然科学通过实验能够在一个单一的对象中发现概念，甚至也有可能发现它们所探索的规律，而人们可以把这种抽象称为“孤立的抽象”，以便与比较的抽象区别开。但是，如果从一个对象中形成的概念只对这个对象有效，那也可以认为这种抽象完全没有达到它的目的。因此，这种差异在这里可以不必考虑。概念或者规律应当始终适用于任何巨大数目的对象，因而是完全普遍的。

不言而喻，自然科学用于认识对象的普遍化方法，决不排斥对于个别特殊与细节作详尽深入的考察。如果人们认为这只是对为一定数量的与现实所共有的特点进行概括，那就会引起这样的假象：仿佛自然科学在把个别事物省略去时，从事物中纳入自己概念之内的东西少于我们对于事物的认识，或者仿佛普遍化的方法恰好意味着“对于现实的规避”。对于科学必须使现实简化这个命题，不能从这个意义上去理解。毋宁说，任何一门科学都力求更加深入地洞察现实，对于现实获得比现在已经知道的更多的了解。这一点是毋庸赘言的。因此，也不能把普遍化和“分析”对立起来。这只是意味着，任何分析不论多么详尽都不能穷尽现实在内容上的多样性，自然科学在其对分析结果的最终表述中并不考虑所有那些只能在这个或那个特殊对象中发现的事物，因此，自然科学即使沿着分析个别事例的道路前进，也能达到普遍的概念。①

自然科学为了认识它的对象，一定需要不满足于一个普遍的概念。自然科学往往要研究那个对于一个概念来说是非本质的“余物”(Rest)，以便把它纳入新概念之下；而当这一点做到之后，自然科学又需要对那个第二次分析中保留下来的余物进行第三次的研究。从形式的观点看来，不可能详细说明自然科学为了使它的概念形成达到终极，必须在多大程度上深入到现实内容的多样性之中，因为这取决于科学的各个不同的部门给自己提出的目标和目的。但是，不论这种分析借助于多么众多的概念而推进多么远，不论现实有多少前所未知的特性被揭露出来，自然科学仍然不能借助于概念而表述所研究的对象的一切特性，因为特性的数量在任何一个异质的连续性中都是不可穷尽的。而且，不论自然科学的知识多么详细，不论它们形成了多么丰富的概念，自然科学始终把那仅仅为一个单一对象所固有的东西看作是非本质的。因此，甚至把自然科学从个别的现实中形成的一切概念总合在一起，也决不能复制一个单一的现实对象的特殊性和个别性。谁相信相反的情况，谁就会像柏拉图那样把普遍之物看作现实之物，并认为个别和特殊之物只是普遍性的合成物。但是，这种概念实在论(Begriffsrealismus)在今天看来已经完全不中用了。现实是由特殊和个别之物组成的，从普遍的因素中决不能构成现实。

---

① 我必须向蔡尔，特别是弗里什埃森·科勒着重说明这一点，后者在几篇同样标题的论文中(《体系哲学文库》第12卷和第13卷)，以及在他的《科学和现实》(1912)一书中，对我的《自然科学概念形成的界限》作了详尽的批评。他说我曾十分认真地把自然科学和“对现实的规避”等同起来；这一点使我有点吃惊，因为他的论证在其他方面是十分客观的，而且我乐意承认这些论证是尖锐的。甚至他的误解在某种程度上也对我有所教益，因为它使我注意到我在某些点上还没有充分地向认真仔细的读者解释清楚。因此，我在下面还要再次提到他的批评，只要这样做符合于这篇文章的性质，即避免过分详细地作专门的、逻辑的研究。也可参看我的《自然科学概念形成的界限》一书，第2版，第188页以下。

因此，在概念的内容和现实的内容之间形成一条鸿沟，它像普遍和个别之间的鸿沟一样宽阔，在它的上面是不能架设桥梁的。尽管如此，我们能够把自然科学的成果应用于现实，也就是说，我们能够借助于这些成果使我们在自己的环境中识别方向，对现实进行计算，甚至通过技术来支配现实。这个事实并不使人感到惊奇，更不能被看作对我们的见解提出了异议。[①] 这种应用决不能扩大到个别和特殊之物。我们只能预示现实中的普遍之物，并且正是借助于这一点，才能洞察普遍之物。如果没有通过普遍化的方法对世界进行简化，那就不能对世界进行计算和支配。在个别和特殊之物的无限多样性没有通过普遍概念得到克服之前，这种多样性是使我们感到头晕目眩的。借助于一个关于个别内容的概念，我们决不能越出这一个场所之外，而达到另一个场所和另一个时间。因此，自然科学概念的普遍性以及在这些概念和一次性现实之间的鸿沟（我们在其中发现了这些概念的理论本质），正也就是自然科学概念的实际运用的必要前提。“实用主义”为了表明科学思维仅仅是为实际利益服务的，同样也求助于概念的简化。尽管这种学说中蕴涵的功利主义可能是荒谬的，尽管概念对于现实的理论“威力”在实践上很少被人了解，但是，如果概念的内容与个别之物相符合，我们就不能把它用于构造科学理论，也不能把它用于实际生活，这一点仍然是正确的。

只有当人们**不注意**现实的个别性的时候，才可能忽视自然科学和现实之间的鸿沟。谁试图把自然科学概念应用于个别之物本身，谁就会碰到一条无法逾越的**界限**。诚然，医生是根据自然科学知识进行诊断的，从而有可能为他的个别的病人服务。他可以把这个特殊的病例隶属于普遍的疾病概念之下，并依次去做他认为在一般情况下有助于治病的事情。因此，他非常需要普遍化。但是，另一方面，这个聪明的医生恰恰也很清楚，现实中没有“疾病一般”，而只有“疾病的个体”，因此，在他自己的活动中仅仅利用自然科学书籍提供的材料是不够的。他还必

① 参见弗里什埃森·科勒的《科学和现实》，第158页及以后。

须了解个别化，而这是自然科学不能教给他的。简言之，不仅自然科学概念应用于现实生活的可能性，而且这些概念利用所含有的界限，都再一次证明普遍化方法是自然科学概念形成的特征。用柏格森的一个巧妙的比喻来说，自然科学只缝制一套对保罗和彼得都同样适合的现成的衣服，因为这套衣服并不是按照这两个人的体形裁的。如果自然科学"按照每个人的体形"进行工作，那它就必须对自己所研究的每个对象构成新的概念。但这是与自然科学的本质相违背的。自然科学只是在从个别之物中发现那种可以把个别之物隶属于其下的普遍之物的情况下，才去注意个别之物。在这个范围内，必须说现实的特殊性是任何自然科学概念形成的界限。

有时，事实上，自然科学只能够根据一个单一的事例来形成概念；但是这种情况也不会使我们错误地认为，除了一个即将谈到的例外情况之外，这些概念仅仅适用于这一个事例。在这些情况下，就自然科学的逻辑结构而言，下面这一点可以说是"偶然的"，自然科学概念的经验范围只是由一个事例构成，然而，由于概念的内容仍然可以应用于任何数量的事例，因而是普遍的类概念。例如，当人们起初只知道"始祖鸟"是一种鸟的时候，这对于确定一个**类**确乎是重要的，就和现在对于这个类已知道两个事例一样。因此，"原始翼足动物"这个概念当它的经验范围还没有由一个完整的事例所组成的时候，在逻辑上已经是普遍的了。由于这一切理由，我们可以把自然科学方法称为普遍化的方法，从而表明自然的形式概念。自然是在普遍化过程中被认识的。这就构成了自然科学知识的逻辑本质。

诚然，在天文学的某些部分中，某些天体构成一个例外情况；可是，更加精确的研究表明，甚至这个例外情况也不能否定这条普遍规则，因为一次性事件本身在规律科学中所起的作用，是由十分特殊的环境决定的，而且只限于一个明确划定的范围之内。在这里，也如在物理学中一样，数学也具有重大的意义；关于这一点，我们在后面还要谈到。

我们暂时撇开这些情况不谈，就已显然可见：所有那些在逻辑意义上属于自然科学的或普遍化的学科，如何由于这种概念形成的方式而被划分出来，合成一个具有共同目的的统一整体，每门专门的科学都在自己的领域为实现这个共同目的而作出自己的贡献。

在普遍化的科学看来，现实主要分为两种实在（Realität）：一种占有空间（在这里需要强调“占有”一词，因为纯粹广延的“物体”不是现实的），一种不占有空间（虽然决不能因此就认为它是“非空间的”）。如果我们撇开唯物主义的游移不定（Velleität），那么各种普遍化的专门研究都严格地把物理存在和心理存在区分开。各种专门研究为了它们的概念形成的利益必须这样做，尽管广延之物和非广延之物本身在一定意义上仅仅是概念抽象的产物，甚至是普遍化抽象的产物。① 专门研究不能把这两类对象——它们的概念是相互排斥的——纳入一个统一的概念体系之中，而只能尝试在通过普遍化的方法对每个现象系列理解之后把这两个系列明确地联系起来。因此，对于普遍化的科学来说，有两个划分开的研究领域，相应地也就必定有两个普遍化的专门科学体系，其中一个研究物质现实，一个研究心理现实。但是就它们的逻辑的、因而形式的结构来说，这两个体系是彼此相同的，对物理现象或心理现象的每种专门研究都在它们之中找到自己的位置。

如果我们认为这两个体系是完满的，那么在物体科学中也如同在心理学中一样，有那样一种理论，它包含有一切物体或一切心理所共有的东西，因而它采用了可能设想的最普遍的概念。这样，就可以按各门科学的最后概念的广泛程度和普遍程度进行分类。在各个相关的领域内各有一个关于概念或规律的体系，这个体系只是对这个相对特殊的领域有效，而为了形成这个体系，就要对精微的细节进行深入的观察。但是，

---

① 还可以用另一种方式把物理存在和心理存在区别开，例如，把我们大家共同体验到的东西称作物理的；反之，把仅仅为每个人体验到的东西称作心理的，就是如此。但是，我们在这里不注意这种区别，而只指出这种区别和本文中所说的区别是不一样的。我们在这里也不考虑那种涉及物理存在和心理存在同价值的关系的第三种区别。这种区别对于“精神”概念来说才是重要的。

甚至在这里也处处要对本质成分进行选择，这些本质成分表现为一些与纯粹个别之物相比始终是普遍的概念。所有这些相对特殊的概念形成，像柏拉图的概念金字塔那样，相互连接为一个统一的整体；这个金字塔形状的逻辑结构，不依赖于它们是否是种概念或规律概念、事物概念或关系概念，而在每个体系内，最普遍的理论也规定着专门研究，只要这在原则上不排斥把普遍性较少的概念隶属于普遍性最大的概念之下。

因此，比方说，如果假定有一种在原则上不符合规律的现象，那么这个假定是与任何一门普遍化科学的意义相矛盾的。对于物体科学来说，只有那些在原则上与力学的解释不矛盾的概念形成方法才是有价值的。因此，"活力"论并没有能解决问题，反而只能使问题更加模糊，尽管生物学没有一些相对特殊的概念是不行的。① 心理学还没有成为一种众所公认的关于心灵生活的理论，因此在完成体系的结构方面远远落后于物体科学。可是这不是原则上的区别，而只是程度上的区别。尽管心理学在个别细节方面可能在逻辑上与物体科学有所区别，但它无论如何确实采用了普遍化的、因而在逻辑意义上是自然科学的方法。

当然，这并不是说，由此应该不加批判地把物体科学中屡试不爽的方法移用到心理学之中。就细节方面来说，任何一种科学研究方法都必须使自己符合自己的对象所具有的内在特性。在这里，问题仅仅在于这些特性是否具有一种逻辑意义，以致它们排斥自然科学所采用的普遍化的概念形成方法。我想在后面用一个适当的例子说明，这一点是不能从所考察的心灵生活的本质中推演出来的。

人们常常发现在所经验到的心理存在中有一种与物质世界不同的统一联系，并由此得出关于心理存在的陈述方法的结论。事实上，对于这样的"统一"是毋庸置疑的。但是，还必须清楚地说明这种统一是什么。如果这种统一确实抵制自然科学的方法，那就必须审察是否这种抵制导源于心理存在的本质，或者并非由一种完全不同的因素中产生出来

① 在这点上，可参看理查·克朗纳《生物学中的目的和方法：一种逻辑研究》，1913。

的，这种因素或者根本不属于经验种科学，或者只有依据于心灵的文化生活的特性才能得到理解。

例如，有人可能提出“意识”的统一，并且可能把这种统一和物理现实的多样性对立起来。但是，这里所谈的是认识论的概念，因此，这种纯粹形式的统一并没有用一种与物理方式有原创性区别的方式把心理的杂多连接起来，而且这种形式对于心理学方法完全是无关紧要的。由于心理学的概念形成仅仅与心理现实的内容发生关系，因此意识的逻辑统一决不能成为心理学概念形成的对象。的确，没有一门经验科学研究这形式，因为它是任何经验的逻辑前提。

然而，事实上，这并非是心灵生活中表现出来的唯一的一种“统一”。人们还可能提出另一种“联系”，这种联系使我们不可能从概念上把心理因素孤立起来，就像把物理因素孤立起来那样，而且这种联系是排斥把心灵存在加以原子化的，因此它决定了概念形成的一些十分重要的逻辑特性。但是，甚至这一点还是不很清楚的。一方面，这种联系的统一可能是由于不考虑心灵生活所隶属的肉体，研究心灵生活就是不可能的，因此，必须把肉体看作是一种机体，这种机体把自己的统一移植到与它相连的心灵存在之上。或者，另一方面，这种统一的产生是由于人假定了价值，并且考虑到这种价值把他的心灵生活连接成为统一。必须仔细地区别开心理领域内的这两种“联系”，即使我们假定，只有借助于有目的的心理本质，作为机体的肉体观点才能成立，而且心灵生活的“有机”统一也只有通过间该移植（Rückübertragung），才能形成。

在有机统一的头一种情况下（价值在这里不起任何作用），不论这种统一是从肉体移植到心灵生活，抑或最终导源于心灵生活本身，这种统一都成为心理学方法论的一个重要问题。这个问题或许还不大受人注意；其实，这个问题的解决可以排除“力学”的或原子论的心灵生活观念，正如排除纯粹力学的机体观念一样。毫无疑问，不能把后面这种机体理解为纯粹的机械，因为那样一来它们就不再是“机体”了。因此，生物学常常显示出一些特殊的概念形成原则，不能把这些原则完全归结为物理学的观察原则。① 相应地，也可以说，不能用一种与纯粹力学理论相类似的观点去理解心理生活，因此只有与整个心灵生活的统一相联系，才能研究任何一个心理过程。但是，即使这一点是正确的，这在原则上并不排斥心理学采用一种就逻辑的或形式的意义而言是自然科学的方法，正如不排斥采用自然科学方法去研究机体一样。因此，心灵生活的这种“有机的统一”对于我们的目的来说是没有什么意义的。

只有当从价值的观点去考察这种统一时，人们也许才可能认为：普遍化的方法必定会破坏这种统一，因此，并非只有采用自然科学方法才能对统一的心理进行研究，因为采用这种方法就会抛弃与价值的联系。但是，无论如何不能由此证明，心灵生活本身是抵制自然科学观点的，或者那种用自然科学不能加以理解的统一是由心理的本质之中产生出来的；所能证明的只是，某些种类的心灵生活由于自己所固有的意义而不能用普遍化的方法详尽地加以研究，这种可能性应当是毋庸置疑的。正如我们将要看到的，文化科学问题毋宁说就在于此。然而，只有当我们把方法在纯粹逻辑上和形式上的区别同自然和文化的质料分类原则联系起来时，我们才能研究这个问题。现在重要的问题只在于说明：那种仅仅以心灵生活是心灵的而非物质的这个角度去研究心灵生活的科学，是没有任何理由不采用那种在逻辑意义上是自然科学的，即普遍化的方法的。由此可以得出结论，每种现实，也包括心理现实，都可以通过普遍化的方法而被理解为自然的一部分，因而也必须当作自然科学去把握。否则，就完全不能形成一个包括全部心理物理自然的概念。

（本文选自李凯尔特《文化科学和自然科学》第六章，涂纪亮译，商务印书馆1986年版，第37—47页。沿用原有标题）

---

① 参看《自然科学概念形成的界限》，特别是第456页以后及第2版第405页以后。对于那种不含有价值的目的论概念，我在这里不作进一步的研究，而它对于理解以后的章节并非是不可缺少的。

第十一讲　什么是科学

[德] 卡西尔

卡西尔（Ernst Cassirer，1874—1945），德国哲学家，新康德主义的代表人物之一，著作有《近代哲学和科学中的认识问题》《实体概念和功能概念》《爱因斯坦的相对论》《符号形式的哲学》《启蒙运动的哲学》《人文科学的逻辑》《人论》等。

什么是科学

[德] 卡西尔

【编者按：在新康德主义者通过廓清自然科学与人文科学的界限，从而为人文科学的合法性辩护的时候，博学的卡西尔提出了自己的科学观：因为始终坚持科学理论的明晰性和确定性，近代自然科学乃是希腊理性科学的正宗传人。】

科学是人的智力发展中的最后一步，并且可以被看成是人类文化最高、最独特的成就。它是一种只有在特殊条件下才可能得到发展的非常晚而又非常精致的成果。在伟大的古希腊思想家的时代以前——在毕达哥拉斯派学者、原子论者、柏拉图和亚里士多德以前，甚至连特定意义的科学概念本身都不存在。而且这个最初的概念在以后的若干世纪中似乎被遗忘和遮蔽了，以致在文艺复兴的时代不得不被重新发现、重新建立。在这种重新发现以后，科学的成就看来是圆满的、无可非议的了。在我们现代世界中，再没有第二种力量可以与科学思想的力量相匹敌。它被看成是我们全部人类活动的顶点和极致，被看成是人类历史的最后篇章和人的哲学的最重要主题。

我们可以对科学的成果或其基本原理提出质疑，但是它的一般功能似乎是无可怀疑的。正是科学给予我们对一个永恒世界的信念。对于科学，我们可以用阿基米德的话来说：给我一个支点，我就能撬动地球。在变动不居的宇宙中，科学思想确立了支撑点，确立了不可动摇的支柱。在古希腊语中，甚至连科学（episteme）这个词从词源学上说就是来源于一个意指坚固性和稳定性的词根。科学的进程导向一种稳定的平衡，导向我们的知觉和思想世界的稳定化和巩固化。①

但另一方面，科学并不是单独地在完成这个任务。在我们近代认识论中，不管是在经验论派还是在唯理论派那里，我们都常常碰到这种看法：人类经验的原初材料是处在一种全然无秩序的状态之中的。甚至连康德在《纯粹理性批判》的前面几章中似乎也是从这种前提出发的。他说，经验无疑是我们知性的第一个产物，但它不是一种简单的事实，而是两种相反的要素——质料与形式的合成物。质料的要素是在我们的感知中被给予的，而形式的要素则体现为我们的科学概念。这些概念，这些纯粹知性的概念给予各种现象以综合统一。我们所说的对象的统一，无非就是在综合我们表象的杂多时我们意识的形式统一。只有当我们对直观的杂多进行了综合统一，这时而且只有在这时我们才能说我们认知了一对象。② 因此，对康德来说，人类知识的全部客观性问题是与科学的事实不可分割地联结在一起的。他的先验感性论与纯数学的问题相关，而他的先验分析则试图解释精确的自然科学的事实。

但是一种人类文化哲学必须把这个问题往上追溯到更远的根源。人早在他生活在科学的世界中以前，就已经生活在客观的世界中了。即使在人发现通向科学之路以前，人的经验也并不仅仅只是一大堆乱七八糟的感觉印象，而是一种有组织有秩序的经验。它具有一种明确的结构。不过，给予这种世界以综合统一性的概念，与我们的科学概念不是同一种类型，也不是处在同一层次上的。它们是神话的或语言的概念。如果

① 本章当然并不打算提供一种科学**哲学**或一种知识现象学的纲要。我已经在《符号形式的哲学》第3卷（1929）中讨论了后一个问题；而前一个问题则见之于《实体与函项及爱因斯坦的相对论》（1910；英译本1923年）以及《现代物理学中的决定论与非决定论》（1936：1）。这里我只是企图简要地指出科学的一般功能并规定它在符号形式体系中的位置。

② 康德：《纯粹理性批判》（德文第1版），第105页。

我们分析这些概念的话，就会发现它们绝不是简单的或“原始的”。我们在语言或神话中所看到的对各种现象的最初分类，在某种意义上比我们的科学分类远为复杂、远为精致。科学开端于对简明性的追求。简明标志着真理（simplex sigillum veri）似乎是它的基本意愿之一。然而，这种逻辑的简明性乃是一个终点，而不是一个起点。人类文化开端于一种远为错综复杂的心智状态。几乎所有的自然科学都不得不经过一个神话阶段。在科学思想的历史上，炼金术先于化学，占星术先于天文学。科学只有靠着引入一种新的尺度，一种不同的逻辑的真理标准，才能超越这些最初阶段。它宣称，只要人把自己局限在他的直接经验——观察事实的狭隘圈子里，真理就不可能被获得。科学不是要描述孤立分离的事实，而是要努力给予我们一种综合观。但是这种观点不可能靠对我们的普通经验进行单纯的扩展、放大和增多而达到，而是需要新的秩序原则，新的理智解释形式。语言是人统一他的感知世界的最初尝试。这种倾向是人类言语的基本特征之一。有些语言学家甚至已经认为必须设想人有一种特殊的分类本能，才能解释人类言语的事实与结构。奥托·叶斯柏森说：

> 人是分类的动物：在某种意义上可以说，整个讲话过程只不过是把各种现象（没有两种现象在每一方面都是相同的）根据看到的相似点和相异点分成不同的类而已。在命名过程中，我们又看到了同样根深蒂固而又非常有用的倾向——识别相像性并且通过名字的相似来表达现象的相似。①

但是科学在现象中所寻求的远不止是相似性，而是秩序。我们在人类言语中所看到的最初的分类，没有任何严格的理论目的。对象的名字如果能使我们传达我们的思想并协调我们的实践活动，那就完成了它们

① 叶斯柏森：《语言》，第388页及以后。

的任务。它们具有一种目的论的功能，这种功能慢慢地发展成为一种更为客观的、“表现的”功能。[①] 在不同现象之间的每一表面上的相似性都足以用一个共同的名称来表示它们。在有些语言中，一只蝴蝶被叫作一只鸟，一条鲸被叫作一条鱼。当科学开始作最初的分类时，它必须修正和克服这些表面上的相似性。科学的术语不是任意制造的，它们遵循着一定的分类原则。一套首尾一贯的系统的术语的创立绝不是科学的纯粹附加特征，而是它固有的不可缺少的成分之一。当林奈出版他的《植物哲学》(*Philosophia botanica*)时他不得不遭到这种反对理由；这里所给予的只是一种人为的而不是自然的系统。但是，所有的分类系统都是人为的。自然本身只包含个别的多样化的现象。如果我们把这些现象纳入类别概念和一般规律之下，那么我们并不是在描述自然的事实。每种体系都是一种艺术品——是有意识的创造性活动的一种结果。甚至连与林奈的体系相对立的后来的所谓“自然的”生物学体系也必须采用新的概念成分。它们是建立在一般的进化论基础上的。但是进化本身并不是自然史的单纯事实，而是科学的假设，是我们对自然现象进行观察和分类的一种调节性原理。达尔文理论开启了一个新的更广阔的地平线，对有机生命的现象提供了更全面、更首尾一致的概观。这绝不是对林奈体系的驳斥；事实上林奈始终把他的体系看成是预备步骤，他完全明白，在某种意义上他只是创立了一套新的植物学术语。但是他深信，这套术语不但具有语词上的价值，而且有着实在的价值。他曾说：“如果你不知道事物的名字，事物的知识就会死亡。”(Nomina si nescis perit et cognitio rerum.)

就这一点而言，语言与科学之间的连续性似乎没有中止。我们语言学的各种名称和最初的科学的各种名称可以被看成是同一分类本能的结果与产物。在语言中无意识地完成的事也就是在科学过程中有意识地打算做的并且有条理地完成的事。科学在其最初阶段仍然不得不在日常言

① 关于这个问题见《符号形式的哲学》,第1卷,第255页及以后。

语的意义上来采用事物的名称。它可以用它们来描述事物的基本成分或性质。在最初的希腊自然哲学体系中，在亚里士多德哲学中，我们发现这些普通名称仍然对科学思维有着巨大的影响。① 但是在希腊思想中，这种力量不再是唯一的或占优势的了。在毕达哥拉斯及其早期信徒的时代，希腊哲学已经发现了一种新的语言——数的语言。这个发现标志着我们近代科学概念的诞生。

在各种自然事件——天体的运行、日月的升落、四季的变换——之中，存在着一种规律性，存在着某种一致性——这是人类最早的伟大经验之一。甚至在神话思想中，这种经验就已经得到了充分的承认和独特的表达。在这里我们看到了关于自然的一种普遍秩序的观念之最早迹象。② 而且早在毕达哥拉斯时代以前，这种秩序就已经不仅用神话的术语而且还用数学的符号来描述了。神话语言和数学语言在早期巴比伦占星术体系中以非常奇特的方式互相结合起来；而这种占星术体系一直可以追溯到大约公元前 3800 年那么早的一段时期。不同星群之间的区分、黄道带的十二重分割，都是由巴比伦天文学家们完成的。如果没有一种新的理论基础的话，那就不可能获得这些成果。但是，要创立第一个数的哲学，就必须有更大胆的概括。毕达哥拉斯派思想家们最早把数设想为一种无所不包的真正普遍的要素。它的用处不再局限在某一特殊的研究领域以内，而是扩展到了存在的全部领域。当毕达哥拉斯作出他的第一个伟大发现时——当他发现音调的高度依赖于震动弦的长度时，对哲学和数学思想的未来方向具有决定意义的并不是这种事实本身，而是对这种事实的解释。毕达哥拉斯不可能把这种发现看成是一种孤立的现象。最深奥的神秘之一——美的神秘，似乎在这里被揭示出来了。对希腊精神来说，美始终具有一种完全客观的意义。美就是真，它是实在的一种基本品格。如果我们在音调的和谐中发现的美可以被还原为一种

---

① 参阅卡西尔：《语言对科学思想发展的影响》（“The Influence of Language upon the Development of Scientific Thought”），载《哲学杂志》第 34 号第 12 期（1942 年 6 月），第 309—327 页。

② 参阅《符号形式的哲学》第 2 卷，第 141 页及以后。

简单的数的比例的话，那么正是数向我们揭示了宇宙秩序的基本结构。毕达哥拉斯派有一句原话："数是人类思想的向导和主人，没有它的力量，万物就都处于昏暗混乱之中。"①我们并不是生活在真理的世界中，而是生活在蒙蔽和错觉的世界中。在数中，而且只有在数中，我们才发现了一个**可理解的**宇宙。

认为这种宇宙是一种新的话语宇宙（universe of discourse），认为数的世界是一种符号世界——这种看法是与毕达哥拉斯派思想家的精神完全相异的。这里也像在所有其他场合中一样，在符号和对象之间不存在任何明确的区别，符号不仅说明对象，而且明确地代替了对象。事物不仅仅是与数相联系，或可以用数来表示，而且它们**就是**数。我们现在不再主张这种数的实体化实在性的毕达哥拉斯派论点了，我们不再把数看成是实在的真正核心。但是我们必须承认，数是人类知识的基本功能之一，是伟大的客观化过程中的一个必要步骤。这种过程开始于语言，但是在科学中它表现出一种全新的形态。因为数的符号体系是一种与语言的符号体系完全不同的逻辑类型。在语言中我们可以看见最初的分类活动，但是它们还是不协调的。它们不可能做到真正的系统化。因为语言符号本身没有任何确定的系统秩序。每一个别的语言学词汇都有一个特殊的"意义域"。正如伽狄纳所说，它是"一束光，在一个句子所意指的事物或不如说一系列复杂的互相联系的事物的领域内先照亮这一部分，然后又照亮那一部分"②。但是所有这些不同的光束并不具有一个共同的焦点，它们是分散而孤立的。在"杂多的综合"中每个新的语词都有一个新的开端。

一旦我们进到数的领域，这种事态就完全变了。我们不能说单个的或孤立的数。数的本质总是相对的，不是绝对的。一个单个的数只是一个一般的系统序列中的一个单个的位置而已。它不具有它自己的存在，

① 参阅 Philolao，*Fragmehts*（《残篇》）4:11，载《前苏格拉底哲学家残篇》，第 1 卷，第 408、411 页。

② 伽狄纳：《关于言语与语言的理论》（*The Theory of Speech and Language*），第 51 页。

没有自足的实在。它的意义是由它在整个数列中所占的位置来决定的。自然数的系列是一个无穷系列。但是这种无穷没有对我们的理论知识设定任何界限。它并不意味着任何不确定性，并不意味着一种柏拉图意义上的无限者（Apeiron），而是恰恰相反：在数的进展中，我们不会遇到外在的限制，不会遇到一个“终极项”。我们在这里所发现的是由于一种内在的逻辑原则而形成的限制。所有的项都被一个共同的纽带联结在一起。它们来源于同一种生成关系，这种关系把一个数 n 与它的直接后继数联系起来（$n+1$）。从这种非常简单的关系中，我们可以推导出整数的全部特性。这种系统具有的与众不同的特征和最大逻辑特权就是它的彻底透明性。在我们现代理论中——在弗雷格和罗素的理论、皮阿诺和戴德金的理论中——数已经失去了它的全部本体论的奥秘。我们把它看成是一种新的强有力的符号体系；对一切科学的目的来说，这种符号体系比言语的符号体系具有无比的优越性。因为我们在这里所发现的不再是孤立的语词，而是按照完全相同的基本程序而排列起来的项，因此，它向我们展示了一种清晰而明确的结构法则。

然而，毕达哥拉斯的发现在自然科学的发展中仅仅意味着第一步。整个毕达哥拉斯的数论在当时突然由于一个新的事实而遭到怀疑。当毕达哥拉斯派学者们发现，在一个直角三角形中，对着直角的那条线与其他的两条边没有任何共同的计量单位时，他们不得不面临一个全新的问题。① 在整个希腊思想的历史上，尤其是在柏拉图的对话中，我们都能感到这种困境的深刻反响。它标示着希腊数学中的一个真正危机。没有一个古代思想家能够用我们近代的方式即靠引入所谓的“无理数”来解决这个问题。从古希腊的逻辑和数学观点来看，无理数是一个语词矛盾

---

① 卡西尔这里指的是“不可公约数”的发现所带来的问题。毕达哥拉斯在历史上最早发现了直角三角形定律，即直角三角形的弦的平方，等于其他两边的平方之和，如果三角形的两边相等，则弦的平方即等于边的平方的二倍。但不久毕达哥拉斯派学者又证明了，一个整数的平方，不能为另一个整数平方的二倍，这就是说边的长度与弦的长度是不能以整数相约的。换句话说，边与弦之间找不到一个公度量，使其中的一个能用另一个来表示：这两条线段被证明是不可公度的。——译者注

的说法。它们是一个不可思议不可言说的东西。[1] 因为数一直都被定义为一个整数或整数之间的一种比例，因此一种不能用同一单位计量的长度就是一种不能用任何数来表达的长度：它公然蔑视和嘲笑数的一切逻辑力量。毕达哥拉斯学派在数中寻求和发现的，本来是一切种类的存在与一切形式的认识——知觉、直观、思想——之间的尽善尽美的和谐。在那里，算术、几何学、物理学、音乐、天文学似乎形成了一个唯一而连贯的整体：天地万物成为“一种和谐和一个数”[2]。然而，当人们发现了不能用同一单位计量的长度之后，就摧毁了这个论点。从此以后，在算术和几何学之间、在不连续的数的领域与连续的量的领域之间，不再有任何真正的和谐。

为了恢复这种和谐，数学和哲学思想的研究花费了许多世纪的时间。一种数学连续统的逻辑理论是数学思想最近的成就之一。[3] 没有这种理论，新的数——分数、无理数，等等——的全部创造似乎就总是非常成问题和靠不住的事业。如果人类心智能够以它自己的力量随意创造一个新的事物领域的话，那我们就不得不改变我们关于客观真理的全部概念了。但是在这里只要我们考虑到了数的符号性质，这种困窘也就算不了什么了。倘若这样的话那就十分明显：在引入新的类型的数时，我们并没有创造新的物体，而是创造了新的符号。在这一点上，自然数与分数、无理数是一样的：它们也不是对具体事物、物理对象的描述或映象，而是表达了非常简单的关系。数的自然领域的扩大，它之延伸到更大的范围，仅仅意味着引入了新的符号，这种符号易于描述更高层次的关系。这种新的数不是简单关系的符号，而是“关系的关系”的符号，“关系的关系的关系”的符号，等等。所有这些并不与整数的性质相矛盾，而是说明和进一步证实了这种性质。为了填补整数（它是不连续的

① 参阅朔尔茨（H. Scholz）与哈塞（H. Hasse）：《希腊数学的根本危机》（*Die Grundlagen Krise der griechischen Mathematik*），夏洛滕堡，1928。

② 参阅亚里士多德：《形而上学》，第5卷985b。

③ 参阅韦尔（Hermann Weyl）：《连续统：关于分析基础的批判研究》（*Das Kontinuum. Kntische Untersuehungenüber die Grundlagen der Analysis*），莱比锡，1918。

量）与在时空连续统中的物理事件世界之间的裂缝，数学思想一定要找到一种新的工具。只要数一直是一种“物”，是一种自身存在并且通过自身被认识的自在实体（substantia quae in se est et per se concipitur），那么这个问题就始终是不可解决的。但是既然数是一种符号语言，因此唯一需要的就是以首尾一贯的方式发展这种语言的词汇、词法和句法。这里所需要的并不是数的本性和本质上的变化，而只是意义的变化。一门数学哲学必须证明：这种变化并不会导致模棱两可或自相矛盾的结论，必须证明：那种不能由整数或整数之间的比例来确切地表达的量，由于引入了新的符号而成为完全可理解的和可表达的了。

承认一切几何学问题都能作这种变换——这是近代哲学最初的伟大发现之一。笛卡尔的解析几何对广延与数之间的这种关系提出了第一个令人信服的证明。从此以后几何学的语言不再是一种特殊的方言了，它成了一种远为普泛的语言——普遍的数学——的一部分。但是在笛卡尔那里，还不可能以同样的方式去制伏物理世界——物质与运动的世界。他想要发展数学物理学的企图失败了。我们物理世界的材料是由感觉与料（sense data）组成的，而这些感觉与料所描述的那些执拗不驯的事实似乎抗拒着笛卡尔的一切逻辑和理性思维的努力。他的物理学仍然是由一些任意的假定组成的网状系统。但是，如果说笛卡尔作为一个物理学家可能在他的手段上犯错误的话，那么他在他的基本哲学目标上却是正确的。从这以后，这个目标就被清晰地理解并且牢固地确立起来了：物理学的各分支都趋向于同一个目标——力图使整个自然现象的世界都处于数的管辖之下。

在这种总的方法论理想方面，我们看不出古典物理学与近代物理学之间有什么分歧。量子力学在某种意义上是古典的毕达哥拉斯理想的真正复活、更新和证实。但是在这里也必须引入一种更加抽象的符号语言。当德谟克利特描述他的原子结构时，他曾求助于从感觉经验世界中获取的相似性。他给出了原子的一种图像、映象，而这种映象是与我们宏观世界的普通物体相类似的。原子以它们的形状、大小及其各部分的排列而互相区别。它们的联结是用物质的连接来解释的：单独的原子都具有钩和孔、球和窝，从而使它们成为可联结的。所有这些形象化的描述和比喻式的说明在我们近代原子理论中都已经消失了。在玻尔的原子模型中没有任何这类形象化的语言。科学不再以普通的感觉经验的语言说话，而是采取了毕达哥拉斯的语言。数的纯粹符号体系取代并且取消了日常言语的符号体系。不仅是宏观宇宙而且连微观宇宙——原子内部现象的世界——现在都不可能用这种语言来描述。这已被证明是开启了一种全新的系统解释。索末菲 (Arnold Sommerfeld) 在其著作《原子结构与光谱线》①的序中写道：

> 在发现光谱分析之后，没有一个受过物理学训练的人会怀疑，只要物理学家们学会了理解光谱的语言，原子的问题也就能解决了。在光谱学研究的六十多年中积累起来的大量材料是如此杂乱，以致最初看来几乎没法理清了……现在我们所听到的光谱的语言是原子内部的一种真正的“天堂的音乐”，是整体联系的和弦；是一种尽管有着多种多样的变化但却变得越来越完满的秩序与和谐……光谱线和原子理论的全部积分规律最初都来源于量子论。大自然正是以这种神秘的推演法演奏着它的光谱乐曲，也正是根据它的韵律调整着原子和原子核的结构。

化学的历史是科学语言的这种缓慢变化的最好最显著的例子。化学踏上“科学大道”的时间比物理学晚得多。许多世纪以来阻碍化学思想的发展并使它停留在前科学概念范围内的障碍绝不是因为缺乏新的经验证据。如果我们研究一下炼金术的历史，我们就会发现炼金术士们具有令人惊讶的观察天赋。他们积累了大量有价值的事实，没有这些原始材

① 索末菲：《原子结构与光谱线》，德文版，1919；布罗泽(H. L. Brose)英译本，纽约，1923。

料的话，化学几乎至今也不可能得到发展。① 但是表现这种原材料的形式却是极不充分的。当炼金术士开始描述他的观察材料时，他没有任何可供他使用的工具而只有一种充满了意义含糊的术语的半神话语言。他用隐喻和寓言而不是用科学的概念说话。这种含糊的语言在他关于自然的全部概念上都打上了烙印。自然界成了由各种晦涩难懂的性质构成的领域，只有那些领受其秘诀的行家才能理解它。化学思想的新潮流开始于文艺复兴时期。在“医化学”学派中，生物学和医学的思想开始流行。但解决化学问题的真正科学方法直到 17 世纪才出现。罗伯特·波义耳的《怀疑的化学家》是以关于自然和自然规律的新的一般概念为基础的近代化学理想的第一个伟大范例。然而即使在这里以及以后的燃素说的发展中，我们能看到的也只是对化学过程的定性描述。直到 19 世纪末拉瓦锡的时代，化学才学会了使用定量的语言。当道尔顿发现等价或倍比定律时，一条新的道路对化学打开了。数的权力牢固地树立起来了。然而，仍然有大量的化学经验还没有完全服从数的定律。化学元素表在那时只是纯粹经验的列表，它并不依赖于任何确定的原则，也没有显示出明确的系统秩序。但即使这个最后的障碍也被元素周期律的发现而扫除了。每个元素都在一个首尾一贯的体系中找到了它的位置，而这个位置是由它的原子数目规定的。“真正的原子的数目是这样的数目：在规定每一元素的次序从而把各种化学的亲属关系列成适当的表时，这种数目给定元素在自然体系中的位置。”根据周期律，就有可能预言未知的元素并且依次地发现它们。这样，化学就获得了一种数学的和演绎的结构。

在生物学的历史中我们也能追踪到同样的一般思想趋向。像所有其他的自然科学一样，生物学也不得不从对事实的简单分类开始，而且这种分类也是以我们日常语言的类概念为指导的。科学的生物学给了这些

① 关于炼金术的历史，请参阅李普曼（E. O. von Lippmann）：《炼金术的产生与传播》（*Entstehung und Ausbreitungder Alchimie*），柏林，1919，以及桑戴克（L. Thorndike）：《巫术与实验科学的历史》（*A History of Magic and Experimental Science*），纽约，1923—1941，第 6 卷。

概念更确切的意义。亚里士多德的动物学分类和提奥弗拉斯特[①]的植物学分类都显示出高度的严密性和方法上的条理性。但是在近代生物学中，所有这些较早的分类形式都被一个不同的理想遮盖了。生物学慢慢地进展到了一个“演绎公式化理论”的新阶段。诺士洛（F. S. C. Northrop）教授说：

> 任何科学在其正常的发展中都通过两个阶段——第一个阶段我们称之为自然史的阶段，第二个阶段则称为在假说上已经成立的理论（postulationally prescribed theory）的阶段。这两个阶段各自拥有一类明确的科学概念。自然史阶段的概念我们称之为由考察得到的概念；而假说成立阶段的概念则称之为由假说得来的概念。一个由考察得来的概念是一种其全部意义都是由某种直接认识到的东西所给予的概念。而一个由假说而来的概念则是这样一种概念：其意义是由包含它的那个演绎理论的诸假说所规定的。[②]

为了实现从单纯可认识的阶段走向可理解的阶段这一决定性的步骤，我们总是需要一种新的思维工具。我们必须把我们的观察资料归属到一个秩序井然的符号系统中去，以便使它们相互间系统连贯起来并能用科学的概念来解释。

数学是一种普遍的符号语言——它与对事物的描述无关而只涉及对关系的一般表达——这种看法在哲学史上是很晚才出现的。而以这种预设为基础的数学理论直到 17 世纪才出现。莱布尼茨在这方面是近代第一位伟大的思想家，他明确认识到数学符号系统的真正特性并且直接得出富于成效而意义广泛的结论。在这一点上，数学的历史与所有其他符

① 提奥弗拉斯特（Theophrastus），古希腊科学家。亚里士多德的弟子，亚氏死后是逍遥学派的领袖，在矿物学和植物学方面很有成就。——译者注

② 诺士洛：《生长》（*Growth*），附录，1940，第 127—154 页。

号形式的历史没有什么不同。即使对数学来说，要发现新的符号思维之维也被证明是极其困难的。这样的思维，早在数学家们能够说明它的特殊逻辑品性以前，就已经在被数学家们使用了。像语言和艺术的符号一样，数学的符号从一开始就被某种巫术的气氛所环绕。人们带着宗教的畏惧和崇拜来看待它们。以后，这种宗教的神秘信仰慢慢地发展为一种形而上学的信仰。在柏拉图的哲学中，数不再笼罩在神秘之中。相反地，它被看成是理智世界的真正中心，它已经成了找到一切真理和可理解性的线索。当柏拉图晚年提出他的理想世界的理论时，他试图用纯粹的数字来描述它。数学对他来说是可感世界与超感世界之间的中间领域。他也是一个真正的毕达哥拉斯信徒，并且他也像毕达哥拉斯学派一样深信，数的力量遍及全部可见世界。但是数的形而上学本质不可能靠任何可见现象来揭示。现象具有着这种本质，但它们不可能充分地表现它——它们必然不能完全符合这种本质。把我们在自然现象、天体运动中所发现的那些可见的数看成是真正的数学的数，那是一种误解。这里的数仅仅是纯粹理想的数的“暗示”。这些理想的数应当靠理性和理智来把握，而不是靠观察来认识。

> 灿烂的天空应被看作是一种图案，其目的则在于展现更高级的知识。天空的美就像提特勒[①]或其他大艺术家所精心绘制的图案画或肖像画的美一样，是我们可以有机会看到的。任何看见这些图案的几何学家都会赞赏它们的精湛，但是谁也不会认为，他在这些图中能发现真正的相等、真正的倍数或其他任何比例的真理。……一个真正的天文学家在观看星辰的运行时不也有着同样的感受吗？他不也认为，天空以及天上的一切都是造物主以最完美的方式塑造出来的吗？但是他决不会设想，昼与夜的比例、昼夜与月的比例、月与年的比例、它们与星辰

① 提特勒(Daedalus)，古希腊人，以善绘几何图形出名。——译者注

> 的比例或星辰与星辰彼此间的比例以及所有其他有形的和可见的事物也都是永恒不变的。这样的设想是荒谬的，同样，花费那么大的气力去研究它们的精确真理也是荒谬的。①

现代认识论不再主张这种柏拉图式的数论了。它不再把数学看成是对可见的和不可见的物的研究，而是看作对关系和关系的类型的研究。当我们说到数的客观性时，我们并不把它看成是一种独立的形而上学的或物理的实体，而是认为：数是发现自然与实在的一种工具。科学史给我们提供了这种持续的智力进程的典型例子。数学思想似乎常常走在自然科学研究的前面。我们最重要的数学理论并不是由于直接的实际需要或技术需要而产生的。它们被看成是先于任何具体应用而存在的普遍的思想框架。当爱因斯坦提出他的广义相对论时，他用的是已创立的黎曼几何，不过黎曼当时仅仅把它看作纯粹的逻辑可能性。但黎曼深信，我们需要这样的可能性，它可以为描述现实的事实做准备。我们需要的是能充分自由地构造各种形式的数学符号体系，以便能给自然科学思维提供一切智力工具。自然是无穷无尽的——它总是会向我们提出新的意想不到的问题。我们不可能预见事实，但我们可以借助符号思维的力量为能理智地解释这些事实做准备。

如果我们接受了这个观点，那我们就能回答近代自然科学最困难最有争议的问题之一——决定论的问题。科学所需要的不是一种形而上学的决定论，而是一种方法论的决定论。我们可以拒绝接受在拉普拉斯著名公式中表现出来的那种机械决定论②，但是真正科学的决定论——数的决定论——一般是不易遭到拒绝的。我们不再把数看成是一种神秘的力量或看作事物的形而上学本质，而是把它看成一种特殊的获取知识的工具。显然，现代物理学的任何成果都不会给这种看法带来疑问。量子

---

① 柏拉图：《理想国》，第529—530页（乔威特英译本）。

② 关于这个问题，请参阅卡西尔：《近代物理学中的决定论与非决定论》。

力学的进展已经告诉我们，我们的数学语言要比经典物理学体系中的数学语言丰富得多、灵活得多，回旋的余地大得多。它对于新的问题和新的要求具有很强的适应性。海森堡提出他的理论时使用了一种新的代数符号体系形式，在这个符号体系中我们一些普通的代数规则是无效的。但是数的一般形式在所有这些后来的体系中都保留着。高斯曾经说过：数学是科学的女王，而算术是数学的女王。克莱恩在对19世纪数学思想发展的历史评述中指出，这个发展的最典型特征之一就是数学的逐渐“算术化”。[①]而且在近代物理学的历史中我们也能注意到这种算术化的进程。从哈密顿的四元数到量子力学的不同系统，我们看到越来越复杂的代数符号体系的系统。科学家根据这样的原则行事：即使在最复杂的情况下，他最后也必须成功地发现一种适当的符号体系，使他能够用一种普遍的大家都能理解的语言来描述他观察到的现象。

确实，科学家并没有向我们提供关于这种基本假定的逻辑证明或经验证明。他给我们的唯一证明就是他的工作。他采纳了数的决定论的原则作为一种指导原则，一种调节观念，使他的工作具有逻辑的严密性和体系的统一性。我在亥姆霍兹的《生理光学论》中看到了对科学过程的这种一般品性的最好陈述之一。亥姆霍兹说，如果我们的科学知识的原理（例如因果律）只不过是经验的规则，那它们的归纳证明就是非常糟糕的，我们所能说的最多就只能是，这些原理并不比诸如风的循环规律之类的气象学规则更有根据。但是，这些原理显而易见地具有纯粹逻辑规律的品性，因为从这些原理推导出来的结论并不与我们的现实经验和单纯的自然事实相关，而是与我们对自然的解释相关：

> 我们对自然现象的理解过程就是：我们力图发现**一般概念**和**自然规律**。自然规律只是代表自然变化的一般概念。……因

---

① 克莱恩：《关于19世纪数学发展的报告》（*Vorlesungenüber die Entwicklung der Mathematik im 19. Jahrhundert*），柏林，1926—1927。

> 此，当我们不能把自然现象追溯到某一规律时……理解这种现象的可能性本身就不存在。
>
> 然而，我们必须努力去理解它们。没有任何其他的方法能把它们置于理智的控制之下。这样，在研究它们时我们就必须从这种假定出发：它们是可理解的。从而，充足理由律实际上不过是我们的理智的这样一种**强烈要求**：把我们所有的感觉都纳入它自己的控制之下。它并不是一种自然规律。我们的理智就是形成一般概念的能力。如果它不能形成一般概念或规律，它就与我们的感知和经验毫无关系……总而言之，除了理智以外，没有任何其他同等的系统化能力可以用来理解外部世界。这样，如果我们不能够**构想出**一个事物的话，我们就不可能把它设想成是存在着的。①

这些话以非常清晰的方式描述了科学精神的一般态度。科学家知道，仍然有大量领域的现象还无法归之于严格的规律和精确的数的规则。然而他仍然忠于这个一般的毕达哥拉斯派教义——他相信，作为一个整体的自然及其所有特殊领域是“一个数和一种和谐”。面对着无限广大的自然，许多最伟大的科学家或许都会有在牛顿的名言中所表达的那种特殊感情。他们或许都觉得，他们在自己的工作中就像一个沿着无边的海岸散步自娱的儿童一样，偶尔好玩地捡起了一块以其形状或颜色吸引了他的注意力的鹅卵石。这种谦虚的看法是可以理解的，但它并没有对科学家的工作作出真实而充分的描述。科学家如果不严格地服从自然的事实就不可能达到他的目的。但是这种服从并不是被动的顺从。一切伟大的自然科学家如伽利略、牛顿、麦克斯韦、亥姆霍兹、普朗克和爱因斯坦，都不是从事单纯的事实搜集工作，而是从事理论性的工作，而这也就意味着创造性的工作。这种自发性和创造性就是一切人类活动

① 亥姆霍兹：《生理光学论》(*Treatise on Physiological Optics*)，英译本，1925，第3卷，第33—35页。

的核心所在。它是人的最高力量，同时也标示了我们人类世界与自然界的天然分界线。在语言、宗教、艺术、科学中，人所能做的不过是建造他自己的宇宙——一个使人类经验能够被他所理解和解释、联结和组织、综合化和普遍化的符号的宇宙。

（本文选自卡西尔《人论》第十一章，甘阳译，上海译文出版社2004年版，第286—304页。标题为编者所加）

第十二讲　现代科学的本质

［德］海德格尔

海德格尔（Martin Heidegger，1879—1976），德国哲学家，20 世纪最有影响的哲学家之一，著作有《存在与时间》《康德和形而上学问题》《形而上学导论》《林中路》《尼采》《路标》《走向语言之途》《面向思的事情》等。

现代科学的本质

[德] 海德格尔

【编者按：海德格尔对现代性有过持久而深刻的反思，现代科学和现代技术也进入了他的眼帘。在这篇文章中，他展示了“科学”何以成为“研究”，“方法”何以成为突出的标志，科学活动与企业活动何以如此相似，给我们带来了另一个角度的透视。】

现代科学的本质在哪里呢？

何种关于存在者和真理的观点为现代科学的本质建立了基础？如若我们成功地探得了为现代科学建基的形而上学基础，那么就必然完全可以从这个形而上学基础出发来认识现代的本质。

我们今天使用科学一词，其意思与中世纪的学说（doctrina）和科学（scientia）是有区别的，也是与古希腊的知识（ἐπιστήμη）大相径庭的。希腊科学从来不是精确的，而且是因为，按其本质而言它不可能是精确的，也不需要是精确的。所以，那种认为现代科学比古代科学更精确的看法，根本就是无意义的看法。如此，我们也不能说，伽利略的自由落体理论是正确的，而亚里士多德关于轻的物体力求向上运动的学说是错误的，因为，古希腊人关于物体、位置以及两者关系的本质的观点，乃基于另一种关于存在者的解释，因而是以一种与此相应的不同的对自然过程的观看和究问方式为条件的。没有人会断言，莎士比亚的诗比埃斯库罗斯的诗进步。更不可能说，现代关于存在者的观点比古希腊的更正确。所以，如果我们要理解现代科学之本质，我们就必须首先抛弃一种习惯，这种习惯按照进步的观点，仅仅在程度上把较新的科学与较老的科学区别开来。

我们今天称之为科学的东西的本质乃是研究（Forschung），而研究的本质又何在呢？

研究的本质在于：认识把自身建立为在某个存在者领域（自然或历史）中的程式（Vorgehen）。“程式”在这里不单单指方法和程序，因为任何程式事先都需要一个它借以活动的敞开区域。而对这样一个区域的开启，恰恰就是研究的基本过程。由于在某个存在者领域中，譬如在自然中，自然事件的某种基本轮廓（Grundriss）被筹划出来了，研究的基本过程也就完成了。筹划（Entwurf）预先描画出，认识的程式必须以何种方式维系于被开启的区域。这种维系（Bindung）乃是研究的严格性（Strenge）。凭借对基本轮廓的筹划和对严格性的规定，程式就在存在领域内为自己确保了对象区域。通过一番对最早的同时也是决定性的现代科学（亦即数学的物理学）的考察，可以把这里的意思搞清楚。就现代原子物理学也还是物理学而言，我们在这里唯一关心的本质因素也是适合于原子物理学的。

现代物理学被叫作数学的物理学，因为，在一种优先的意义上，它应用一种完全确定的数学。但是，它之所以能以这种方式数学地运行，只是因为，在一种更深层的意义上，它本身就是数学的。Τ ὰ μαθήματα 对希腊人来说意味着那种人们在观察存在者和与事物打交道时预先知道的东西：物体的物体因素、植物的植物因素、动物的动物性和人类的人类特性。除了这里所指出的，数字也属于那种已经知道的东西，亦即数学因素（das Mathematische）。当我们在桌子上发现三个苹果，我们认识到这些苹果是三个。但数字三，三这种性质（Dreiheit），是我们早已知道了的。这就是说：数字是某种数学因素。只是因为数字是似乎最为纠缠不清的总是已经知道的东西，从而是数学中最为熟悉的东西，所以数学因素很快就被保留下来，作为数字因素的名称。但绝不是说，数学因素的本质是由数字因素来规定的。一般而言，物理学乃是关于自然的知识；特殊而论，物理学乃是关于运动中的物体的知识；因为物体直接地和普遍地——即使是以各各不同的方式——显示在所有自然因素中。如果说现在物理学明确地构成为一种数学的物理学，那么这意味着：通过物理学并且为了物理学，以一种强调的方式，预先就构成了某种已经知道的东西。这种构成并非无足轻重，而是对某种东西的筹划，这种东西后来必定成为对所寻求的自然知识而言的自然，即具有时空关系的质点的自成一体的运动联系。在这种被假定为确定无疑的自然之基本轮廓中，还包含着下述规定性：运动即位置变化。没有一种运动和运动方向优先于其他运动和运动方向。任何位置都是相同的。没有一个时间点优先于其他一个时间点。每种力都取决于——或者说仅仅是——它在运动中，也即在时间单元内的位置变化量中产生的东西。在这一关于自然的基本轮廓中，任何事件都必然被看透了。唯有在这种基本轮廓的视界内，自然事件才作为自然事件而变得显明可见。这种自然之筹划包含着它的可靠性，而这是由于，物理学的研究就它的每个追问步骤而言，事先维系于这种筹划了。这种维系，即研究的严格性，总是合乎筹划而具有它自己的特性。数学的自然科学的严格性乃是精确性（Exaktheir）。一切事件必须在这里——如果它们根本上作为自然事件能够进入表象的话——预先被规定为时间—空间上的运动量。这种规定是在借助于数字和计算的度量中进行的。但是数学的自然研究之所以精确，并不是因为它准确地计算，而是因为它必须这样计算，原因在于，它对它的对象区域的维系具有精确性的特性。与之相反，一切精神科学，甚至一切关于生命的科学，恰恰为了保持严格性才必然成为非精确的科学。虽然我们也能把生命理解为一种空间—时间上的运动量，但是这样一来，我们就不再是在把握生命了。历史学精神科学的非精确性并不是缺憾，而纯粹是对一种对于这种研究方式来说本质性的要求的实行。毫无疑问，甚至对历史学科学的对象区域的筹划和保证，也不仅仅具有另一种方式，而是在实施时比贯彻精确科学的严格性要困难得多。

通过筹划，通过对这种在程式之严格性中的筹划的保证，科学成了研究。但筹划和严格性唯在方法中才展开为它们所是的东西。① 这种方法标志着对研究来说本质性的第二个特性。如果被筹划的区域将成为对象性的，那就需要我们在其纵横交织的整个多样性中去遭遇它，与之照面。因此，程式必须为照面者的多变性备下自由的眼光。唯有在变化过程的始终不同性的视界内，才能显示出特殊性亦即事实的全部丰富性。但事实必须成为对象性的（gegenständlich）。故程式必须在其变化中把变化之物表象出来，展示出来，同时依然让运动成其为一种运动。事实的恒定因素以及事实之变化本身的持续性就是“法则”（Regel）。在其过程之必然性中的变化的持续因素就是“规律”（Gesetz）。唯在法则和规律的视界内，事实才作为它们本身所是的事实而成为清晰的。自然领域中的事实研究本身乃是对法则和规律的建立和证明。借以把一个对象区域表象出来的方法，具有基于清晰之物的澄清的特性，亦即说明（Erklärung）的特性。这种说明始终是两方面的。它通过一个已知之物建立一个未知之物，同时通过未知之物来证明已知之物。说明在探究（Untersuchung）中实行。这种探究在自然科学中按各各不同的探究领域和探究目的，通过实验来进行。但自然科学并非通过实验才成为研究，而是相反的，唯有在自然知识已经转换为研究的地方，实验才是可能的。因为现代物理学本质上是数学的物理学，所以唯有它才可能是实验的。但是，由于中世纪的学说（doctrina）和古希腊的知识（ἐπιστήμη）都不是研究意义上的科学，所以在那里就没有出现实验。诚然，亚里士多德最早就理解了，ἐμπειρία 即经验（experientia）意味着：在不同的条件下观察事物本身、事物的特性及其变化，因而是关于事物在法则中的表现方式的知识。但以这种知识为目标的观察，即实验（experimen-

---

① 这里的“方法”是德文 Verfahren 一词的翻译，英文译本作“methodology”。——译者注

tum），始终与作为研究的科学的内涵，与研究实验，有着本质的差异，即使古代和中世纪的观察是用数字和尺度来工作的，情形也是这样，即使这种观察是借助于某些装置和器具的，情形也还是这样。因为在那时普遍地缺失实验的决定性因素。实验始于对规律的奠基。进行一项实验意味着：表象出一种条件，据此条件，在其过程之必然性中的某种运动关系才能成为可追踪的，亦即通过计算事先可以控制的。但规律的确立却是根据对象区域的基本轮廓来进行的。这种基本轮廓给出尺度，并且制约着对条件的先行表象。这种表象——实验即始于这种表象并借助于这种表象——绝不是任意的虚构。因此，牛顿说：奠基工作并不是任意杜撰的（hypotheses non fingo）。奠基工作乃根据自然之基本轮廓来展开并从中得以勾勒。实验是那种方法，那种方法在其实验装置和实施过程中受已经获得奠基的规律的支持和指导，从而得出证实规律或者拒绝证实规律的事实。自然之基本轮廓越是精确地被筹划出来，实验之可能性就变得越精确。因此，才学卓著的中世纪经院哲学家罗吉尔·培根绝不可能成为现代实验科学的先驱，他始终只不过是亚里士多德的继承者。因为在那时，基督教把真理的真正地盘投入信仰中了，投入对典籍话语和教会学说的确信中了。最高的知识和学说乃是神学，是对神性的启示话语的阐释，而这种启示话语被记录在典籍中并由教会宣布出来，认识在这里并非研究，而是对权威性话语和宣布这种话语的权威的正确理解。因此，在中世纪的知识习得中，对不同权威的话语和学说意见的探讨具有优先地位。文字与言语的比较（componere scripta et sermones），根据词语的判断（argumentum ex verbo），是决定性的；这同时也是当时所采纳的柏拉图和亚里士多德哲学必然成为经院哲学的辩证法的原因所在。如果说罗吉尔·培根要求实验——而且他确实也要求实验——那么，他所指的并不是作为研究的科学的实验，而是要求用根据事物的判断（argumentum ex re）来代替根据词语的判断（argumentum ex verbo），要求用对事物本身的悉心观察，即亚里士多德的经验（ἐμπειρία），来代替对学说的探讨。

但是，现代的研究实验不光是一种在程度上和规模上更为准确的观察，而是在一种精确的自然筹划范围和职能内本质上完全不同的规律证明的方法。在历史学精神科学中与自然研究中的实验相当的是史料批判。“史料批判”这个名称在这里标志着整个史料发掘、清理、证实、评价、保存和阐释等工作。尽管以史料批判为根据的历史学说明并没有把事实归结为规律和法则。但它也没有局限于一种对事实的单纯报道。在历史学科学中同在自然科学中一样，方法的目标乃是把持存因素表象出来，使历史成为对象。但历史只有当它已经过去时才可能是对象性的。过去之物中的持存因素，即历史学说明据以清算历史的唯一性和多样性的那个东西，乃是总是已经一度在那里的东西 (das Immer-schon-einmal-Dagewesene)，是可比较的东西。在对所有一切东西的不断比较过程中，人们清算出明白易解的东西，并把它当作历史的基本轮廓证实和固定下来。历史学说明只能达到这一步，这乃是历史学研究所能触及的区域。独一无二的东西、离奇的东西、单纯的东西，质言之，历史上伟大的东西，从来都不是不言自明的，因而始终是不可说明的。历史学研究并没有否认历史中的伟大之物，而是把它说明为例外。在这种说明中，伟大之物是以惯常和平均之物为衡量尺度的。只要说明 (Erklärung) 意味着：回溯到明白易解的东西，并且只要历史学始终是研究，亦即一种说明，那么，就不存在另一种历史学说明。① 因为作为研究的历史学是在一种可说明和可忽略的效果联系意义上来筹划过去，并且使之对象化，所以历史学要求史料批判作为它的对象化的工具。按照历史学本身接近于新闻学的程度，这种史料批判的尺度也相应地变化。

任何一门科学作为研究都以对一种限定的对象区域的筹划为根据，因而必然是具体科学。但任何一门具体科学都必然在筹划之展开过程中通过它们的方法而专门化为特定的探究领域。不过，这种专门化却决非

① “说明”(Erklärung)是作为科学的历史学的方法，而与解释学意义上的“理解”(Verstehen)或“阐释”(Intepretation)相区别。狄尔泰的名言曰：自然要说明，生命则要理解。——译者注

仅仅是研究结果的日益增长的不可忽视状态的令人难堪的伴生现象。它不是一种必然的弊端，而是作为研究的科学的本质必然性。专门化并非结果，而是一切研究的进步的基础。研究并不在其方法那里分崩离析而成为任意的探究，从而在探究中销声匿迹，因为现代科学被第三个基本过程即企业活动（Betrieb）[①]所规定。

人们首先会把“企业活动”理解为那种现象：一门科学，无论这是一门自然科学还是一门精神科学，只是当它今天已成为能进行学院研究的科学，它才获得了一门科学的真正外貌。但是，研究不是企业活动，因为研究工作是在研究所里进行的；不如说，研究所是必然的，因为科学本身作为研究具有企业活动的特点。人们借以占有具体对象领域的方法并不是简单地累积结果。毋宁说，借助于它的结果，方法总是使自身适应于一种新的程式。全部以往的物理学都隐藏在机械装置中，为了进行原子裂变，这种机械装置对物理学来说是必需的。相应地，在历史学研究中，只有当史料本身根据历史学的说明而得到了保证，史料组分对说明来说才是可利用的。在这些过程中，科学方法被它的结果所包围。方法越来越适应于由它自己所开启出来的程式之可能性。这种对它自己的结果的必然适应（Sicheinrichtenmüssen）作为不断进步的方法的道路和手段，乃是研究的企业活动特点的本质。但研究的企业活动特点乃是研究的研究机构特点的必然性的内在根据。

在企业活动中，对对象区域的筹划首先被设置入存在者中。各种方法相互促进对结果的检验和传达，并且调节着劳动力的交换。使一种对各种方法的有计划的联合变得容易的所有设置——作为措施——决不仅仅是研究工作扩展和分叉的外在结果。毋宁说，研究工作成了一个远远而来的、并且远远还没有得到理解的标志，标志着现代科学开始进入它的历史的决定性阶段。现在，现代科学才开始获得它自己的完满本质。

---

① 这里的 Betrieb 殊为难译，其日常含义为“企业、工厂、生产、运行、忙碌”等。英译本作“ongoing activity”。我们权译之为“企业活动”。——译者注

在科学的研究机构特点的扩展和固定化中发生了什么呢？无非是保障了方法对于总是在研究中成为对象的存在者（自然和历史）的优先地位。根据它的企业活动特性，科学为自己创造了与它们相合的共属一体关系和统一性。因此，一种以研究所方式活动的历史学或考古学的研究，本质上比它自己的还处于单纯博学中的精神科学院系里的学科，更接近于相应地建立起来的物理学研究。所以，科学的现代的企业活动特性的决定性展开也造就了另一类人。学者消失了，他被不断从事研究活动的研究者取而代之了。是研究活动，而不是培养广博学识，给他的工作以新鲜空气。研究者家里不再需要图书馆。他反正不断在途中，他在会议上磋商和了解情况。他受制于出版商的订货。出版商现在也一道来决定必须写哪一些书。

研究者必然自发地涌向根本意义上的技术人员的本质形态的范围中。只有这样，他才能保持活动能力，从而才能在其时代意义上确实地存在，不至于落伍。除此之外，还有某些时间和某些地方，能够保持着变得越来越淡薄和空洞的学究和学院的罗曼蒂克。但是，学院的有效的统一特性，以及学院的现实性，却不在于科学的原始统一过程所具有的某种精神力量，这种精神力量发源于学院，因为它得到学院的培育，并且在学院中得到了保存。学院实际上是一个设置；由于管理上的封闭，学院这种设置在形式上还是独一无二的，它使得诸科学力求分离开来而进入专门化和企业活动的特殊统一性的过程成为可能，并使之昭然可睹。因为现代科学的固有的本质力量直接明显地在企业活动中发挥作用，所以，也只有自发的研究企业活动才能从自身出发先行勾勒和建立一种符合自身的与其他企业活动的内在统一性。

科学的现实体系在于一种有关存在者之对象化的程式和态度的并存一致性——这种一致性总是根据计划而被适当地安排好了。这一体系所要求的优先地位并不是对象领域的某种虚构的、僵化的内容上的关系统一性，而是最大可能的自由的、但却被控制的可变性，亦即使研究进入那个始终起指导作用的任务之中的转换和连接过程的可变性。科学越是唯一地具体到对其工作进程的完全推动和控制上，这种企业活动越是明确地转移到专门化的研究机构和专业学校那里，则科学也就越是无可抵抗地获得了对它们的现代本质的完成。然而，科学和研究者越是无条件地严肃对待它们的本质的现代形态，则它们就能够更明确地并且更直接地为公共利益把自己提供出来，而同时，它们也就更无保留地必然把自己置回到任何有益于社会的工作的公共的平凡无奇之中。

现代科学在对特定对象领域的筹划中建立自身，同时也使自身个别化。这种筹划是在相应的、受严格性保证的方法中展开自身的。具体的方法适应于企业活动，并在其中确立自身。筹划（Entwurf）与严格性（Strenge），方法（Verfahren）与企业活动（Betrieb），它们相互需要，构成了现代科学的本质，使现代科学成为研究。

（本文选自海德格尔《世界图像的时代》，孙周兴译，孙周兴选编《海德格尔选集》下卷第886—895页，上海三联书店1996年版。标题为编者所加）

第十三讲　追求确定性

[德] 赖兴巴赫

赖兴巴赫（Hans Reichenbach，1891—1953），德国哲学家，逻辑经验主义的柏林学派的代表人物，著作有《相对论与先天知识》《量子力学的哲学基础》《科学哲学的兴起》等。

追求确定性

[德] 赖兴巴赫

【编者按：逻辑经验主义是现代科学哲学的开创者，开辟了理解科学的另一条道路。本文就是这条道路上的一篇代表作。】

如前面已提到的，柏拉图认为数字是一切知识中的最高形式。他的影响曾对那样一种广泛传播的见解起了很大作用，那种见解认为，知识必须具有数学形式，否则就根本不是知识。现代科学家虽然把数学用来作为研究的有力工具，但他不肯无条件地承认这句格言。他要坚持主张，不能把观察从经验科学中取消，而只把在各个不同的实验研究结果之间建立联系这一功能留给数学。他很愿意用这些数学联系作为向导以追求新的观察发现；但他知道，这些数学联系之所以能对他有帮助，只是因为他从观察所得的资料出发，如果数学联系不能为以后的观察所证实，他随时随地都可以放弃数学结论的。现代意义的经验科学是数学方法和观察方法的成功结合。它的结果并不是被认为绝对确定，而只是被认为具有高度可能性，并对于一切实践目的具有足够可靠性。

然而，对于柏拉图，经验知识的概念仍然会是一种荒谬的东西。当他把知识与数学知识认为是同一件东西时，他想说的是：观察不应在知识中担任任何角色。“由或然构成的论证即是欺骗。”我们在《斐多》

这篇对话录中从苏格拉底的一个学生那里听到这样一句话。柏拉图要的是确定性，不是现代物理学视为唯一可获致的结果的那种归纳的可靠性。

当然，希腊人并没有可与我们现在相比拟的物理科学，柏拉图也不知数学方法和经验相结合可以获致多大的成就。然而，有一门自然科学，即使在柏拉图那时候，已经通过这种结合而获得伟大成就，那就是天文学。经由观察和几何推论，恒星和行星运行的数学规律已高度完善地被揭示出来。但柏拉图不愿意承认观察对于天文学的贡献。他坚持说，天文学之为知识，只是因为星辰的运动“为理性和智力所了悟”。照他说来，对星体的观察不能告诉我们很多关于支配它们运行的规律的知识，因为它们的实际运动是不完善的、不是严格地受规律控制的。柏拉图说，要假设星体的实在运动是“永恒的、不会发生偏差的”，那是荒谬的。关于观察的天文家他是怎样看的，他说得很清楚：“一个人如果是眺望着天空或注视着地面以期学到一点知识，那我总要否认他能学到什么，因为那样做完全不是科学的事情；他的灵魂是在向下望而不是向上望，不论他的求知途径是水道或陆路，他是漂浮着，或只是仰天躺着。”我们不应观察星体，而应努力通过思考去发现星体运转的规律。天文学家应该“把天空放在一边”，而用“天赋的理性”去接近他的题目（《理想国》Ⅶ，529—530）。没有再比这几句话更强烈地拒绝经验科学的了，这几句话表示出这样一种信仰：关于自然的知识不需要观察，只要通过理性就可以获致。

怎么才能从心理学上解释这种反对经验的态度呢？这是确定性的寻求，使哲学家否认观察对于知识的贡献。由于他要得到绝对确定的知识，他就不能接受观察的结果；由于他认为由或然构成的论证是欺骗，他就把数学当作唯一可承认的真理的泉源来向之乞援。知识全部数学化的理想，与几何和算术同型的知识、物理学的全部数学化的理想，是从想找到绝对确定的自然规律这一愿望而产生的。这导致要物理学家忘记他的观察，要天文学家不去观看星辰那种荒谬的要求。

把理性视为物理世界知识泉源的那种哲学曾被称为**唯理论**。这个词和它派生的形容词**唯理论的**须小心地与**理性的**那个词区别开。科学知识系由使用理性的方法而获致，因为它要求对观察到的资料使用理性加以研究。但这不是唯理论的。这个谓语不能用于科学方法，只可以用于把理性视为关于世界的综合知识的泉源，并不要求观察来证实这种知识的哲学方法。

在哲学文献里，**唯理论**这个名称常只限于称呼近代的某些唯理论体系，而与被称为**唯心**主义的柏拉图型的各种体系区别开。在本书中，唯理论总是指其较广义的意义，是包括唯心主义的。这种解释法我看是合理的，因为这两类哲学就它们都把理性视为物理世界知识的独立泉源一点上说来是相似的。一切广义的唯理论的心理根源都是一种逻辑外的动机，即是说，这种动机是不能用逻辑来证明为合理的；这就是确定性的寻求。

柏拉图不是第一个唯理论者。他的最重要的先驱者是数学家、哲学家毕达哥拉斯（约公元前540年时代人），他的学说对柏拉图有巨大影响。可以理解，数学家比任何其他的人都易于变为唯理论者。他知道逻辑演绎在有一门学科里并不需要求助于观察就获得成功，他就可能倾向于相信他的方法也可以适用于其他学科。结果就产生了一种认识论，在其中悟性代替了感官知觉，理性被人相信是具有一种本身固有的力量的，它用这种力量可以发现物理世界的普遍规律。

作为真理泉源的经验的观察一旦被抛弃，那么离神秘主义就只有短短一步了。如果理性能够创造知识，那么人类思维的其他创造活动都可以像知识一样可靠了。从这种见解得出的结果是神秘主义和数学的一种奇特混合物；这种混合物自从起源于毕达哥拉斯的哲学之后从来也没有死灭过。他对于数和逻辑那种宗教式的虔敬导致他作出这样的陈述：一切事物都是数；这一种学说简直不能译成有意义的语言。灵魂轮回说，前面涉及柏拉图的理念说时讨论过的，就是毕达哥拉斯的主要学说之一，据说这是他从东方宗教中搬来的。认为逻辑的洞见能够揭露物理世界的种种属性这种见解也是源出于毕达哥拉斯派的。毕达哥拉斯的追随者们实行着一种宗教崇拜仪式，其神秘性质表现于某些禁忌上，据说这种禁忌是这位祖师所规定的。例如，祖师教导他们说，在床上留下睡过的印痕是危险的，早晨起床时必须把床褥拉直抚平。

神秘主义还有一些与数学无关的其他形式。神秘主义者往往具有一种反理性的和反逻辑的偏向，对理性的力量表示轻蔑。他自称具有某种超自然的经验，这种经验能使他经由一种幻觉过程得到无误的真理。这一种神秘主义在一些宗教神秘主义者身上可以看到。在宗教范围以外，反理性的神秘主义没有什么重大作用，在本书中我可以不必多加讨论，因为本书所要作的是对与科学哲学有关并促成了哲学与科学之间的大论争的一些哲学形式进行分析。只有一种具有数学倾向的神秘主义在这种分析的范围之内。把这样一种数学神秘主义与各种非数学神秘主义形式联系起来的是它们都牵涉到超感性的洞见；把它与其他形式区别开来的则是使用洞见来建立心智的真理。

当然，唯理论并不一律都是神秘主义的。逻辑分析本身就可能被用来建立一种被视为绝对确定、同时也与日常知识或科学知识有联系的知识。近代已产生了各种非神秘的科学哲学型的唯理论体系。

在这类体系中，我要讨论一下法国哲学家笛卡尔的唯理论。他在许多著作中提出了感性知识不确定性的论据，即上面已提到的那种论据。看来，他似乎因为一切知识的不确定性而感到烦恼；他对圣母许了愿，如果她给他的思想以启示，帮他找到绝对的确定性，他就到洛雷托去朝圣。他自述说，在他当军官时，在一次冬季行军中，他住在一个暖窑里的时候，这种启示降临到他身上；于是他去还了愿，表示了他对圣母的感激。

笛卡尔的绝对确定性证明是用一种逻辑魔术构成的。他论证说：我对一切事都能怀疑，只除了一件事实，那便是**我怀疑**。但是，当我怀疑时，我在思维；那么，当我思维时，我必定是存在着的。这样他自称用逻辑推理证明了自我的存在；我思故我在，这就是他的魔术式的公式。

我说这种推理是一种逻辑魔术，我并不是说笛卡尔存心要欺骗读者；我是说，笛卡尔自己被这种魔术式的推理形式所骗。但是，从逻辑说来，笛卡尔这一推理中所完成的从怀疑到确定的步骤是类似一套戏法的——从怀疑开始，他把怀疑视为是一个**自我**的一个行动，从而相信他已找到了某种不能被怀疑的事实。

后人的分析已证明了笛卡尔论据中的谬误。自我这一概念并不像笛卡尔所相信的那样，是性质那么简单的。我们看见我们自己的方式并不和我们看见我们周围的房屋和人物的方式一样。我们也许可以说对我们的思维行动或对我们的怀疑进行观察；然而，它们并不作为是自我的产物被知觉，而是作为分离出来的对象、作为由感觉所伴随的意象被知觉的。说“我思”这就已经越出了直接经验，因为在这句话里使用了“我”这个词。“我思”这一陈述所代表的并非一件观察所得的材料，而是一长串思维的终末，这一长串思维揭示了与旁人的自我有所不同的自我的存在。笛卡尔应该说“有思维”才对，这样就指的是思维内容的那种分立事件，思维内容独立于意志行动或其他涉及自我的状态的发生。但是，那样的话，笛卡尔的推理就不再能作出了。如果自我的存在不为直接感知所承认，它的存在也就不能得到比其他对象的确定性更高的确定性，即采用对观察所得材料作一些动听的添加这一办法而取得的那种确定性，而受到确认。

对于笛卡尔的推论似乎没有什么必要再作更详细的反驳了。即使这个推论可以成立，它也不能证明很多东西，也不能为我们对于自我之外的其他东西的知识建立确定性——从笛卡尔继续论证的途径看来，那是很明白的。他首先推论，因为有自我，故必有上帝；否则自我不能获得一个无限存在的观念。他接着推论，我们周围的事物亦必存在，因为不然的话，上帝就是一个骗子了。那是一个神学的论证，像笛卡尔这样一个著名的数学家竟作出这样的论证来是够可怪的。有趣的问题是：一个逻辑问题，确定性的可获致性问题，怎么能用乱七八糟一大团由种种戏法和神学所组成的、不能为我们今天任何一个受过科学训练的读者认真看待的论证来处理呢?

哲学家们的心理是一个应受到比通常在叙述哲学史时所给予的更多注意的问题。对它进行研究很可能比逻辑分析的一切企图更能把各种哲学体系的意义弄得清楚一些。笛卡尔的推论中的逻辑是不高明的，但从那里可以收集到许多心理方面的材料。使这位杰出的数学家陷入这种混乱的逻辑里去的正是确定性的寻求。确定性的寻求似乎能使一个人对逻辑的公设视而不见，想把理性作为知识的唯一基础的企图似乎能使他抛弃切实推理的种种原则。

心理学家把确定性的寻求解释为是一种回到幼年时代去的愿望，在那个时代是没有怀疑的烦恼的，一切都是相信父母的智慧而行事的。这种愿望常常为一种要儿童把怀疑视为罪恶、把信任视为宗教命令的教育所加强。给笛卡尔作传的人大概是企图把这个一般性的解释与笛卡尔的怀疑的宗教色彩、他的请求启示的祈祷和他的朝拜圣迹（这些都表示这个人需要建立他的哲学体系来消解一个根深蒂固的不确定性意结）结合起来。不用对笛卡尔的情况作专门研究就可以从之得出一个重要结论：如果逻辑探讨的结果被一个预先想好的目的所决定，如果逻辑被用作为想要证明一个我们为了某种别的理由而要建立的结果的工具，那么，论证的逻辑就极易流于伪误。逻辑只能在完全自由的气氛中、只能在不会用恐惧和偏见的渣滓妨碍它、而只会用汁液滋润它的土壤上茂盛。探究知识的本质的人应始终睁开眼睛，愿意随时接受切实推理所带来的任何结果，不论所得结果是否与他关于知识的见解相冲突。哲学家决不能把自己变成他自己的愿望的奴仆。

这一准则似乎是烦琐的，但这是因为我们还未清楚知道照这准则做是多么不容易。确定性的追求之所以是错误的最危险根源，就因为它总是与要求较高知识连接在一起。因此，逻辑证明的确定性就被视为知识的理想，于是就提出了这样的要求：一切知识应该用像逻辑一样可靠的方法建立起来。为了看到这一看法的结果，让我们来更切近地研究一下逻辑证明的本质。

逻辑证明即所谓**演绎**；结论是由别的陈述，即被称为是论证的前提进行演绎而获得的。论证应构造得如果前提为真，结论也必定为真。例如，从“一切人都有死”和“苏格拉底是人”这两句陈述，我们可以得出“苏格拉底亦有死”的结论。这一例子说明了演绎的空虚；结论不能陈述多于前提中所说的东西，它只是把前提中蕴涵着的某种结论予以说明而已。即是说，它只是揭示了在前提中所包藏的结论而已。

演绎的价值就立足在它的空虚上。正因为演绎不会把任何东西加在前提里面，它就可以永远应用而不会有失误的危险。说得更确切一些，结论不会比前提不可靠。演绎的逻辑功能便是从给予的陈述中把真理传递到别的陈述上去——但这就是它所能办到的全部事情了。除非另有一个综合真理已被知道，它是不能建立综合真理的。

前面例子里的两个前提，“一切人都有死”和“苏格拉底是人”，都是经验真理，那即是，由观察得来的真理。从而，结论“苏格拉底亦有死”也是经验真理，并不比前提具有较多的确定性。哲学家一直想找到一种不会受到批判的较好的前提。笛卡尔相信他在他的前提“我怀疑”里具有不可诘难的真理。前面已经解释过，在这个前提里“我”这个词是可以受到诘难的，推论亦不能提供绝对的确定性。然而，唯理论者还不肯放手，还要继续寻找不可诘难的前提。

现在有这样一种前提，这种前提是逻辑原理所给予的。例如：每一种本质与其自身是同一的，每一语句或是真或是假——逻辑家的“活下去还是不活下去”——等等，都是不可诘难的前提。它们的缺点是：它们也是空虚的。它们关于物理世界并没有说出什么来。它们是我们描述物理世界所用的规则，但对所描述的内容并无贡献；它们只决定描述的形式，即描述的语言而已。因此，逻辑原理是**分析的**。（这个词前面已使用过，意为“自明的和空虚的”。）与此相反，向我们报道一件事实的陈述，像我们用眼睛所作的观察那样，则是**综合**陈述，即是说，它们给我们的知识增加了一些东西。然而，经验向我们提供的一切综合陈述都是可受人怀疑的，也不能给予我们绝对确定的知识。

想用分析的前提建立所期望的确定性的企图，曾在11世纪坎特布莱的安瑟伦所构成的那个著名的上帝存在的本体论证明中尝试过。这个证明最初先把上帝定义为无限完善的存在物；由于这样的存在物必定具有一切必有的性质，因此它也必定具有存在的性质。因此，结论就得出了，上帝是存在的，事实上，这里的前提是一个**分析**前提，因为每个定义都是分析的。由于上帝存在这一陈述是综合的，这个推论就是一个戏法，它从一个分析前提中得出了一个综合结论。

这个推论的谬误性质可以从它的荒谬结论上很容易地看出来。如果可以从一个定义推出存在，那么我们也可以先定义有三条尾巴并存在的这样一个动物为猫从而证明三条尾巴的猫的存在了。从逻辑上说来，这个谬误在于混淆了普遍与特殊。我们只能从定义推论出一个普遍陈述：如果有物是三条尾巴的猫，那么它存在，这也是真的陈述。但是，有三条尾巴的猫这一特殊陈述则不能得出。同样地，我们只能从安瑟伦的定义推论出如果有物是无限完善的存在物，那么它存在这一陈述；但并不能推出有这样的存在物的陈述。（附带说一句，安瑟伦的混淆普遍和特殊，是与亚里士多德三段论理论中存在的一个类似的混乱属于同一缘由的。）

看到具有综合性质的确定性不能从分析前提中得出，而需要有不可诘难的真理的综合前提才行的人是伊曼努尔·康德。他相信这种陈述是存在的，并把它们称作为**先天综合**陈述。“先天”这个词的意义为“不是从经验中得出的”，或“是从理性中得出并且必然是真的”。康德哲学代表了想证明有综合的先天真理那种伟大企图；从历史上说，它代表了唯理论哲学的最后伟大体系。由于避免柏拉图和笛卡尔的错误，他是高出于这两位先行者的。他不让他自己承认柏拉图理念的存在；他也不像笛卡尔那样用变戏法的办法偷偷运进一个并不真正必然的前提。 他自称已在数学和数学物理学的原理中找到了综合的先天命题。像柏拉图一样，他从数学知识出发；然而，他并不用较高实在性客体的存在，而用对经验知识进行巧妙的解释来说明这种知识。这我们马上就要讨论的。

如果说哲学史中的进步在于发现有意义的问题，那么对康德就须给予崇高的位置，因为他提出了关于综合先天命题存在的问题。然而，像别的哲学家一样，他自称有功的不在于提出问题，而在于他对问题的回答。他甚至用相当不同的方式表述了这个问题。他确信综合先天命题是一定存在的，因此认为几乎不必问是否存在，因此，他这样地提出了他的问题：综合先天命题怎样才属可能？他接着说，它的存在的证明是由数学和数学物理学所提供了的。

可以为康德的立场辩护的话是很多的。他认为几何公理是综合先天命题，证明他对于特殊的几何问题有深刻的领悟。康德看出，欧几里得的几何学之所以占有着一个无比的地位，就因为它揭示了适用于经验客体的必然关系，这些关系不能认为是分析的。关于这点，他比柏拉图明白得多。康德知道，数学证明的严格性不能说明几何定理的经验真理。几何命题，像三角形的三角之和的定理，毕达哥拉斯定理，都是用严格的逻辑演绎从一些公理中推出来的。但这些公理自己却并不是那么可以推出来，它们之所以不能被推出来，因为每个综合结论之被推出必须从综合前提出发才行。因此，公理的真理性就必须用逻辑之外的其他手段来建立；它们就必须是综合先天命题了。只要知道公理对于物理客体是真的，那么定理对于这些客体的可适用性就可由逻辑来保证，因为公理的真理性由逻辑推演传递给定理了。同样地，如果有人确信几何定理可以用于物理实在，那么他就承认公理的真理性、因而综合先天命题是可信的。就是那些不肯公开承认综合先天命题的人，他们也在用他们的行为表示他们相信它；因为他们总是毫不踌躇地在实际测量中应用几何学的成果。康德宣称，这一论证证明了综合先天命题的存在。

康德认为，从数学物理学可以构成同样的论证。他解释说，如果问一个物理学家，烟的重量是多少，他就会在燃烧前先衡计物质的重量，然后减去灰烬的重量。在这样测定烟的重量的手续中，已表示了质量不灭的假定。康德论证道，这样就证明了，质量守恒原理是一个综合先天真理。这是物理学家通过他的实验方法所认识到的。我们今天知道，康德所描述的这个计算是导致错误结果的，因为它没有把与能燃物质化合在一起的氧的重量计算进去。然而，如果康德知道这一以后的发现，他也会论证说，虽然它略微改变了计算的方式，但并不与质量守恒原理相矛盾；如果氧的重量考虑进去，质量守恒原理仍旧是这一计算的构架。

照康德的说法，物理学家的另一个综合先天命题是因果性原则。我们虽然常常不能找到一个观察到的事件的原因，我们也并不认为它是无缘无故发生的；我们相信，只要继续寻求，我们必将找到这个原因。这一信念决定着科学研究的方法，也是每个科学实验的推动力；如果我们不相信因果性，那就不会有科学。像在康德所建立的其他论证中一样，综合先天命题的存在在这里是援用科学程序予以证明的：科学是以综合先天命题为前提的——这一论点是康德哲学体系的基础。

使康德的地位这样牢固的是它的科学背景。他的寻求确定性，并不是属于那种诉诸对理念世界的领悟的神秘形式，也不是采取逻辑魔术，从空洞的假定前提中推出确定性来，一如魔术师从空的帽子里变出兔子来那样的形式。康德动用了他当时的科学的力量来证明确定性是可以获致的；他还宣称，哲学家的确定性的梦想已为科学成果所证实了。康德从乞援于科学家的权威而获得了他的力量。

但是，康德在上面进行建筑的那个基地并不像康德所相信的那么坚实。他把牛顿物理学视为自然知识的最终阶段，并把它理想化为一个哲学体系。他从纯粹理性中推出牛顿物理学原理时，他相信他完成了知识的全盘合理化，达到了他的前人所未能达到的目的。他的主要著作的书名《纯粹理性批判》表示出他要想使理性成为综合先天知识的泉源，从而在哲学基础上把他当时的数学和物理学作为必然真理而建立起来的计划。

这是一件奇怪的事实，那些从外边注视并赞叹科学研究的人往往比那些在科学的进步中有所贡献的人对科学成果具有更大的信心。科学家知道在他能建立他的理论之前必须消除的困难。他感到帮助他发现与所给予的观察相适应的理论，并使以后的观察适应他的理论的，乃是一种幸运。他清楚看到，矛盾和困难随时都会发生，他也永远不能要求找到终极的真理。一如门徒比先知更为狂信一样，科学的哲学家便有对科学成果寄予太多信心的危险；而这是渊源于观察和概括的科学成果所不能保证的。

对科学成果可靠性的估价过高，并不限于哲学家；这已成为近代，即从伽利略到我们今天这段时代的普遍情形。相信科学能回答一切问题——如果有人需要作技术方面的咨询，或是说病了，或是有些心理问题不能解决，他只须去问科学家就可以得到回答——是那样的通行，这简直使科学接过来了一个以前本是宗教所担任的社会职司：提供最终安全的职司。对于科学的信仰颇大程度地代替了对于上帝的信仰。甚至在宗教被认为是可与科学并存的地方，宗教也被信仰科学真理的人的心理状态所改变。康德完成他的终身事业的那个启蒙运动时代并未放弃宗教；但它把宗教转化为理性的教义，它把上帝变成为由于对理性的法则具有完全领悟所以知道一切的一个数理科学家。因此，这就并不奇怪，数理科学家就是以一个小神的姿态出现，他的教导必须作为是不存一点可疑之处的东西而被接受。神学的全部危险，它的独断论以及它通过确定性的保证对于思想的控制，都重新出现在把科学视为不会错失的哲学里了。

康德如能活到看见我们今天的物理学和数学，他很可能会放弃他的综合先天真理的哲学的。因此，让我们把他的著作视为他们那个时代的文献吧，视为用他对于牛顿物理学的信仰以满足他对于确定性的渴求的企图吧。事实上，康德的哲学体系只可以视为建立在以绝对空间、绝对时间、绝对的自然决定论为根据的物理学基础上的一种意识形态的上层建筑。这一根源说明了这个体系的成就和失败，说明了为什么康德曾被那么多人视为一切时代最伟大的哲学家，为什么他的哲学对于我们这些看到了爱因斯坦和波尔的物理学的人已没有什么意义了。

这一根源也说明了这一心理事实：康德并未看出他想用来证明综合先天真理的逻辑结构中存在的弱点。正是那种预先规定的目的使这位哲学家对于他自己所引入的默默的假定视而不见。为了使我的批判清楚明白，我现在要讨论一下康德的综合先天理论的第二部分，他是在哪里进行回答“综合先天命题怎样才属可能？”这个问题的。

康德宣称，他能够通过一个证明先天原理是经验的必需条件的理论来解释综合先天命题的存在。他论证说，单是观察并不能提供经验，观察必须先受到整理和组织然后才能成为知识。照他说来，知识的组织是依赖于使用某些原理的，如几何学的公理、因果性原理、质量守恒原理等等，这些原理是人类思维中天生具有的，我们用它们作为调整原理来建立科学。他作结论说：它们是必定有效的，因为，没有它们，科学就会是不可能的。他称这种证明为综合先天命题的超验演绎。

必须认清，康德对于综合先天命题的说明要比柏拉图对于这一论点的分析高明得多。为了解释理性怎样能够具有关于自然的知识，柏拉图假定了存在着一个理念世界，这个世界是为理性所感知的，这个世界以某种方式控制着实在客体。在康德那里没有这种神秘的说法。理性之具有关于物理世界的知识是因为它规定了我们建立的物理世界图像的形式，这是康德的论点。综合先天命题是从一种主观根源中产生的；这是人类思维加于人类知识上面的一个条件。

让我们用一个简单的例子把康德的解释说得明白些。一个戴着蓝眼镜的人会观察到每件东西都是蓝的。如果他天生戴着那么一副眼镜，那么他会把蓝色视为一切事物的必需宾词，那就须经过相当时候他才会发现，这是他，更正确些是他的眼镜，把蓝色引入世界中来的。物理学和数学的综合先天原理就是那副我们戴着观看世界的蓝眼镜。我们不应该由于每件事物都与它们相合而感到惊奇，因为我们没有它们就不能获得经验。①

这一例子并不源出于康德；实际上这个例子也显然与这位写下了那些充满着用缠结不清的语言表述的抽象思考，使读者渴望有些具体例证

① 可能有人会提出异议，认为一个生来戴着蓝眼镜的人就不会知道蓝以外的颜色，因此不会感知到蓝是一种颜色。为了避免这一结果，让我们假设一个人生来具有蓝色的天然眼晶状体，但他的视网膜和神经系统则是正常的。只要他的视觉是由内部刺激所产生的，那么他的视觉就会是正常的。因此这个人能在梦里看见蓝以外的颜色，于是得到结论，物理世界是受到一些限制的，而这些限制则并不适用于他的想象的世界。最后，他很可以发现，这种限制是根源于他的眼晶状体的构成而形成的。

的冗长著作的作者不调和的。康德如果惯于用科学家的简单明了的语言来说明他的思想，他也许早已发现他的超验演绎的价值是成问题的了。他也许会看出，他的论证如果进一步展开就会导致下面这样一种分析的。

假设经验永远不能否定先天原理的说法是对的。这就意味着，不论作怎样的观察，这些观察总是可以得到解释和说明，而满足先天原理的。例如，如果对三角形进行测量，结果与三角形三角之和的定理不合，那么我们就可以说这种不合是由于观察的误差，同时并对测出的量值进行“修正”，使其满足几何学定理。但是，如果哲学家能够证明这种程序对于一切先天原理都必定是可能的，那么这些先天原理就会被证明是空虚的，因此也是分析的了；它们不会限制可能的经验，因此也不能把物理世界的属性告诉我们了。把康德的理论向这个方向进行引申，实际上已由 H. 彭加勒以**协定主义**的名称尝试过了。他把欧几里得几何学视为一种协定，即是说，视为我们加于我们整理经验用的体系之上的一套任意的规则。这种见解的局限性将在《科学哲学的兴起》第 8 章讨论。为了说明协定主义在几何学以外部门中的意义，可以考虑一下“一切大于 99 之数都须用至少三个数码来记写”这一陈述。这一陈述只对于十进位制是真的，对于其他记数法，例如巴比伦人的以十二为记数体系的底数的十二进位制就站不住脚了。十进位制是我们用来记数的一个协定，我能够证明一切数都可以用这种记数法来记写。“一切大于 99 之数都须用至少三个数码来记写”这一陈述，当它指的是这一记数法时，它是一个分析陈述。为了把康德哲学解释为协定主义，我们就得证明康德的原理对于一切可能经验都能通用。

但是，这个证明是不能得出的。事实上，如果先天原理如康德所相信的那样是综合的，那么这个证明是不可能的。“综合的”这个词的意义是：我们能够想象出与先天原理相矛盾的经验；如果我们能够想象这种经验，那么我们就不能排斥总有一天我们会获得这种经验的可能性。康德会说，这种情形是不会发生的，因为原理是经验的必要条件，或换言之，因为在所考虑的情况下，经验作为一个整理过的观察结果的系统，会是不可能的。但是，他怎么知道经验将总是可能的呢？康德没有证明，我们永不会达到那样一个观察总体，那个总体不能在他的先天原理的构架中受到整理，那个总体会使经验成为不可能，至少会使康德心目中的经验不可能。用我们的例示来说，如果物理世界中不含有波长相当于蓝色的光线，这种情形是会存在的；戴着蓝眼镜的那个人将什么也看不见。如果科学里也存在相当于此的情况，如果康德那种经验会变成不可能的，那么康德的原理就可以被证明对于物理世界是无效的。由于有这种反证的可能性，那么他的原理就不能称为先天的。经验在先天原理的构架中必属可能这一设定是康德体系中未得到保障的假定，是他的体系所依靠的未得到证明的前提。他的未曾明白阐述他的前提这点，表示了确定性的寻求使他忽视了他的论证的局限性。

我并不想对这位启蒙运动哲学家表示不尊敬。我们之所以能够提出这一批判，乃是由于我们已看见物理学进入了一个新阶段，在其中康德的认识论体系的确已崩溃了。欧几里得几何学的公理，因果性原则，以及实体，已不再为我们今天的物理学所承认。我们知道，数学是分析的，数学在物理实在中的一切应用，包括物理几何学，都是只具有经验有效性，而须受到日后的经验所修正的；换言之，综合先天原理是没有的。只有到了现在，当牛顿物理学和欧几里得几何学被超过了之后，这种知识才是我们所有的。当一个科学体系正当旺盛的时候，是很难感到它的崩溃的可能性的；当崩溃已成事实之后，那就容易指出这种崩溃了。

这种经验使我们足够地明智，以预见任何体系的崩溃。然而，这并不使我们灰心失望。新物理学给我们指出，我们能获致康德原理的构架以外的知识；人类的思想并不是一个僵硬的范畴体系，在其中装着全部经验；认识的原理是随着它的内容而变化的，这种原理可以适用于比牛顿力学的世界复杂得多的世界。我们希望，不论未来的情况怎样，我的思想将足够灵活，能够提出足以应付所给予的观察材料的逻辑组织方法。但那只是一个希望，而不是我们自称能对之提供哲学证明的信念。我们没有确定性也行。但是，对于知识达到这种较自由的态度，是经过了很长一段途程的。在我们能够展望到一个摒弃一切对永恒真理的要求的认识观之前，确定性的寻求是不能不在过去各种哲学体系中自行焚毁的。

（本文选自赖兴巴赫《科学哲学的兴起》第3章，伯尼译，商务印书馆1983年版，第27—43页。标题为编者所加）

第十四讲　科学与技术

[英] 波兰尼

波兰尼（Michael Polanyi，1891—1976），匈牙利裔英国化学家、哲学家，与哈耶克、波普尔一起被誉为“自由主义三剑客”。他的“个人知识”理论在科学哲学界独树一帜。著作有《科学、信仰、社会》《个人知识》等。

科学与技术

［英］波兰尼

【编者按：波兰尼区别科学与技术，表明哪怕是近代科学，从一开始也是秉承了希腊理性科学的品格，对技术进步贡献甚微。】

在我列出的动物有能力做到的三种学习中，我把窍门的学习置于符号学习之前，因为在较低级的动物中，在它们取得记录复杂的感知信息的能力之前运动神经就已经得到充分的发育。然而，它们具备一次有用的行动的能力还要以它们对这一行动将要发生的环境进行某种纯求知的控制为条件。技术总是涉及某种经验知识的运用，而这种知识可能是自然科学的一部分。我们的设计发明总是要用到先前的某种观察。

照这样理解，我们就变得觉知到结合在一种技术作为中这两种东西的不相称性。假设你用锤子钉钉子，在开始前，你看着锤子、钉子和你要把钉子钉进去的木板。这样做的结果是你能用词语表达出来的知识。然后，你把钉子钉进去。其结果就是一个事件：有某件东西被紧紧地钉上了。对此你可能得到知识，但它本身并不是知识。这是一种可算作成就的物质性变化。知识可以是真实的或虚假的，而行动只能是成功的或不成功的、正确的或错误的。

于是，为某种设计发明做准备的观察所追求的必须不仅仅是真实的而且也是对一种实践性作为有用的知识，这就顺理成章了。观察必须力求获得可应用的知识。

可应用知识的观念框架与纯粹知识的框架不同，它主要是由与此知识有关的种种成功作为确定的。再谈一谈用锤子钉钉子的例子。这一作为隐含着锤子的观念，这一观念确定了（实在的或潜在的）锤子这一类物体。它所包括的范围除了这一类有用的工具以外还有枪托、鞋跟和大部头的字典。与此同时，它还根据这些工具的适用性建立了一个工具等级。一个物体被用作锤子的适用性是一个可观察到的属性，但这一属性也只能在它被假定服务的这一作为所规定的框架内才能被观察到。

有三种可被观察到的事物可以通过其对实际作为的参与而得到确定：(1)物料，(2)工具，包括各式各样的设施和(3)过程。木材、织物、燃料是技术性的物料；锤子、引擎、房屋、铁路是工具或设施；发酵、烹调、熔炼是技术过程。很多这样的技术观念包含种种一般看来性质迥异的物体（例如，从棉花和羊毛到尼龙和玻璃纤维等不同种类的纺织品，以及从蜡烛到电弧灯等不同种类的照明手段），但是，所有这些物体都是特做或特别设计而使它们适应技术的要求的。从这种意义上说，这些类别的物体或过程都是已知的，而这些个别的物体或过程本身只有在它们成功地服务的那一有用的工作的框架之中才是可理解的。缺乏这一框架的纯粹知识以及特别是纯粹科学都无视这些类别而且不能理解这些设计发明。我们不能把工具从技术知识中清除，就像我们不能用实践的程序表述自然科学一样。

两类知识间的鸿沟就在此出现了。这两类知识都是指涉物料性的东西：一种来自承认的目的，另一种则与此一目的无关。我在此探讨的科学与技术的不一致性稍后将被证明切合没有明显目的的无生物科学与只能用目的性术语来理解的有生物科学之间的关系。当我们着手进一步阐明技术的富有特色的逻辑结构时，我们应当把这一前景记在心头。

原始技术可以被视为用来满足肌体原欲的肌体技能的单纯延伸。而即使在高度复杂和主要是言述性的技术部类如布料制作和钢铁生产之中，都包含着某种程度的不可言传的、对劳动效率和产品质量必不可少的技术原则。生产经验对于一个技师来说是一种有价值的资历，而一个国家的技术人员的总体拥有的生产经验是一股巨大的国民资产。但是，即使技术科学的教条可以仅靠它们说明的技能的实施而变得有效，现代人掌握技术的基础也还是在于教科书、刊物和专利等对技术的明确说明。

技术教人以行动。当这种教授法用命令句来进行时，情况就很清楚了。例如，烹调书和机器的使用指南就常常是这样做的。在医药处方顶头处的那个符号就是一个命令，它构成了制作一份药剂的命令的开端。像编织或焊接这样的手工艺是用命令句教人的。一切技术都等值于一个有条件的命令，因为至少从间接方面来看不承认技术操作可能合理地追求的利益而确定一门技术是不可能的。当然，一个人做的或想象中能做的任何事情确实可以被描述为对某种利益的追求，如果我们把一个取得这一行动的结果的目的归结于他的话。但是，一门只教人所有这样的可归结于某种目的的技术，就如一门只列出所有可观察的事实的科学一样，只会是毫无意义的。所以，一门技术必须宣示其自身所支持的一组明确的利益，并告诉人们如何得到这些利益。

技术只教人按照（或多或少）**可言传**的规则利用**工具**来获得**物质**利益的行动。① 一条这样的规则就是一条操作原则。正如种种工具是被按照它们所服务的行动来定义和理解的那样，它们同样也被按照教人做这一行动的操作原则来定义和理解。②

此前，我曾谈论过在实施一项技能时附带地遵循的操作原则，也谈论过在获得科学知识时同样主要是附带地运用的操作原则。我曾经表明

① “物质利益”应特别把符号表达或人相互影响的成就排除在外。例如教堂和监狱的建设或手铐的制造是技术的任务，但这些东西的最终运用却不是技术的一部分。“工具”（implement）一词是指前述所有的三种事物：物料、设施和过程。按照“可言传的规则”作出的行动不包括艺术行为。

② 在此，操作原则将被认为包括告诉我们制作或建立像机器或房屋这样的技术设施的方法的建造原则。

了按照某些明确的规则进行的符号操作并指出，这样的操作要求符号应是可管理的，就如工具必须是有用的一样。用于技术过程的自动控制的现代电子设备表明，某些高度形式化的技术操作原则可以很容易地并入数学运算中。技术工具的意义与数学符号的意义相似，因为两者都被预定用在某一范围的操作中，都可以被一整类尽管在一般情况下性能各异但却同样有用的实体所替代。这种紧密关系在随后对操作原则所作的整个分析中都可以得到追踪。

科学知识与技术的操作原则之间的不同被专利法认识到了。专利法对**发现**和**发明**作了鲜明的区分。发现增加了我们关于大自然的知识，而发明则建立了一个服务于某一得到承认的利益的新的操作原则。新的发明通常依赖已知的经验事实，但新的发明也可以碰巧包含某种新的发现。然而，这两者之间的显著区别依然成立：只有发明能被授予专利的保护，发现却不能。

原因是显而易见的。专利有两种功能，即向公众公开其题材和批准对其应用的垄断。如果把专利法应用到新的知识上去，它的第一功能就会把第二功能排斥掉：这样的知识一旦向公众透露，它就不可能再受任何人的垄断了。但是，专利却可以对任何新的操作原则的实践颁布并实施垄断，可以限制未被授权的人们使用它让公众知道的这一新发明。①

发明有一点与发现是共通的：只有当它是令人惊异的时候，它才能声称是发明。它必定被一个相当大的逻辑鸿沟与它的先行者分隔开来。我已经提到过，如果有疑问，法庭就承担评估的任务，以决定逻辑鸿沟是否宽得足以保证对一项发明的承认。这一宽度量出了这一发明的创造力。

可是，一个新的操作原则可以被专利法承认，但从技术的意义上看它可能还不是一项发明。从专利法的意义上看，从香槟酒里提取自来水

① 法律本可以尝试把将来实际使用的垄断权颁给一个新的发现，但没有任何专利法这样做是因为这样做是不可行的。于是，专利法又一次认可了关于大自然的事实的知识（通过发现取得）和关于一个操作原则的知识（通过发明得到）之间的鲜明区别。

的一个新的有创造性的过程可能是一项发明，但它并不被承认为技术上的发明，因为除了揭示一个新的操作原则以外，技术还要求发明应该节省，并因此而获得某种物质利益。

因此，任何发明所提供的工具之价值被消耗殆尽或随它而产生的目的发生变动，这些剧烈变化都可以使这一发明变得毫无价值且事实上变得很滑稽。如果所有燃料的价格涨价一百倍，那么所有蒸汽引擎、燃气涡轮机、动力汽车和飞机都会不得不被扔进垃圾堆。一项光辉夺目的发明常常在一夜之间就被更好的发明弄得毫无意义：如今，有轨电车就像它曾取代的马拉公共汽车一样荒唐。与此适成对照的是，一项科学观察的有效性却不可能受货物价值变化的影响。假若钻石变得像今天的盐那样便宜，而盐像如今的钻石那样珍贵，那也不会使与钻石或盐有关的物理学和化学失效。假若这两种矿物中的任一种变得十分稀罕以至人们实际上无法得到，那或许会影响人们对它们进行研究的兴趣，但这也不会对这一研究的结果有所损害。同样，一项发明可以因为出现了一种更加有利可图的取得同样利益的方法而遭到毁灭，但在科学中却不存在任何与此真正相同的情况。

相应地，一项发明的美与一个科学发现的美是不同的。这两者的原创性都受人欣赏，但在科学中，原创性在于比别人更深入地看到事物的本质的能力，而在技术中，原创性则在于发明家把已知的事实转化为惊人的利益的创造力。因此，技师的启发性热情是以与他自己迥异的焦点为中心的。他遵循的不是自然秩序的前兆，而是能使事物以一种新的方式运作以便达到某一可接受的目的，并能便宜地得到利润的可能性的前兆。在向新的问题摸索着前进时，在收集线索和考虑视角时，技术专家所考虑的必定是科学家所忽视的利益与危害的整个全景图。他必定对人们的需求十分敏感，并有能力评估他们准备满足这些需求时所付出的代价。对这样的瞬时即灭的灿烂群星满怀热情的兴趣，这对科学家说来是陌生的。科学家的眼光贯注在大自然内部的法则上。

于是，价值冲突出现了。这种冲突使这两种职业难以混为一谈。奥本海默就其在第二次世界大战期间在洛斯阿拉莫斯参与原子武器开发的亲身经历写道："科学家被关心进度的人的实用性考虑激怒了，而关心进度的人则认为科学家懒惰、微不足道，没有做过任何实际工作。因此，实验室里很快就出现了严重的对立。"①

科学与技术之间这种鲜明的分界是与它们之间在或此或彼方面形成过渡的种种领域的存在完全相一致的。至今依然构成现代工业之大部分的较老的手工艺是通过纯试验和错误而被创建的，没有得到过科学的帮助。与此适成对照，电工技术和化学技术的大部则源自纯粹科学在实际问题中的应用。这样，科学与技术有了如下的相互关系。就技术过程是科学知识的一种应用这一点来说，它对科学是毫无贡献的；但经验性技术本身就是非科学的，所以，正是由于这一原因它极有可能给科学研究提供重要的素材。②

在科学与技术之间也相应地有两种形式的探究。在科学的某种应用的基础上建立起来的种种技术可以构成自成一体的科学体系。电工学和空气动力学理论是**系统技术**的两个例子，它们**可以用与纯粹科学相同的方法来研习**。然而，它们的技术性特征在以下的事实中是显而易见的：如果经济关系的剧烈变化把它们的实用性摧毁的话，它们可能失去一切意义并被遗忘。另一方面，以下情况也可能发生：纯粹科学的某些部分能提供如此格外丰富的、技术上有用的信息资源，以致由于这一原因它们被认为是值得开发的，尽管它们在没有这一条件时会缺乏足够的吸引

---

① J. R. 奥本海默：《国际研究与发展局的职能》，《原子科学简报》，1947，第 173 页。另见 V. B. 威格尔斯华绥《纯粹科学对应用生物学的贡献》，《应用生物学年鉴》，第 42 期（1955），第 34—44 页。在谈到研究战时实用问题的理论科学家时，威格尔斯华绥写道："在他们所习惯的纯粹科学领域里，如果他们不能解决问题 A，他们就可以转向问题 B，而当他们在研究这一或许成功的希望渺茫的问题时他们可能突然遇到解决问题 C 的线索。可现在他们必须找到问题 A 且只有问题 A 的答案，毫无余地。更糟糕的是，还有给解决问题带来不必要的困难的烦人和出人意料的守则：有些解决方法因现有的原材料不足而被排除，有的则因所需的太昂贵而被否定，还有的因为可能对人的生命或健康构成危险而被放弃。简言之，他们取得了一个这样的发现：应用生物学不是'研究较低智力者的生物学'，而是一个全然不同的、对心态有全然不同要求的课题。"（第 39 页）

② 关于被埋葬在经验性技术中未被揭示的知识的范围，见波兰尼《个人知识》前述第 52 页。

力。对煤、金属、羊毛、棉花等所进行的科学研究就是这样的**技术上正当的科学**的种种分支。

系统技术和技术上正当的科学是介于纯粹科学与纯技术之间的两个研究领域，但这两个领域也可以完全重叠。医治糖尿病的胰岛素的发现是对科学的一个重要贡献，因为这一发现的题材有其内在的重要性。它也是一项发明：它创立了治疗糖尿病的一条操作原则。这一性质同样适用于药理学中很大的部分。事实上，无论在何处，只要大自然所固有的一个过程因其结果而对科学有意义，这一性质就成立；与此同时，为了取得这一欲求的结果，它又是可以随意操作的。介于科学与技术之间的这些巧合事件可以通过相同的原则而得到充分解释，而这些原则又可以把这些事件一般地定义为全然相异的领域。①

直到最近，似乎没有任何东西比纯粹科学和技术之间的这一区别更明显了。这一区别毫无疑义地体现在高等教育的一般框架中，正如高等教育被分为大学和技术学院所表明的那样。它还表现在当前的纯粹和应用化学、纯粹和应用物理学、纯粹和应用数学等的显著差别上，表现在大学的职位、刊物和国际学会的描述上。它一方面决定着大学中科学家们的就业条件，另一方面决定着工业实验室的设置。它是专利法运作的基础。

---

① 在刚刚引用过的威格尔斯华绥的致辞里(第178页,注1),作者描述了生物学领域中纯粹科学与应用科学之间公认的种种不同关系。这两种“完全不同的学科”可以从多方面互相为对方的利益作出贡献。例如,对纯粹科学家来说,“对过分专业化最有效的纠正措施之一是由接触实践的刺激提供的。”(第36页)另一方面,应用生物学可以求助于纯粹科学,以对它的实践发现作出系统的解释(第38页);而“正在考虑任何实践问题的”应用生物学家也当然“……在不断地运用存在于它的一切组成部分的整个范围内的科学知识”(第40页)。然而,政府当局却受到警告:这一互利归根结底取决于把纯粹生物学从应用学科较窄的需求上独立开来:“……科学调查与研究处……拨款支持任何特别‘及时和有前途的’研究建议。困难的是最有原创性的想法从一开始就是既没有前途又是不及时的。只有完全摆脱束缚的研究才能进入最没有前途的领域。……我十分怀疑农业研究委员会原来支持诸如达尔文对豆芽弯曲度的实验或文特夫妇早期对燕麦胚芽鞘生长的实验是否合理,因为无人可以预见到这些观察会对未来的农业有什么影响。……但研究委员会至少应小心不要阻碍纯粹科学的进展……知识是一种微妙的植物,而……老是把植物拔起来观察根的生长情况是一种不受欢迎的实践。”(第42—43页)

这一框架实际上毫无改变地一直存在于不遵从马克思主义的国家中，并且在苏联也未被完全抛弃。但是自从大约1930年新马克思主义科学理论——它在随后的十年中成了苏联的官方学说并在苏联以外取得广泛的影响——兴起以来，科学与技术之间的显著区别甚至在通过那些机构的持续操作而实际上依然维持这一区别的地方，也在原则上受到了猛烈的挑战。

这是我在较早时就开始描述的、把文化价值从属于激进的功利主义公共利益观念的运动之一部分：一种似乎有悖于逻辑的充满无节制的道德渴望的实利主义观点。这样的一种攻击当然是双刃的。它肯定科学进步过程中的每个重要步伐都是对一个具体的实用利益的回应，进而否定纯求知热情在引导科学发现中的有效性；同时，它又谴责为科学而科学是不负责任的、自私的、不道德的。从字面上看，这两种攻击是互相矛盾的，因为一件没有真正发生的事不可能被谴责为道德上是错误的。但是，实利主义对文化的解释是一种伪装的要务：它既宣布文化确实是，又判定它应该是为福利服务的。这是拉普拉斯体系的一部分，在这种体系中，道德必须寻求科学的认可，即用科学的预测来表述自己。①

在此，我不太关心在实践中这一威胁最终被证明对科学有多严重这一问题。虽然斯大林主义的正统理论对为科学而科学论的官方谴责导致对俄罗斯最杰出的生物学家N. I. 伐维洛夫的迫害和他在1942年的死亡，并在1948年造成对生物学各分支的镇压或严重的畸形，但是，除此之外，它强加在自然科学家们身上的限制也只不过是虚伪地宣称他们的工作是受它的实际用途指导罢了。总的情况也许就是这样。人们或许一边模棱两可地研习纯粹科学，一边表示某一科学理论揭露了这一职业的虚伪性或谴责其为滥用。然而，这一学说在未被强迫服从它的诸国家里的科学家们之间扩散一事确实在此提出了一个与我们切切相关的问题，这就是：激励科学成长的具有显著特性的热情是否可能有一天被别的热

① 这一转化的机制将在波兰尼《个人知识》的第7章进行考察。

情所取代，或者甚至可能因缺乏对这些热情的反应而直接衰退消失。

我已经从肯定的意义上回答了这个问题，并发出警告：如果科学不能使人这一观念避免被剥夺其自然属性的话，它就有可能像受到圣奥古斯丁的怀疑那样再一次受到质疑。人们对自然科学的欣赏是近代的事，它的传统也根植于一个有限的领域之内。它是很多具有悠久历史和财富的文明中一个文明的唯一嫩芽。古希腊人从来没有培育出一门系统的自然科学，拜占庭和中国也没有，尽管它们有种种技术成就。[①] 今天我们可以蛮有信心地谈论 16 和 17 世纪的科学，只因为用现代的眼光来看我们可以很容易地把真正的科学著作与非科学的大杂烩区分开来。开普勒 1619 年发表的《大一统论》里充斥着占星学，而且，在随后两三代的科学家紧接着发表的著作中，这种情况也是很典型的。我已经提到过，皇家科学协会 1660 年的创始人之一的格兰维尔坚持为承认巫术辩解。另一个创始人约翰·奥布里则除了一篇论述神秘现象的论文外就没有发表过什么了。[②] 那时支配着法国的笛卡尔精神是先验主义的，而不是实验性的。牛顿本人依然不时地在科学中运用宗教的论据。例如，他认为上帝给了世界一个原子的结构作为最有益于其目的的结构。19 世纪和 20 世纪的大争端表明，反对外来观点进入科学的斗争从来没有停止过；在这些有争议的问题上，在支配性的大多数与受到半信半疑的各种少数派的科学家之间一直存在着重大的差别。然而，我们可以承认，在牛顿的影响特别是其《光学》的影响风行的时候，观测性科学方法得到了有效的巩固。打那以后，尽管还存在我在有关科学争端那一章里描述过的种种不确定性与难以预测的事件，我们还是可以认出人的具有连贯性的整体，他们站在同样的科学传统中，为科学特有的精神与真实的欣赏所感动。阿拉戈欢呼勒威耶在 1846 年发现海王星时把这一发现称为“他的

---

① 斯蒂芬·伦西曼：《拜占庭文明》，伦敦，1936，第 9 章；李约瑟：《中国的科学与文明》，第 2 卷，剑桥，1956，第 26－29、84 页。

② 利顿·斯特雷奇：《微型肖像》，伦敦，1931，第 23 页。

国家的子孙后代所感谢和尊敬的最崇高的称号之一”[①]，就是以最清晰的声音表达了这种情况。没有任何对知识所作的贡献比发现这一遥远的新行星更无用途了。

实际上，直到那时为止，自然科学还没有对技术作出过重大贡献。工业革命的成功没有得到过科学的帮助。除了莫尔斯电报外，1851 年的伦敦博览会没有出现以此前五十年的科学进步为基础的重要工业设备或产品。人们对科学的欣赏依然几乎都没有功利主义的动机。

但是，这些情操只存在于一个非常小的区域内，具有这些情操的人在任何时候都没有超过当地人口的少数。科学向海外转移至亚洲和非洲国家，这种情况缓慢地出现在较晚的时期，使科学在医学、工业和军事上的价值大为增加，并把科学推向工业不那么发达的国家。这些吉兆并未有利于人们对科学的真诚欣赏。在世界的所有地区，当科学刚刚开始被修习时，它遭受的是人们缺乏对它的真实价值的反应。结果，政府当局未批准足够的研究时间；政治给任命造成大混乱；商人把兴趣从科学抽走，只赞助实用性项目。无论当地天才的资源可能有多么丰富，这样的环境也无法给科学带来成果。在这种情况的早期阶段，新西兰失去了自己的卢瑟福，澳大利亚失去了自己的亚历山大和布拉格。而且，这样的损失进一步阻碍了科学在一个新国家里的成长，除非一个国家的政府成功地从一个传统的中心引进几位科学家，让他们在自己的领域上安定下来，在那里按他们自己传统的标准加以改造并建立一个科学生活的新家庭[②]；而科学在欧洲以外的地区最终扎下根来的情况如果有的话也是极为罕见的。

今天，在腓力斯人原始的功利主义和现代革命运动的思想功利主义

① 见 W. M. 斯马特："约翰 · 考奇 · 亚当斯和海王星的发现"，《自然》，第 158 期（1946），第 648—652 页。或听一听鲍尔如何评论下述事实：只要相信他自己在 1795 年 5 月 8 日和 10 日看到的东西，拉兰德本应在那一年就发现了海王星。"但若他做到了，科学的损失真有多可悲啊。那样，海王星的发现就只是对一个辛勤的工人的偶然奖赏，而不是人类理性最崇高的部门的最辉煌的成就之一。"（R. S. 鲍尔爵士：《天空的故事》，伦敦，1891，第 288 页）

② 关于传统，另见波兰尼《个人知识》前述第 35 页。

的包围下，人们对纯粹科学的热爱可能发生变化或消失。而且，如果这种情操丧失，人们对科学的修习就会失去唯一能够引导科学获取具有真正科学价值的成就的驱动力。人们对科学的修习总是靠它的实际利益来维持这一观点流行甚广。例如，有人认为，李森科的理论如果是假的很快就会被苏联政府抛弃，因为这些理论无法产生任何有用的成果。这种想法忽视了一个事实：这样的问题在实践中是无法决定的。李森科的理论实际上是俄罗斯的米丘林和美国的伯班克从他们作为园艺家的实质性成功中得出的结论。[①] 欺骗了人类数千年的几乎每个大的系统性错误靠的都是实践经验。算命天宫图、符咒、神谕、魔法、巫术、巫医治病和现代医学到来之前的医药业者治病，这些都是在多个世纪里在公众亲眼见到它们假定的实践成功的情况下牢固地建立起来的。与解决实践问题时的情况相比，科学方法的设计正是为了在更小心地控制的条件下用更严密的标准来达到详细阐明事物的本质的目的。这些条件和标准只能通过对它的题材的纯粹的科学兴趣才能被发现，而这种兴趣又只可能存在于受到过科学价值欣赏的教育的心灵之中。这种感觉力不可能为它的内在热情以外的目的而随意触发。在科学上，没有任何重大的发现可以由任何不相信科学本身是重要的——事实上是最重要的——人取得。[②]

在这样说的时候，我已经承认我认为是超验性的价值只能在瞬间被人类的一小部分人可知。这里并没有矛盾，它正确地反映了普遍的有效性不是一个观察到的事实这一事实。当我们说到某项命题是普遍公认的或没有任何身心健全的人会否认它等等的时候，我们是在谈论人们对这

---

① 见 T. 多勃赞斯基："生物科学在俄罗斯的命运"，《汉堡科学与自由大会记录汇编》，伦敦，1955，第 216 页。按实践的成功来定义科学的尝试已被证明在逻辑上是站不住脚的，见前述第 169 页。

② 来自较远的领域的某些类似的例子可能对这里涉及的原则有所启发。假设精神病学家认定精神病病例普遍增多只能通过恢复宗教信念才能遏止，这也不会使我们全都信仰上帝。事实上，没有任何较遥远的利益能使我们信仰上帝，但是，如果我们真的信仰上帝了也不会有什么坏的后果能使我们放弃自己的信仰。或者，假设美国人通过研究英国的经验得出一个清楚的结论：如果他们把自己的感情与一个国王或皇族联系起来，他们就会更亲密地生活在一起。这件事本身不会产生那样的感情或在美国建立一个君主国。没有任何真诚的感情可能通过较遥远的动机产生。他们必须在自己心里发现并维护自己的满足感。

一命题的态度。只有在我们相信人们对这一命题的判断时我们才相信这一命题。但这样做却没有通行的保证：格言“习惯成自然”（quod semper，ubique，ab omnibus）常常被证明是错误的。我们用来观察或鉴定的标准绝不能从统计考察中得出。

事实上，我们不能在运用标准的过程中考察标准，因为我们不能把注意力集中在被附带地用来形成现时的注意力焦点的元素上。我们给自己的标准赋予了绝对性，因为在把它们用作自己的一部分的同时，我们靠它们作为最后一着，尽管我们认识到它们实际上既不是我们自己的一部分，也不是我们自己制定的，而是来自我们的外部。然而，这种依赖只能发生在某一瞬时的场合中和特定的地点和时间中，而我们的标准将在这一历史场景中被赋予了绝对性。所以，我可以恰当地表明，现代科学的传统所维护的种种科学价值是永恒的，尽管我曾害怕它们很快会被永远失去。稍后，这种双重性将会在寄托的概念中稳定下来。

（本文选自波兰尼《个人知识》第6章第8节，许泽民译，贵州人民出版社2000年版，第268—282页。沿用原有标题）

第十五讲　科学的界限

［英］哈耶克

哈耶克（Friedrich Hayek，1899—1992），奥地利裔英国经济学家、思想家，与波兰尼、波普尔一起被誉为“自由主义三剑客”。1974年获诺贝尔经济学奖。著作有《通向奴役之路》《个人主义与经济秩序》《科学的反革命》《自由宪章》等。

科学的界限

[英] 哈耶克

【编者按：哈耶克强调自然科学的方法并不能自动地运用于社会科学的问题上来，如果强行为之则会导致灾难性的后果。】

对经济和社会现象的研究，在从18世纪到19世纪初的缓慢发展过程中，当它选择自己的方法时，主要是受它所面对的问题的性质引导。① 它逐渐发展出一种适合于这些问题的技能，并未过多地思考这些方法的特点，或它们跟其他知识学科的关系。政治经济学的研究者，既可把这门学问称为科学的一支，亦可把它称为道德哲学或社会哲学的一支，从不介意自己的题目属于科学还是哲学。那时，“科学”一词尚未获得今天这种特别狭隘的含义②，也不存在把自然科学单独区分出来并

① 并非普遍如此。在19世纪变得很有影响的“科学地”研究社会现象的各种尝试，在18世纪也不是全无踪迹。在孟德斯鸠和重农学派的著作中至少存在着一种这样的强大因素。不过这个世纪在社会科学理论方面的伟大成就，即坎特龙和休谟、杜尔哥和亚当·斯密的著作，从整体上说没有这种因素。

② “科学”(science)一词这种现代的狭义用法，最早的事例见于默里的《新英语词典》(Murray, *New English Dictionary*)，它的出版很晚——1867年。不过梅尔茨的《19世纪欧洲思想史》(J. T. Merz, *History of European Thought in the Nineteenth Century*, 1896, vol. 1, 第89页)中的观点很可能是正确的，他认为，大约是在英国科学促进会(British Association for the Advancement of Science)成立时(1831)，“科学”获得了现在的含义。

赋予其特殊尊严的做法。其实，投身于这些领域的人，在研究自己的问题中较具一般性的方面时，他们很乐于选择哲学这个名称①，我们甚至不时可以看到“自然哲学”与“道德科学”的对比。

在19世纪上半叶，出现了一种新的态度。“科学”一词日益局限于指自然科学和生物学科，同时它们也开始要求自身具有使其有别于其他一切学问的特殊的严密性与确定性。它们的成功使另一些领域的工作者大为着迷，马上便着手模仿它们的教义和术语。由此便出现了狭义的**科学**（Science）②方法和技术对其他学科的专制。这些学科为证明自身有平等的地位，日益急切地想表明自己的方法跟它们那个成就辉煌的表亲相同，而不是更多地把自己的方法用在自己的特殊问题上。可是，在大约一百二十年的时间里，模仿**科学**的方法而不是其精神实质的抱负虽然一直主宰着社会研究，它对我们理解社会现象却贡献甚微。它不断给社会科学的工作造成混乱，使其失去信誉，而朝着这个方向进一步努力的要求，仍然被当作最新的革命性创举向我们炫耀。如果采用这些创举，进步的梦想必将迅速破灭。

不过应当立刻指出，在提出这些要求时调门最高的人，几乎都不是显著丰富了我们的科学知识的人。从弗朗西斯·培根大法官爵爷（他将永远是“科学吹鼓手”的原型），到奥古斯特·孔德和我们今天的“物理学至上论者”（physicalist），提出自然科学的专业方法无比优越这种主张的，大都是一些并非无可怀疑地有权代表科学家发言的人，而且在很多情况下，他们对**科学**本身所表现出的顽固偏见，与他们对别的题目一样多。弗朗西斯·培根反对哥白尼的天文学③，孔德声称用显微镜之类

---

① 参见 J. Dalton, *New System of Chemical Philosophy*（达尔顿：《化学哲学的新体系》），1808；Lamarck, *Philosophie zoologique*（拉马克：《动物学的哲学》），1809；或 Fourcroy, *Philosophie chimique*（富柯罗伊：《化学哲学》），1806。

② 当我们打算强调我们是指现代狭义的科学时，我们用带有大写首字母的“Science”来表示。——译者注

③ 见 M. R. Cohen, “The Myth About Bacon and the Inductive Method”（柯恩：《有关培根和归纳法的神话》），*Scientific Monthly* 23（1926）：505。

的工具对现象进行的任何过于细微的研究都是有害的，所以实证社会的精神权力对此应予禁止，因为它有可能颠覆实证科学的定律。既然这种教条主义态度经常使这类人物在自己的领域中迷失方向，对于那些与让他们产生灵感的领域相距甚远的另一些问题，也就没有多少理由过于尊重他们的观点。

不过，读者在阅读下面的讨论时，应当切记一项限定。科学家或迷恋自然科学的人经常试图用于社会科学的方法，未必就是科学家在自己领域中事实上采用的方法；倒不如说，那是他们以为自己在使用的方法。这两者未必是一回事。思考自己的方法并使其理论化的科学家，未必总是可靠的向导。在过去几代人中间，有关**科学**方法之性质的观点经历了不同的时尚，但我们必须假定，实际采用的方法并无实质性的变化。但是，既然影响着社会科学的是科学家以为自己在做的事情，甚至是他们过去持有的观点，所以下面对自然科学方法的评论，未必可以说就是对科学家的实际工作的如实说明，倒不如说，它是对近来有关科学方法的性质的主流观点的说明。

这种影响的历史，它发挥作用的渠道，以及它对社会发展方向的影响，将是我们一系列历史研究的主题，本文只是它们的一篇导论。在追溯这种影响的历史过程及其后果之前，我们先要描述一下它的一般特征，以及自然科学和生物科学的思维习惯毫无根据的不幸扩张所引起的问题的性质。我们会一再遇到这种态度的一些典型因素，其表面上的合理性使我们在评价它们时必须谨慎行事。从具体的历史事例中，并非总是能够揭示这些典型观点跟科学家的思维习惯有何关系，或它们如何从这种习惯中产生，而在系统的考察中则更易于做到这一点。

几乎无须强调，我们所说的一切，不是反对**科学**在自己适当的领域里采用的方法，也丝毫不想让人怀疑它们的价值。但是为了消除这方面的误解，我们在谈到“唯科学主义”或“唯科学主义的”偏见时，不管我们讨论的是什么，我们指的不是客观探索的一般精神，而是指对**科学**的方法和语言的奴性十足的模仿。这些概念在英语中虽然不是完全不为人知①，其实它们却是从法语中借来的，近年来它们以这里所表达的含义，在法语中得到普遍使用。② 应当指出的是，就我们采用的这种含义而言，它们确实反映着一种丝毫没有正确意义上的科学性可言的态度，因为它们是在生搬硬套，不加批判地把某些思维习惯，运用于和形成这种习惯的领域有所不同的领域。唯科学主义观点不同于科学观点，它并不是不带偏见的立场，而是一种带有严重偏见的立场，它对自己的题目不加思考，便宣布自己知道研究它的最恰当的方式。③

倘若有个现成的类似字眼用来表明工程师的一种典型的思想作风，也许就更方便一些。这种作风在许多方面跟唯科学主义关系密切，尽管也同它有所区别。不过我们在这里打算把它同后者放在一起讨论。既然找不到一个有同等表现力的字眼，我们只好满足于把这后一种 19 世纪和 20 世纪思想中的典型因素，称为“工程学思维类型”（engineering type of mind）。

要想理解唯科学主义的侵扰，我们先要理解**科学**本身为反抗那些阻碍其进步的概念和观念——就像唯科学主义偏见目前正威胁着社会研究的进步一样——所做的斗争。我们现在生活在一个日常生活中的思想观念与习惯在很大程度上受**科学**思维方式影响的氛围中。然而我们切莫忘记，当初**科学**也必须在这样一个世界为自己开辟道路，其中的大多数观念，是在我们同另一些人的关系中、在我们对其行为的解释中形成的。

① 默里的《新英语词典》中既有“scientism”（唯科学主义），也有“scientistic”（唯科学主义的），前者表示“科学家的表达习惯和模式”，后者表示“有科学家特征的，具有这种人的属性的（含贬义）”。经常用作同义词的“naturalistic”（自然主义的）和“mechanistic”（机械主义的）并不十分恰当，因为它们有可能暗示着错误的对比。

② 参见 J. Fiolle, *Scientisme et science*（菲奥里：《唯科学主义与科学》，Paris，1936）；A. Lalande, *Vocabulaire technique et critique de la philosophie*（拉兰德：《技术词汇和哲学批判》），第 4 版，第 2 卷，第 740 页。

③ 一位杰出物理学家下面这段话，大概有助于证明受这种态度之害的科学家本人对其他一些学科的致命影响：“一切可能的经验都符合我们已经熟悉的类型，于是要求只利用日常经验中的因素进行解释——难以设想还有比这更有害于科学的观点了。这种态度表明了缺乏想象力、精神上的愚钝和固执，可以预见，它们在精神活动的一个较低层次上就会耗尽自己的实用主义证据。”见 P. W. Bridgman, *The Logic of Modern Physics*（布里奇曼：《现代物理学的逻辑》），1928，第 46 页。

这场斗争所获得的动力使**科学**走过了头，造成一种相反的危险处境，即唯科学主义的支配地位阻碍着在理解社会方面的进步，这是再自然不过的事情了。[①] 然而，即使现在钟摆已明确地向相反的方向摆动，假如我们不找出造成这种态度并在其恰当的领域内为其提供正当性的那些因素，则它所引起的结果只能是混乱。

自从现代**科学**诞生于文艺复兴时期以来，其进步一直面对着它必须与之战斗的三大障碍；它的大多数进步的历史，都可以根据它逐渐克服这些困难的过程来撰写。第一个（虽然不是最重要的）障碍是，学者们出于不同的原因，已经习惯于把大部分精力用在分析别人的意见上。这不仅因为它们是当时最先进的学科譬如神学和法学的实际研究对象，还因为**科学**在中世纪的衰落过程中，除了研究历史上那些大人物的著作外，似乎没有更好的办法获得有关自然的真理。更为重要的是第二个事实，即相信事物的“观念”具有某种先验的实在性，通过分析这些观念，我们能够获得真实事物之属性的某种知识或全部知识。第三个或许也是最重要的事实是，所有地方的人最初都是参照自己的形象去解释外部世界的事物，认为有某种与他们自己同样的心智赋予了它们生命，因此各地的自然科学都通过对人类心灵机制的类比，通过“拟人论的”或“万物有灵的”（animistic）学说，来获得各种解释。这些学说都在寻找某种有目的的设计，并且它们若是从中发现存在着某个从事设计的头脑在起作用的证明，便会感到心满意足。

针对所有这些现象，现代**科学**一直努力回到“客观事实”上，它不再研究人类对自然的看法，或不再认为既有的观念是真实世界的如实反

---

① 关于科学领域中这种“惯性规律”的重要意义，见 H. Münsterberg, *Grundzüge der Psychologie*（缪斯特伯格：《心理学基础》），1909，vol. 1，第 137 页；E. Bernheim, *Lehrbuch der historischen Methode und Geschichtsphilosphie*（伯恩海姆：《历史方法和历史哲学教程》），第五版，1908，第 144 页；L. v. Mises, *Nationalökonomie*（米瑟斯：《国民经济学》），1940，第 24 页。我们倾向于过度使用一种新解释原则这种现象，大概更常见于特殊的唯科学主义教条，而不是**科学**本身。万有引力和进化、相对论和心理分析，在某些时期都被发挥得超出了它们的能力。基于这种经验就不必奇怪，对于作为一个整体的**科学**而言，这种现象持续的时间要更长，并且有着更深远的影响。

映，尤其是抛弃了一切这样的学说：它们把某种类似于我们头脑的支配因素强加于现象，便自以为解释了这些现象。相反，它的主要任务成了在系统检验这些现象的基础上，修正和重建从日常经验中形成的观念，以便能更好地认识到特殊性只是普遍规则的实例。在这个过程中，不但普遍采用的观念所提供的暂时性分类，而且对我们的感官传达给我们的不同知觉的初步划分，必须让位于我们对外部世界的事件进行梳理或分类的另一种全新的方式。

在研究外部世界时放弃一切拟人论因素的倾向，其最极端的发展甚至导致了这样的信念："解释"的要求本身就是建立在对事物的一种拟人论解释上，而**科学**的唯一目标应当是对自然的完美描述。① 我们就会看到，这种主张的前一部分存在着真理的成分，即我们能够用一种无法用于自然现象的方法，去理解和解释人类行为，所以"解释"一词仍然包含着不适用于自然现象的含义。② 别人的行为很可能是使人提出如下问题的第一经验：为什么对于人类行为之外的事物，他不能期待得出与他有望对人类行为得出的解释相同的"解释"，他用了很长的时间学习并且仍未能完全搞清楚这一点。③

有关我们身边事物的日常概念，没有提供适当的分类，使我们能够说明它们在不同环境下的表现的普遍规律；为了做到这一点，我们必须用事物的另一种分类取代它们，这是很常见的情况。然而，对于这些暂时的抽象观念而言正确的东西，对我们大多数人倾向于视为终极实在的

---

① 我相信，德国物理学家基尔霍夫对这种观点作了最准确的表述，见 G. Kirchhoff, *Vorlesungenüber die mathematische, Physik; Mechanik*(《数学、物理学和力学讲义》)，1874，第 1 页；后来它又通过马赫的哲学而变得广为人知。

② "解释"(explain)一词仅仅是自然科学不得已而采用最初用来描述人类现象的概念的许多重要事例之一。"law"(法律、规律)、"cause"(原因)、"function"(功能)、"order"(秩序)、"organism"(有机体)和"organization"(组织)，是另一些有着类似重要性的例子，科学已经多多少少成功地使它们摆脱了原有的拟人论含义。但是正如我们所见到的，在另一些事例中，特别是"purpose"(意图、目的)一词，科学虽然不能完全舍弃它们，却无法成功地做到这一点，因此它也有理由为采用这些字眼而担心。

③ 参见 T. Percy Nunn, *Proceedings of the British Academy*, vol. 13, *Anthropomorphism and Physics*(努恩：《不列颠学会会议录第 13 卷：拟人论和物理学》)，1926。

那些感觉性质（sense quality）而言也同样正确，这听起来还是有点奇怪。科学打破并取代我们的感觉性质所呈现的分类体系，这虽然不太为人熟悉，却恰恰是**科学**所做的事情。它以这样的认识为起点：在我们看来相同的东西，并不总是以相同的方式运动；在我们看来不相同的东西，有时在所有其他方面都以相同的方式运动。它从这种经验更进一步，用新的分类代替我们的感官提供的事物分类，它不是把看上去相同的东西，而是把被证明在相同环境下以相同方式运动的东西，归为一类。

幼稚的头脑倾向于假设，我们的感官以相同或不同的方式记录下的外部事物，不但在它们对我们的感官的作用上，而且在更多的方面，也肯定相同或不同。然而**科学**的系统检验证明，这经常是错误的。它不断证明“事实”不同于“表象”。我们不仅学会把那些在视觉、触觉或味觉方面相同或不同的东西看成是相同的或不同的，而且认为那些有规律地出现在相同时空背景中的东西也是如此。我们知道，相似的感性知觉束（constellation of sense perception），有可能来自不同的“事实”，或不同的感觉性质的组合，有可能表示相同的“事实”。有一定重量和“触觉”但没有气味的白色粉末，根据它所出现的不同环境，或在跟其他现象进行不同的组合后，可以是不同的事物中的任何一种；或者以某种方式跟其他东西组合在一起之后，会产生完全不同的结果。因此，对不同环境中的现象的系统检验经常证明，我们的感官觉得不同的东西，是以相同或至少非常相似的方式发挥着作用。比方说，我们不但能够发现，我们在某种光线下或服过某种药物后看到的蓝色物体，跟我们在另一种环境下看到的绿色物体一样；或看上去是椭圆形状的东西，可能就是从另一个角度看上去是圆形的东西；而且我们还可以发现，像水和冰这种看上去不同的东西，“其实”是同一种“东西”。

对我们的感官已经以某种方式进行分类的“对象”重新加以分类，用根据有意识地在事物类型之间建立起来的关系所作的新的分类，去代替我们的感官据以排列外部刺激物的“第二”性质，这个过程大概是自然科学方法最典型的方面。现代**科学**的整个历史，是一个日益摆脱我们对外部刺激物的分类、直到它们最终完全消失的过程，这时“自然科学便达到了这样一个发展阶段，适合于我们的感官捕捉到的事物的语言，不再能表达可观察的现象。唯一恰当的语言就是数学语言”①，即一门描述各种因素之间复杂关系的先进学科，而除了这种关系之外，各因素之间没有其他属性。最初从自然界中“分析”出的各种因素，仍然被认为具有某种“本质”，至少从原则上说它们是可视的或可触摸的；然而不管是电子还是波，不管是原子结构还是电磁场，都不能利用机械模式作出恰当的再现。

人类在自己的头脑中创造出的这个新世界，完全由我们的感官无法感知的实体组成，但又以某种方式与我们的感官世界联系在一起。事实上，这个**科学**的世界可以仅仅被描述成一组规则，它使我们能够找出不同的感觉束之间的关系。然而关键在于，只要我们把既有的东西，即我们能同时感知到的具有感觉性质的稳定复合体，当作自然单位，那么建立可感知现象所遵循的统一规则的这种努力，就不可能成功。取而代之的是建立一种新的实体，即“建构”(construct)，对它们的定义只能根据在不同环境和不同时间从“相同”之物中得到的感官知觉——这种方法意味着这样的假定：事物在某种意义上仍然未变，虽然它的全部可感知属性可能已经发生了变化。

换言之，虽然在自然科学的各种理论目前所达到的阶段上，不能再根据感觉性质阐述这些理论，这些理论的重要性却是来自这样一个事实：我们掌握着能够使我们把它们转化为对可感知现象的陈述的规则或“诀窍”。不妨把现代自然科学理论与我们的感官世界的关系，比作人们对只存在于铭文中的某种特殊文字的死语言的不同“认知”方式之间的关系。组成这些铭文、并且是该语言的唯一表现形式的不同字母的组合，与感觉性质的不同组合相一致。随着我们对这种语言的了解，我们

---

① L. S. Stebbing, *Thinking to Some Purpose*(斯特宾：《为某种意图的思考》), Pelican Book, 1939, 第107页。另见 B. Russell, *Scientific Outlook*(罗素：《科学的世界观》), 1931, 第85页。

逐渐知道了这些字母的不同组合可以指相同的事物；在不同的上下文中，同一组字母可以指不同的事物。① 随着我们对这些新实体的认识，我们深入到了一个新的世界，其中的单位不同于字母，它们之间的关系遵循着不见于字母排列顺序的明确规律。我们能够描述这些新单位的规律，即语法规律，以及遵照这种规律组合的句子所表达的意思，而不必参考这些单个字母或它们据以组合为整体单词符号的原则。例如，有可能知道汉语或希腊语的语法以及这些语言中所有单词的含义，而不必知道汉语或希腊语的字符（或汉字和希腊字符的发音）。但是，如果汉语或希腊语只是分别以其字符的书写形式出现，那么所有这些知识，作为抽象实体或结构这个意义上的自然规律的知识，便没有多少用处，除非知道一些规则可资利用，能够把它们转化成我们感官可感知的现象的陈述。

我们在描述语言结构时，不需要描述各种字符（或发音）据以组合成不同单位的方式。同样，在我们对自然的理论描述中，我们据以感知自然的不同的感觉性质也消失了。它们不再被视为对象的一部分，而是逐渐地只被当作我们自发地感知或区分外在刺激的方式。②

人类如何利用特殊方式对我们知其为感觉性质的外部刺激物进行分类，不是我们此处所要讨论的问题。③ 这里只需简单指出有关的两点就

① 只有不多的字符组合——如一些单词——同时呈现给我们，而且这些组合本身只在有限的时间顺序中呈现给我们，就像我们阅读时单词（或句子）的情况那样。如果我们认识到这一点，则这种比喻就更为恰当了。

② 被假定属于事物的、以难以分辨的神经过程的方式传递给大脑的各种性质，只在它们影响到感官时有所不同，然后在大脑中又被转化成原来的性质——对这种神奇现象的古老困惑已不复存在。我们没有证据假设，外部世界的事物在其相互关系中表现出的相同或不同，和我们的感官呈现给我们的一样。事实上，在许多情况中我们倒是有相反的证据。

③ 顺便指出，这种分类的基础，很可能是对外部世界关系的一种无意识的学习，这些关系与人类有机体在其成长环境中的生存有着特殊的相关性；它同人类在其进化过程中获得的无数种"条件反射"有着密切的关系。我们的中枢神经系统对外部刺激物的分类，很可能是高度"实用主义的"，也就是说，它不是根据外部事物之间的一切可观察的关系，而是强调（狭义的）外部世界与我们身体之间的那些在进化进程中对物种生存有意义的关系。例如，人类的大脑对外部刺激进行分类，主要是根据它们与来自人类身体各部位的反射行为的刺激物的联系，而这种行为是由同一外部刺激物在未经大脑干涉的情况下引起的。

可以了，这两点下面还会谈到。其一是，一旦我们认识到，只有当我们对外部世界的事物的归类方式不同于它们呈现于我们感官的方式时，它们才会在相互运动中呈现出一致性，那么，它们为何以那种特定方式呈现于我们，尤其是它们为何以相同的[①]方式呈现于不同的人，就成了一个需要回答的真实问题。第二点是，不同的人确实以相同的方式感知不同的事物，而这与这些外部世界的事物之间的任何已知关系并不一致，这个事实必须被视为一个重要的经验素材，对人类行为的任何讨论都要以它作为起点。

我们这里关心的不是**科学**方法本身，因此我们不能对这个题目作更多的讨论。我们主要是想强调一点，人类对外部世界、对他们自身所掌握的知识和进行的思考，他们的观念，甚至他们的感官知觉的主观性质，对**科学**来说绝对不是终极实在，不是可给予认可的素材。它所关心的不是人对世界想些什么，以及他们如何相应地行动，而是他们应当如何思考。人们实际采用的观念，他们观察自然的方式，在科学家看来，必然是暂时性的，科学家的任务就是改变这种图式，改变习惯性的观念，使我们有关新的事物分类的陈述更为精密和准确。

从下面的观点看，对于这样做所导致的一种结果需要多说几句。在自然科学中，数字化的表述和量的计算有重要意义。普遍的印象是，大多数自然科学的这种量化性质，其重要性主要在于它们具有更大的精确性。其实不然。不用数学的表达形式，也可以提高一种方法的精确性——打破我们的直观素材，用对没有属性而只有这些相互关系的要素的描述，来代替对具有感觉性质的要素的描述，才是这个过程的本质。它是摆脱人们既有的自然图景的全部努力中的一部分，是用建立在由系统的检验和试验所确定的关系的基础上的分类，代替我们的感官提供的事物分类这一过程的一部分。

---

① 不同的人以"相同的"方式对外部刺激物进行分类，并不意味着个体的感觉性质对于不同的人是一样的（这是个无意义的陈述），而是意味着不同的人的感觉性质系统具有共同的结构（一个同质性的关系结构）。

回到我们更一般的结论上：**科学**所研究的世界，不是我们的既有的观念或感觉的世界。它致力于对我们有关外部世界的全部经验重新加以组织，它在这样做时不仅改变我们的概念模式，而且抛弃感觉性质，用另一种事物分类去代替它们。对**科学**来说，人类实际形成的、在其日常生活中出色引导着他的那个世界图式，他的感知和概念，都不是研究的对象，而是一个有待改进的不完美的工具。**科学**本身对人与物的关系，以及人们现有的世界观所导致的他们的行动方式，都不感兴趣。倒不如说它就是这样一种关系，或是改变这些关系的一个连续性过程。当科学家强调自己研究客观事实时，他的意思是，要独立于人们对事物的想法或行为去研究事物。人们对外部世界所持的观点，永远是他要予以克服的一个阶段。

人们是通过感觉和概念去认知世界以及他们的相互关系，而这些感觉和概念是在他们共享的一种精神结构中组织起来的，这个事实造成了什么后果？人们是在一个活动框架（network of activity）中受着他们具备的知识的指导，并且它的大多数内容在任何时候都是他们共同拥有的，对于这整个活动框架我们能够说些什么呢？科学在任何时候都忙于修改人们所持有的世界图式，在它看来这种图式永远只是暂时性的。然而，人类有某种明确的图式，以及所有那些我们视为有思维的、我们能够理解的人所持有的图式具有一定程度的相似性这一事实，同样是意义重大的现实和某些事件的原因。在**科学**真正完成它的工作、没有给人类的智力过程留下丝毫未做解释的因素以前，我们头脑中的事实将一直不仅是有待解释的素材，而且是对受那些思维过程支配的人类行为进行解释时必须依靠的素材。这里出现了科学家不直接处理的一些新问题。他所熟悉的特定方法是否适用于这些问题，也不是那么显而易见。这里的问题不是人类有关外部世界的图式在多大程度上符合事实，而是人类如何根据他所拥有的观点和概念决定采取行动，从而形成了个人属于其中一员的另一个世界。我们所说的“人们持有的观点和概念”，不仅是指他们对外部自然的知识。我们指的是他们有关自我、有关他人、有关外部世界的全部思想和信念，概言之，是指决定着他们的包括科学研究在内的全部行为的一切因素。

这就是社会研究或“道德科学”所关注的领域。

（本文选自哈耶克《科学的反革命》第一部分第1、2节，冯克利译，译林出版社2003年版，第3—16页。标题为编者所加）

第十六讲　科学：猜想与反驳

［英］波普尔

波普尔（Karl Popper，1902—1994），奥地利裔英国哲学家，与波兰尼、哈耶克一起被誉为“自由主义三剑客”，其证伪主义、批判理性主义、三个世界理论在科学哲学界独树一帜。著作有《科学发现的逻辑》《猜想与反驳》《客观知识》等。

科学：猜想与反驳①

[英] 波普尔

【编者按：究竟什么是科学？科学与伪科学的界限何在？科学起始于经验观察还是理论构想？波普尔在本文中给出了影响极大的回答。】

特恩布尔先生预言了种种不幸的后果……又在竭尽所能以证实他的预见。

——安东尼·特罗洛普

当我收到这门课的参加者名单，并得知我是被邀请来向我的哲学同事们讲学时，经过一番踯躅和磋商，就想到你们或许赞成我谈谈那些使我最感兴趣的问题和我最为熟悉的发展。因此我决定做一件我从未做过的事，向你们报告我从1919年秋季以来在科学哲学方面的工作；那是我第一次开始抓住这个问题：**“一种理论什么时候才可以称为科学的？”**或者**“一种理论的科学性质或者科学地位有没有标准？”**

① 1953年夏在剑桥大学彼得豪斯学院的一篇讲演，作为英国协会组织的一个关于现代英国哲学发展和趋势的课程的一部分，原先以《科学哲学：本人的报告》(*Philosophy of Science: a Personal Report*)为题发表于C. A. 梅斯编：《世纪中期的英国哲学》(*British Philosophy in Mid-Century*)，1957。

当时使我操心的问题既不是“一种理论什么时候才是真的？”也不是“一种理论什么时候才是可以接受的？”我的问题不是这样。我**想要区别科学和伪科学**；虽然很清楚科学时常弄错，而伪科学可以碰巧触及真理。

当然，对我这个问题的最公认的回答，我是知道的：科学不同于伪科学或者形而上学的地方，是它的**经验方法**；这主要就是归纳方法，是从观察或实验出发的。但这并不使我满意。相反，我时常把我的问题表述为区别真正的经验方法和非经验方法甚至伪经验方法的问题——也就是说，有一种方法虽然诉诸观察和实验，但仍旧达不到科学的标准。后一种方法可以占星术为例，因为占星术拥有根据观察、算命天宫图和传记所积累的大量经验证据。

但是使我提出这个问题的并不是占星术的例子，我也许还是简单叙述一下我的问题产生时的气氛和刺激它产生的那些例证为宜。在奥地利帝国崩溃之后，该国发生了一次革命：当时的气氛充斥着革命的口号和观念，以及新的而且往往疯狂的理论。在那些使我感兴趣的理论中，爱因斯坦的相对论当然最为重要。另外还有三个，即马克思的历史学说、弗洛伊德的精神分析学和阿德勒的“个体心理学”。

关于这些学说，当时有不少流行的奇谈怪论，特别是关于相对论（一如今天还听到的），所幸的是那些向我介绍相对论的人都很不错。我所属的一小群学生，全都对爱丁顿在1919年第一次证实爱因斯坦引力理论的日食观测结果感到惊喜，这是第一次重要确证。这对我们说来是难得的经验，而且对我的思想发展产生了持久影响。

我提到的另外三种理论在当时的学生中也广泛被人讨论着。我自己碰巧和阿德勒有过个人接触，甚至在他的社会工作中和他合作过，因为他那时正在维也纳的工人区建立向社会开放的指导诊所，在青少年中开展社会工作。

1919年夏天，我开始对这三种理论愈来愈感到不太满意——即对马克思的历史学说、精神分析学和个体心理学；我对它们自称的科学地位也开始怀疑。我的问题开头大约是这样的简单形式："马克思主义、精神分析学和个体心理学的问题在哪里？为什么它们同物理学理论、牛顿理论，特别是爱因斯坦的相对论这么不一样？"

为了使这种不同更加明显，我将解释说，当时我们里面很少有人会说我们相信爱因斯坦的引力论是**真理**。这表明，当时我不放心的并不是因为我怀疑另外那三种学说不是**真理**，而是另外一些理由。然而也不是由于我仅仅觉得理论物理学比社会学或心理学类型的学说更加**精确**。因此，使我不放心的既不是真理的问题（至少不是那个时期的真理问题），也不是精确性或可测量性问题。毋宁说，我觉得这另外三种学说虽然装作是科学，事实上却像原始神话而不像科学；它们更像占星术而不像天文学。

我发现，我的朋友中赞赏马克思、弗洛伊德和阿德勒的人，对这些理论的许多共同点尤其是它们明显的**解释力**具有深刻印象。这些理论看来简直能够解释它们所涉及领域中所发生的一切。研究其中任何一种，似乎都会产生一种理智上的皈依或启示，让你们看到尚未入门的人所看不到的新真理。一旦你们这样打开了眼界，便会看到确证事例无所不在：世界充满了对这一理论的**证实**。发生的每事每物总是在确证它。因此，它的真理性看来昭然若揭；凡是不相信的人显然都是不想看到明显的真理；他们之所以拒绝看，或者是因为它违反他们的阶级利益，或者因为他们所受压抑还"未经分析"，亟待治疗。

我以为，这个情境中最有特征的因素就是不竭的确证和观察（它们"证实"这些理论）之流；它们的追随者都始终强调这一点。一个马克思主义者打开一张报纸，必定会在每版上都看到确证他对历史的解释的证据；不仅在新闻中，而且还会在版面安排上发现这一点——这暴露了报纸的阶级偏见——当然还特别在报纸所**没有**说出的弦外之音中发现。弗洛伊德分析家强调说，他们的理论总是为他们的"临床观察"所证实。至于阿德勒，我由于个人经验而对他印象深刻。1919 年有一次我向他报告一个病例，我觉得这个病例似乎并不特别符合于阿德勒学说，可是他却感到不难用他的自卑感理论来加以分析，虽然他甚至没有见过这个孩子。我略感吃惊，问他怎么会这样有把握。他回答说："因为我有上千次的经验"；因此我不得不说："我料想，由于这个新病例，你现在有了一千零一次经验。"

我在想，他以前的观察可能并不比这个新的观察更可靠多少；可是每个观察都用"以前的经验"加以解释，同时本身又成了补充的确证。我问自己，它确证了什么呢？无非是可以用这理论解释一个病例而已。但是我想这没有什么意义，因为每个可以想到的病例都能用阿德勒理论或者同样用弗洛伊德理论加以解释。我可以用两个截然不同的人类行为的例子来说明这一点：一个人为了淹死一个小孩而把他推入水中；另一个人为了拯救这个孩子而牺牲自己的生命。弗洛伊德和阿德勒的理论可以同样容易地解释这两个事例。按照弗洛伊德，第一个人受到了压抑（比如他的恋母情结的某种成分），而第二个人则已达到升华。按照阿德勒，第一个人具有自卑感（因而可能产生了自我证明自己敢于犯罪的要求），第二个人也是这样（他的要求是自我证明敢于救这个孩子）。我不能设想，有什么人类行为不能用这两种理论来解释的。在这些理论的赞赏者看来，正是这个事实——它们总是适用，总是得到证实——构成了支持它们的最有力的论据。我开始明白，事实上，这个表面上的长处正是它们的短处。

爱因斯坦的学说就截然不同了。举个典型的例子——爱因斯坦的预言当时正被爱丁顿的那次远征的发现所证实。爱因斯坦的引力论导致一个结果，就是光必定会被重物体（如太阳）所吸引，恰恰就像物体被吸引一样。其结果可以计算出来，一颗视方位接近太阳的远恒星的光到达地球时，它射来的方向好像是稍微移开太阳一点；换言之，接近太阳的恒星望上去就好像离开太阳一点，而且相互也离开一点。这情形在正常情况下是观测不到的，因为这类恒星在白天由于太阳光线无比强烈而看不见；但在日食时却可以给它们摄影。如果同一星座在夜间也给它拍照，我们就可以计算两张照片上的距离，核对预期的效果。

这个事例之所以给人以深刻印象，是这种预测所承担的**风险**。如果观察表明所预期的效果肯定不存在，这个理论就被干脆否定掉：这个理论和**某些可能的观测结果**——事实上是爱因斯坦以前的任何人都会指望的结果——**不相容**。[①] 这和我在前面描述的情况就大不相同了；前面的情况是，弄到后来，所讨论的理论同绝无任何共同之处的人类行为都无不吻合，因此要描述任何人类行为，说它不能证实这些理论，实际上是不可能的。

这些想法使我在1919—1920年冬天作出以下的结论，现在可以重述如下：

1. 差不多任何理论我们都很容易为它找到确证或证实——如果我们寻找确证的话。

2. 只有当确证是**担风险的预言**所得的结果，就是说，只有当未经这个理论的启示就已经预期一个和这个理论不相容的事件——一个可以反驳这个理论的事件时，确证才算得上确证。

3. 任何“好”的科学理论都是一种禁令：它不容许某种事情发生。一种理论不容许的事情越多，就越好。

4. 一种不能用任何想象得到的事件反驳掉的理论是不科学的。不可反驳性不是（如人们时常设想的）一个理论的长处，而是它的短处。

5. 对一种理论的任何真正的**检验**，都是企图否证它或驳倒它。可检验性就是可证伪性；但是可检验性有程度上的不同：有些理论比别的理论容易检验，容易反驳；它们就像担当了更大的风险似的。

6. 进行确证的证据，**除非是真正检验一项理论的结果**，是不算数的；而这就是说，它可以看作是一项认真的但是不成功的证伪理论的尝试。（我现在把这些事例称为“确证证据”。）

7. 有些真正可检验的理论，被发现是假理论，仍旧被赞美者抱着不

① 这里讲得过于简单一点，因为爱因斯坦所预期的效果大约有一半可以从经典理论推算出来，只要我们假定一种光的弹道理论。

放——例如专为它引进某种特设性假说，或者特地为这个目的重新解释这个理论，使它逃避反驳。这种方法总是办得到的，但是这样营救理论免于被驳倒，却付出了破坏或至少降低理论的科学地位的代价。（我后来把这种营救行动称为一种**“约定主义曲解”**或者**“约定主义策略”**。）

所有这些可总括起来说，**衡量一种理论的科学地位的标准是它的可证伪性或可反驳性或可检验性。**

我也许可以借前面提到的那些理论作为说明的例子。爱因斯坦的引力理论显然满足可证伪性的标准。即使我们当时的测量仪器不容许我们十分有把握地对检验的结果下断语，但是驳倒这种理论的可能性显然是存在的。

占星术经受不住这种检验。占星术士对他们所相信的确实证据极端重视和极端迷信，以致他们对任何不利的证据都完全无动于衷。还有，他们把自己的解释和预言都讲得相当含糊，以致任何有可能驳倒他们理论的事情（假如理论和预言说得更明确一点的话），他们都能解释得通。为了逃避证伪，他们破坏了自己理论的可检验性。把预言讲得非常含糊，使预言简直不会失败，这是典型的占卜者伎俩，使预言变得无从反驳。

马克思主义的历史学说，尽管它的一些创建者和追随者作了认真的努力，最后也采取这种占卜者的做法。在这种学说的一些早期表述里（例如马克思关于“未来社会革命”的性质的分析），他们的预言是可以检验的。① 马克思的追随者不接受这些证伪事例，重新解释这个学说和证据以便使之相符。这样他们营救这个学说不致受到反驳，这样做的代价是采纳一种使这个理论无从反驳的手段。这一来他们就给予这个理论一种“约定主义曲解”；而且通过这一手段，他们就破坏了这个理论

① 参见波普尔的享誉世界的巨著《开放社会及其敌人》(*Open Society and Its Enemies*)第15章，第3节和注13、14。

所宣扬的科学地位。

那两种精神分析理论则属于不同的类型。它们干脆是不可检验的，无法反驳的。没有任何想象得出的人类行为能够推翻它们。这并不是说弗洛伊德和阿德勒没有把某些事情看对头：我个人并不怀疑他们有不少的话相当重要，而且有一天会在一门可加以检验的心理学里发挥作用。但是那些为精神分析家天真地认为证实他们理论的“临床观察”，的确并不比占星术士在他们的行当中找到的经常证明好到哪里去。[①] 至于弗洛伊德的自我、超我和本我（Id）的宏伟诗篇，那就像荷马从奥林匹斯山收集来的那些故事一样，全都够不上科学的资格。这些理论描述了某些事实，然而是以神话的形式描述的。它们含有十分有趣的心理学启示，但是不具有可检验的形式。

同时我认识到，这种神话可加以发展，使之成为可以检验的；从历史上说，一切（或者几乎一切）科学理论都发端于神话，一个神话可能

---

① 像所有其他观察一样，“临床观察”**也是按照理论解释的**；单单由于这个理由，它们就倾向于似乎支持它们据以得到解释的那些理论。但是，真正的支持只能从作为检验进行的观察（通过“尝试的反驳”）获得；为此，必须事先制定好**反驳标准**：必须约定可观察情境如果真的观察到的话，则意味着这理论被反驳。可是，哪种临床反应能够满足心理分析家的要求，不仅反驳一次特定的分析诊断并且反驳心理分析本身呢？分析家有没有讨论过这种判据或者一致同意它呢？相反，不是有像“矛盾心理”（我不是说不存在像矛盾心理之类的东西）之类一整套分析概念，它们使得很难（如果不是不可能）就这种判据取得一致意见吗？再者，分析家的（有意或无意的）期望和理论对病人的“临床反应”产生多大影响，这个问题的研究已取得多大进展了呢？（更不必说故意试图通过给病人提出解释等来影响他。）几年前我引入“**俄狄浦斯效应**”这一术语来描述一个理论、期望或预言**对它所预言**或描述的**那个事件**的影响：人们不会忘记，导致俄狄浦斯弑父的因果链条发端于神对这个事件的预言。这类神话以此作为特有的和常见的题材，但是分析家没有注意到这一点，这也许并非偶然。[关于分析家提出的确证性的梦的问题，弗洛伊德曾经讨论过，例如在《文集》第 3 卷（1925 年）第 314 页上写道：“如果有人断言：可以利用来进行分析的梦大都……起因于（分析家的）提示，那么，从分析理论的观点出发，便不可能提出反对的理由。”他令人惊讶地补充说：“然而这个事实中并不存在任何有损于我们结果之可靠性的东西。”]

今天看来是典型伪科学的占星术可以作为例子说明这一点。亚里士多德派和直至牛顿时代的其他理性主义者都由于错误的理由而攻击占星术——因为现在公认行星对地上（“尘世”）的事件有“影响”。事实上，牛顿的重力理论尤其是月球潮汐理论从历史上说也是占星术经验知识的产物。牛顿看来极其不愿意采纳“流行”病是由于星星“影响”那样的占星术理论。伽利略无疑由于同样理由竟然拒斥了月球潮汐理论；他对开普勒的疑虑很容易从他对占星术的疑虑中得到解释。

包含对科学理论的重要预言。例子有恩培多克勒的试错进化理论，或者巴门尼德的从未发生过什么的不变的整体宇宙的神话；如果我们再给它加上一个维度，便成了爱因斯坦的整体宇宙（这宇宙中也从未发生过什么，因为根据四维说，一切都是从一开始就决定了的和安排好的）。因此我感到，发现一个理论是非科学的或者“形而上学的”（我们可能这样说），并不会因此而发现它是不重要的、无关紧要的、“无意义的”或“荒谬的”。但是，不能认为它得到了科学意义上的经验证据的支持，尽管从某种发生的意义上说，它很可能是“观察的结果”。

（这种前科学或伪科学性质的理论还有许许多多，其中有一些，不幸也像马克思的历史解释一样地颇有影响；例如，种族主义的历史解释是又一种可解释一切的很有影响的理论，像天启般地感应着缺乏头脑的人们。）

因此，我提出可证伪性标准所要解决的问题，既不是有没有意义的问题，也不是关于真理或可接受性的问题。它是在经验科学的陈述或陈述系统与一切其他陈述（不论是宗教性的、形而上学性的或干脆是伪科学的）之间画一条线的问题（就尽量能做到而言）。多年后——那当是1928年或者1929年——我称我这第一个问题为**“分界问题”**。可证伪性的标准就是解决这个分界问题的一种办法，因为它说那些陈述或者陈述系统要够得上科学，就必须能同可能的观察或想象得到的观察发生矛盾才行。

当然，今天我知道这种**分界标准**——即可检验性，或可证伪性，或可反驳性——远非显而易见；因为直到现在，它的意义还很少为人体会到。在1920年我觉得这简直微不足道，虽然它替我解决了一个使我深感烦恼的理智问题，而且是一个具有明显的实际后果的问题（例如政治上的一些问题）。但是我还没有领会到它的全部含义和它在哲学上的重要性。当我向一个数学系的同学（现在是英国的著名数学家）解释这个问题时，他建议我把它发表。那时我觉得这简直荒唐；因为我深信我这个问题既然在我看来是这样重要，一定曾经打动过许多科学家和哲学家，而他们肯定已经找到我这种明显的解决办法。后来从维特根斯坦的著作和人们对他的著作的捧场，我才获悉事情并不是如此；因此我就在十三年后以批判维特根斯坦的**意义标准**的形式发表了我的研究结果。

如你们都知道的，维特根斯坦企图在他的《逻辑哲学论》里面表明（参看命题6：53；6：54 和 5）一切所谓哲学或形而上学的命题实际上都是非命题或假命题；它们是没有意义的。一切真正的（或有意义的）命题都是描述“原子事实”——即在原则上可以用观察肯定的事实——的基本命题或原子命题的真值函项。换言之，有意义的命题完全可以简化为基本命题或者原子命题，这些命题都是描述可能事态的简单陈述，而且在原则上能通过观察加以肯定或者否定。如果我们称一个陈述为“观察陈述”，不但因为它陈述了一项实际的观察，而且还因为它陈述了任何**可以**观察到的事情，我们就得说（按照《逻辑哲学论》5 和 4：52）任何真正的命题都必须是观察命题的一个真值函项，从而也可以从观察命题引申出来的。一切其他表面的命题将是无意义的假命题，事实上只是胡说八道。

这种思想被维特根斯坦用来作为与哲学相对立的科学的特点。我们读到（如 4：11 里，他把自然科学看作是和哲学对立的）：“全部的真命题就是整个的自然科学（或全部自然科学）。”这就是说，凡属于科学的命题都是那些可从**真**观察陈述引申出来的命题；它们是那些可用真观察陈述予以**肯定**的命题。如果我们能知道所有的真观察陈述，我们也将知道所有可用自然科学肯定的东西。

这等于关于分界的一个粗糙的可证实性标准。为了使它不至于太粗糙，可以改写为：“可能纳入科学领域的陈述是那些有可能用观察陈述证实的陈述；而这些陈述又是同**所有的**真实陈述或有意义陈述吻合的。”所以，根据这个办法，**可证实性、有意义和科学性全都互相吻合了。**

我个人对所谓意义问题从来不感兴趣；相反，我觉得它是个词语问题，是典型的假问题。我感兴趣的只是分界问题，即为理论的科学性寻找一个标准。恰恰是这种兴趣使我一眼就看出维特根斯坦关于意义的可证实性标准同时也企图用来发挥一种分界标准的作用；这就使我看出照他这样说法，这个标准是完全不适当的，即使我们撇开对于意义这个含糊概念的一切疑虑不谈。因为维特根斯坦的分界标准——在这里用我自己的用语来说——就是可证实性，或者根据观察陈述的可演绎性。但是这个标准太窄了（**又**太宽了）：它几乎把所有事实上典型地属于科学的东西都排除掉（然而实际上并没有排除掉占星术）。任何科学陈述都从来不能从观察陈述中演绎出来，也不能描述为观察陈述的真值函项。

所有这一切，我都在各个场合向维特根斯坦派和维也纳学派成员指出过。在1931年至1932年间，我总结了自己的思想，写成了一本篇幅相当大的书（维也纳学派好几个成员都读过，但从未发表过；不过有一部分已纳入我的《科学发现的逻辑》之中）；1933年我发表了致《认识》杂志的一封信，信中试图把我关于分界问题和归纳问题的思想压缩成两页。① 在这封信里和别的地方我都把意义问题同分界问题作对比，指出意义问题是个假问题。但是，维也纳学派的成员却把我的贡献归结为提出了这样一种建议：用可证伪性的**意义**标准取代可证实性的**意义**标准——这实际上使我的观点变得毫无意义。② 我抗议说，我试图解决的

---

① 波普尔的《科学发现的逻辑》（1959、1960、1961）是《研究的逻辑》（*Logik der Forschung*）（1934）的英译本，增添了许多注释和附录，包括（第312—314页上）这封致《认识》（*Erkenntnis*）编者的信，它最初发表于《认识》1933年第3期第426—427页。

关于这里提到的我从未发表过的书，见R.卡尔纳普的论文《论记录句子》（"Ueber Protokollstäze"）（《认识》杂志，1932年第3期），他在文中概述并接受了我的理论。他称我的理论为"程序B"，并说（第224页开头）："从不同于纽拉特（他提出了卡尔纳普在223页上所称的'程序A'）的一种观点出发"，"波普尔提出了程序B作为他的体系的组成部分"。在详细说明了我的检验理论之后，卡尔纳普把他的观点总结如下（第228页）："权衡了这里讨论的各种论据之后，我觉得在目前提出的各种科学语言形式中，带有程序B的第二种语言形式，即这里介绍的这种形式是最恰当的……就这种……知识理论而言。"卡尔纳普的这篇论文是关于我的批判检验理论的最早发表的报道。（又见《科学发现的逻辑》第104页第29节的注1我的评述，那里的日期"1933年"应为"1932年"。）

② 维特根斯坦所举无意义的假命题之例是："苏格拉底是同一的。"显然，"苏格拉底不是同一的"，一定也是无意义的。因此，任何无意义的否定也无意义，而一个有意义陈述的否定则有意义。**但是**，波普尔首先在《科学发现的逻辑》（如第38和39页）中指出，后来波普尔的批评者也指出，**一个可检验的（或可证伪的）陈述的否定不一定是可检验的**。不难想见，把可检验性看作**意义**标准而不是**分界**标准，就会引起这种混乱。

不是他们关于意义的假问题，而是分界问题，可是这一抗议毫无作用。

然而，我对证实的抨击却产生了一些效果。它们立刻在讨论意义和无意义问题的实证主义哲学家中间引起一片混乱。作为意义标准，原来的可证实性方案至少是清晰、简单而又有力的。现在引入的这些修正和改变则适得其反。① 我应当说，甚至陷于混乱的那些人现在也这样看。但是，既然通常把我说成是其中之一，所以我想再次表明，尽管我引起了混乱，我却从未卷入其中。我没有把可证伪性和可检验性提出来作为意义标准；是我把这两个术语引入讨论，我承担罪责，但不是我把它们引进意义理论。

人们广泛地批判了据说是我的观点，并取得了很大成功。然而，我还是必须反驳对我观点的批判。② 同时，可检验性现在已公认是分界的标准。

我比较详细地讨论了分界的问题，因为我相信这个问题的解决是解决科学的哲学上许多基本问题的关键。往后我将给你们一张其他一些问题的单子，但是只有一个问题能在这里详细讨论，那就是**归纳问题**。

---

① 误解这个问题的历史的最新例子是 A. R. 怀特的《简论意义和证实》(*Note on Meaning and Verification*)[《精神》(*Mind*),1954,第 63 卷,第 66 页及以后]。波普尔认为,怀特先生所批评的J. L. 埃文斯的文章(《精神》,1953,第 62 卷,第 1 页及以后)是很出色的,有独到的见地。完全可以理解,这两位作者都未能再现这段历史。(在波普尔的《开放社会》第 11 章注 46、51 和 52 中可以找到一些线索;比较完整的分析见原书第 11 章。)

② 在《科学发现的逻辑》中我讨论并答复了一些可能有的反对理由,后来果然提出了这些理由,但没有提到我的答复。反对的理由之一是这样的论点:一条自然定律的证伪正如它的证实一样地不可能。我的回答是:这个反对理由混淆了两种迥然不同的分析水平(它类似于这样的反对理由:数学证明是不可能的,因为不管怎样反复检验,都不可能完全确定我们未曾犯过一个错误)。在第一个水平上,有一种逻辑不对称性:一个单称陈述——例如关于水星的近日点的陈述——可以从形式上证伪开普勒定律;可是,无论多少个单称陈述都不能从形式上证实这些定律。如果有意忽视这种不对称性,就只能导致混乱。在另一水平上,我们可能对接受任何陈述甚至最简单的观察陈述也感到犹豫不决;我们可以指出,每个陈述都包含**按照理论给出的解释**,因此都是不确定的。这不影响基本不对称性,但它还是重要的:哈维之前的心脏解剖学家大都观察到一些错误的东西——他们所期望看到的东西。绝对不可能有什么完全可靠的、没有误解的危险的观察。(这是归纳理论所以行不通的原因之一。)"经验基础"基本上就是普遍性("可再现效应")程度较低的**一些理论**的混合物。但事实仍然是,对于一个研究者可能冒险地接受的任何基础,他都能仅仅通过试图反驳他的理论而检验它。

我是在1923年对归纳问题感兴趣起来的。虽则这个问题和分界的问题关系非常密切，但是我有五年光景都没有充分领会到这种关系。

我是通过休谟接触到归纳的问题的。我觉得休谟指出归纳在逻辑上不能成立，是完全对的。他声称没有什么正确的逻辑[①]论证容许我们确认“**那些我们不曾经验过的事例类似我们经验过的事例**”。因此，“**即使观察到对象时常或经常连接之后，我们也没有理由对我们不曾经验过的对象作出任何推论**”。因为“如果说我们有经验”[②]——经验教导我们，经常同其他对象连接的对象，将继续这样连接——休谟接着说：“我要重复我的问题，**为什么我们可以从这条经验对那些我们不曾经验过的不属于以往事例的事情作出结论呢？**”换句话说，企图靠诉诸经验为归纳法找根据，必然导致**无穷倒退**。结果是，我们可以说理论决不能从观察陈述推演出来，也不能靠观察陈述为理论寻找理性论证。

我觉得休谟对归纳推论的驳难既清楚又完备。但是我对他用习俗或习惯给归纳作心理学的解释却十分不满。

人们时常注意到休谟的这种解释在哲学上是不大令人满意的。可是它原来无疑是打算作为一种**心理学**理论而不是作为一种哲学理论提出的；因为它企图对一件心理学事实提出一个因果性解释，说这件事实是出于（即经常连带着）习俗或习惯——也就是说在肯定规则性或经常与各种事件相连带的陈述中，**我们信仰规律的事实**。但即使对休谟的理论作了这样的重新表述，仍然不能令人满意；因为我刚才所称的“心理学事实”本身就可以描述为一种习俗或习惯——信仰规律或规则性的习俗或习惯；而听说这样一种习俗或习惯必须说成是应归之于（或联结于）一种习俗或者习惯（即使是一种不同的习俗或习惯），也不足为奇或者有什么启发。只有当我们想起休谟使用“习俗和习惯”这些词，正如在

① 休谟说的不是“逻辑的”而是“证明的”，我认为这样的措辞不无令人误解之处。下面两段话引自《人性论》(*Treatise of Human Nature*)第1册，第3部分，第6、7节。

② 这一段和下面一段话均引自《人性论》第6节。又见休谟的《人类理智研究》(*Enquiry Concerning Human Understanding*)，第2部分第4节和他的《摘要》(*Abstract*)，(J. M. 凯恩斯和P. 斯拉法1938年编)第15页，还可见于《逻辑》新附录 * vii，注6的正文。

普通语言里一样，不仅仅用来**描述**有规则的行为，而且**给这种习俗或习惯的起源**（归之于多次的重复）**提出一个理论**；只有这样，我们才能把他的心理学理论陈述为一种比较满意的形式。这样我们就可以说，同其他的习惯一样，**我们信仰规律的习惯是多次重复的结果**——是反复观察某种事件经常联结另一种事件的结果。

这种发生心理学理论，如上面指出的，是和日常语言结合在一起的，因此远远不如休谟所设想的那样具有革命性。它无疑是一个很普通的心理学原理——不妨说是一种"常识"。但是尽管我既喜欢常识又喜欢休谟，我却深信这种心理学理论是错误的；事实上可以在纯逻辑的基础上加以反驳。

我觉得，休谟的心理学也即流行的心理学至少在下述三个不同问题上是错误的：(a)典型的重复结果；(b)习惯的产生；尤其是(c)可以说成是"对规律的信仰"或"对事件的类规律性序列的期望"的那些经验或行为模式的特点。

(a)典型的重复结果——例如用钢琴重复弹奏一段高难度的乐曲——是开头需要注意而最后不必注意便可进行的动作。我们可以说，这个过程根本地缩短了，因而不再是有意识的了：它变成了"生理的"过程。这种过程根本不会造成有意识地期望事件的类规律性序列或者对规律的信仰，相反，它倒可能始于一种有意识的信仰，又通过使后者成为多余的而破坏之。学习骑自行车，我们可能带着这样的信念开始：如果我们朝着自己有可能向那边跌倒的方向骑，就能避免跌倒，因而这个信念对于指导我们的动作可能是有益的。在经过充分的练习之后，我们可能忘掉了这条规则，任何情况下我们再也不需要它了。另一方面，即使重复委实会造成无意识的期望，也仅仅在出了差错以后这些期望才变成有意识的（我们可能没有听到钟在滴答滴答地走，但能听到它停了）。

(b)一般地说，习惯并不**产生**于重复。甚至走路、说话或按时进餐的习惯也是在重复能起作用之前就已经**开始**了。高兴的话，我们可以说，只是在重复起了其独特作用之后习惯才称得上是"习惯"；但是我们决不能说，这些习惯做法是大量重复所产生的结果。

（c）信仰一条规律，同表现出对一种事件的类规律序列的期待行为不完全一样；不过，两者的联系十分密切，可以一起探讨。在特殊事例中，它们或许纯粹来自感官印象的重复（例如时钟停止的情形），我准备承认这一点。但我坚决主张：一般情况下，并且在大多数有意义的场合，都不能这样解释。如休谟所承认的，甚至一次给人留下深刻印象的观察，可能足以造成一种信仰或期望。休谟试图解释这事实，认为它起因于归纳习惯，是由人生以往经验到的无数长长的重复序列的结果所形成。① 但是我认为，这只是他试图把威胁他的理论的不利事实解释过去而作的努力；这种尝试是失败的，因为这些不利事实可以在非常年幼的动物和婴儿（实际上无论怎样年幼都可以）身上观察到。F. 贝格报道说："把一支点燃的香烟放在幼犬的鼻子旁边，它们马上就嗅，然后跑开；随便什么都无法引诱它们回到气味的所在地再去嗅。几天以后，只要看到一支香烟，甚至一个白纸卷，它们仍会作出反应：跳开，打喷嚏。"②如果我们试图用幼年很早就已有无数长长的重复序列的假设来解释这类情形，那么我们不仅是在信口开河，而且还忘掉了：在聪明幼犬的短短生活中，必定不仅给重复，而且也给大量新东西从而也给大量非重复留有机会。

不但某些经验事实不支持休谟，而且有**纯逻辑性质**的决定性论证可以否定他的心理学理论。

休谟学说的中心思想是**以类似为根据的重复**。这一思想被毫无批判地加以应用。它使我们想到穿石的水滴，想到一连串慢慢强加于我们的十分相似的事件，就像钟的滴答声一样。但是我们应当认识到，按照休谟的这种心理学说，只有对我们是相似的重复，才容许对我们产生效果。我们必须对这些好像是相似的情况作出反应：把它们**当作**是相似

① 《人性论》，第 13 节，第 15 节，规则 4。

② F. 贝格《论发育及其他》（*Zur Entwicklung, etc.*），《狗的研究杂志》（*Zeitschrift f. Hundeforschung*），1933；比较 D. 卡茨的《动物与人》（*Animals and Men*），第 6 章脚注。

的，把它们**解释**为重复。我们可以假定，那些聪明的幼犬以它们的反应或者行动表明，它们把第二次情况认为或者理解为第一次情况的重复：它们料想该情况的主要成分即难闻的气味是存在的。这个情况对它们所以是重复，是因为它们的反应表明它们**预期**这个情况和前一情况相似。

这种显然是心理学的批判，有其纯逻辑的基础；这种基础大致上可以概括为以下的简单陈述（碰巧它就是我原来开始批判的那一种）。休谟想象的那种重复永远不能是完全的重复；他心目中的事例不可能是完全相同的事例，只能是类似的事例。因此**它们只是从某种角度看来才是重复**。（对我起一种重复效应的事情，对一只蜘蛛可以不引起这种效应。）但是，根据逻辑的理由，这意味着一定**先有**一种见解——诸如一个期望、预期、假定或者兴趣的体系，才会产生重复感。因此，这种见解不可能仅仅是重复的结果。（参阅《科学发现的逻辑》附录* x，1。）

为了建立一种关于信念起源的心理学理论，我们必须用我们把事件**理解为**相似的见解，代替那事件**确是**相似的天真见解。但如果是这样的话（我看不出有什么办法可以不这样），休谟关于归纳的心理学理论就导致无穷的倒退，恰恰同休谟自己发现的用来破除归纳逻辑学说的另一个无穷倒退没有两样。我们想要说明的是什么呢？拿幼犬的例子来说，我们想要说明的行为，是那种可描述为把一种情况**认为**或**理解**为另一情况的重复的行为。很清楚，一旦我们意识到早先的重复也一定是对于幼犬的重复，我们便不能指望用早先的重复解释这种行为，因而恰好是同样的问题又出现了：即把一种情况认为或理解为另一种情况的重复。

说得更简明一点，我们认作的相似性是包括解释（可能不恰当）和预期或者期望（可能永远实现不了）在内的反应产物。因此我们无法如休谟建议的那样，把预期或者期望解释为多次重复造成的。即使是我们认作第一次的重复，也必然是从我们认识的相似性来的，也就是从**期望**来的——而我们想要解释的恰恰就是这种**期望**。

这表明休谟的心理学理论包含着无穷的倒退。

我觉得休谟从来没有承认他自己的逻辑分析的全部力量。在否定了归纳的逻辑观念之后，他就碰到下面的问题：如果归纳是一种在逻辑上站不住脚、在理性上讲不通的程序，那么作为一件心理—逻辑事实，我们实际上是怎样获得知识的呢？回答可以有两种：(1)我们是通过一种非归纳的程序获得知识的。这个回答会容许休谟保留一种理性主义形式。(2)我们是通过重复和归纳获得知识的，所以是通过一种在逻辑上站不住脚和在理性上讲不通的程序获得的，因此一切表面的知识都只是一种信念——根据习惯的信念。这个回答意味着，即使科学知识也是非理性的，因而理性主义是荒谬的，必须放弃掉。(这里我不准备讨论这些现在又时兴起来的古老尝试，它们为了摆脱困境而断言，如果我们说的“逻辑”与“演绎逻辑”是一个意思，归纳在逻辑上当然是错误的，但从它自己的标准来衡量并不是非理性的，这有事实为证：每个有理性的人**事实上**都在应用归纳。休谟的伟大功绩在于破除了这种不加批判地把事实问题和论证合理的问题等同起来。)

看来休谟从来没有认真考虑过第一个答案。他用重复论把归纳的逻辑学说排除掉以后，就和常识妥协，通过重复很温和地容许归纳以心理学理论的伪装而卷土重来。我建议把休谟的这种学说翻一个身。我不把我们指望规则性的倾向解释为重复的结果，而建议把我们认为的重复解释为我们指望和寻找规则性倾向的结果。

这一来我们就能从纯逻辑理由出发以下述见解代替归纳的心理学理论。我们不是被动地等待重复把规则性印在或强加在我们头脑里，而是主动地企图把规则性强加给世界。我们企图在世界中发现相似性，并用我们发明的规律来解释世界。我们不等待前提就跳到结论。这个结论如果被观察证明是错的，以后就得放弃。

这就是试探错误的方法——**猜想和反驳**的学说。这使我们可以懂得为什么我们把解释强加于世界的企图在逻辑上先于相似性的观察。由于这种程序有逻辑理由的支持，我觉得这种程序也可以应用到科学领域里来；科学理论并不是观察的汇总，而是我们的发明——大胆提出来准备加以试探的猜想，如果和观察不合就清除掉；而观察很少是随便的观察，通常按一定目的进行，旨在尽可能获得明确的反驳根据以检验理论。

科学是从观察到理论，这仍旧是人们的一个广泛而坚定的信念，因而我对这种信念的否定常常被认为是不可思议的事。我甚至被疑为不诚实——由于否定了任何有理性的人都不会怀疑的事情。

但是事实上，这种信念认为我们能够单独从纯观察出发而不带有一点点理论性的东西，是荒唐的；下面的故事可以说明这一点：一个人把一生献给自然科学，把他所能观察到的东西全都写下来，并把观察所得的无比宝贵的收获捐献给皇家学会作为归纳证据之用。这个故事应当向我们表明，虽然可以把甲壳虫很有成效地收集起来，但观察是收集不起来的。

二十五年以前，我曾经试图让一群在维也纳学物理的学生深切地认识到这一点，为此我在上课时首先指示他们："拿出铅笔和纸来；仔细观察，写下你们观察到的东西！"当然，他们都问，我要他们观察**什么**。显然，"观察！"这个指示是荒唐的。[①]（它甚至不合语言习惯，除非这个及物动词的宾语可以认为是不言而喻的。）观察总是有选择的。它需要选定的对象、确定的任务、兴趣、观点和问题。它的描述必须有一种拥有专门语词的描述语言；它还需要以相似和分类为前提，分类又以兴趣、观点和问题为前提。卡茨[②]写道："一个饥饿的动物，把环境分成可以吃的东西和不可以吃的东西。一个动物在逃跑时，便寻找出路和藏匿的地方。……一般说来，对象因动物的需要而变……"我们可以补充说，**只有**同需要和兴趣相关联，对象才可加以分类，才会变成相似的或不相似的。这条规则不仅适用于动物，也适用于科学家。对于动物来说，它的着眼点是由它的需要、当时的任务和它的期望所规定的；对于科学家来说，规定他的着眼点的，则是他的理论兴趣、特定的研究问题、他的猜想和预期以及他作为一种背景即参照系、"期望水平"来接受的那些理论。

---

① 参见《逻辑》第30节。

② 卡茨：《动物与人》，第6章脚注。

“哪个在先，是假设（H）还是观察（O）”这个问题是可以解决的；“就像鸡（H）和鸡蛋（O）哪个先有”这个问题一样。对后一个问题的回答是，“一种较早的鸡蛋”；对前一个问题的回答是“一种较早的假设”。诚然，我们选择的任何特殊假设在它前面都将有过一些观察——诸如它打算解释的一些观察。但是这些观察反转来又预先假定已经采纳了一种参考框架、一种期望的框架、一种理论的框架。如果这些观察是值得注意的，如果这些观察需要加以解释，因而导致人们发明一种假设，那是因为这些观察不能在旧的理论框架、旧的期望水平上加以说明。这里并没有无穷倒退的危险。如果追溯到越来越原始的理论和神话，我们最后将找到无意识的、**天生的**期望。

我觉得先天**观念**的理论是荒唐的；但是任何生物都有天生的**反应**；而且在这些反应里面，有些反应适应于即将到来的事件。我们可以把这类反应描述为“期望”，但并不意味着这些“期望”是有意识的。新生的婴儿就是在这个意义上期望喂奶（而且人们甚至还可论证说，期望得到保护和爱）。鉴于期望和知识之间的这种密切关系，我们甚至可以在相当合理的意义上谈论“天生的知识”。但是这种“知识”并不是**先天地正确的**；一个天生的期望，不管它多么强烈和多么特殊，仍可以是错的。（初生的婴儿可能被抛弃并饿死。）

所以我们生来就有期望，生来就有“知识”，这些知识虽则不是**先天地正确的，在心理学上或遗传学上却是先天的**，即是说，先于一切的观察经验。这些期望里面最重要的一个，就是期望找到规则性。它和指望规则性的天生倾向，或者和**寻找**规则性的**需要**连在一起，这一点我们可以从婴儿满足了这种需要的快乐上看出来。

康德相信“因果律”是我们精神素质的一部分而且是**先天**正确的；而这种在心理学上是**先天的**、寻找规则性的“本能”期望，和康德的“因果律”非常接近。所以人们说不定会说康德没有对心理学上的**先天**思维或反应方式与**先天**正确的信念加以区别。但是我不认为他的错误会粗疏到这种地步。因为期望找到规则性不但在心理学上是**先天的**，而且在逻辑上也是**先天的**：它在逻辑上先于一切观察经验，因为如我们看到的，它先于任何对相似性的认识；而一切观察都包括对相似性（或不相似性）的认识。但是尽管在这个意义上是逻辑地先天的，这种期望并不是**先天**正确的。因为它可能失败：我们可以很容易制造一种环境（它会是一种致命的环境），这种环境与我们的普通环境比较起来，可以混乱得使我们完全找不到规则性。（一切自然规律可以照样有效：这种环境曾被应用在下一节提到的动物实验中。）

因此康德对休谟的回答几乎可以说是正确的；原因是一个**先天**正确的期望和一个既在起源上又在逻辑上先于观察但不是**先天**正确的期望，这两者的区别确是相当微妙。但是康德证明得太多了，在企图证明知识怎样成为可能时，他提出了一种学说使我们不可避免地得出一种结论，即我们对知识的探索必然成功，这显然是错误的。当康德说“我们的理性并不是从自然引出规律，而是把它的规律强加于自然”时，他是对的。但是认为这些规律必然是正确的，或者我们必然会成功地把这些规律加诸自然，他就错了。① 自然常常成功地拒绝我们，迫使我们放弃那些遭到反驳的规律；可是如果我们活着，我们还可以再尝试。

为了把对休谟的归纳心理学进行的这个逻辑批判总结一下，我们可以考虑建造一台归纳机的设想。当这样一台机器放在一个简化的“世界”（例如颜色计数器的某种程序）之中时，它能通过重复而“学会”甚至“提出”在它的“世界”中有效的相继定律。如果能够建造这样一台机器（我不怀疑这种可能性），那么可以证明我的理论必定是错误的；如果一台机器能够根据重复进行归纳，就没有逻辑理由阻止我们自己这样做。

---

① 康德相信，牛顿的动力学是先验地正确的［见他在《纯粹理性批判》的第 1 和第 2 版之间出版的《自然科学的形而上学基础》（*Metaphysical Foundations of Natural Science*）］。但是，正如康德所认为的，如果我们诉诸下述事实来解释牛顿理论的正确性：我们的理智把它的规律强加给自然，那么我认为，由此可得出结论：我们的理智在这件事上**必定成功**；这使人难于理解为什么获得牛顿那样的先验知识会如此困难。对这个批判的更完备的说明，见《自然科学的形而上学基础》第 2 章（尤其是第 ix 节）和第 7、8 章。

这个论证似乎令人信服，却是错误的。在建造一台归纳机时，我们这些机器建造师必须先验地决定：它的“世界”是什么；哪些事物被认为是相似的或相同的；我们希望这台机器能在它的“世界”中“发现”**哪种**“规律”。换言之，我们必须在这台机器里面置入一个参照系，它决定其世界中有关的或感兴趣的东西：这台机器将有其“天生的”选择原则。相似性的问题将由它的制造者为它解决，因此他们要给这台机器解释这个“世界”。

我们动辄寻找规则性，把规律强加于自然。这种倾向导致**教条思维**的心理现象，或者更一般地导致教条的行为：我们期望规则性无所不在，试图甚至在子虚乌有的地方也找到它们；不服从这些企图的事件，我们很容易视为一种“背景噪声”；我们墨守自己的期望，甚至在这些期望并不恰当、我们应当承认失败的时候也是这样。这种教条主义在一定程度上是必要的。它是只有把我们的猜想强加于世界才能应付的一种情境所要求的。此外，这种教条主义容许我们近似地分阶段地向一种良好的理论接近：如果我们过分爽快地承认失败，就可能使自己发觉不了我们非常接近于正确。

显然，这种**教条的态度**使我们墨守自己的最初印象，表示一种坚定的信念；相反，**批判的态度**，随时准备修改其信条，允许怀疑并要求检验，则表示一种不太坚定的信念。按照休谟的理论以及流行的理论，信念的强度应是重复的结果；因此，信念应当总是与经验俱增，越开化的人信念总是越强。但是，教条的思维、毫无节制地要求给予规则性以及沉溺于习惯和重复等如此这般的东西，都是原始人和儿童的特征；经验和成熟程度的增长有时养成一种审慎的、批判的态度，而不是教条的态度。

这里，我或许可以指出与精神分析学相一致的一点。精神分析家断言，精神病患者和其他人都是按照一种个人定向模式解释世界，这种定向模式不会轻易被抛弃，常常可以追溯到幼年时期。人生很早就采取的一种模式或图式往往保持终生，每个新的经验都用它来解释；可以说，每个新经验都证实它，增加它的坚固性。这正是对我所称的不同于批判态度的教条态度的描述。但是批判态度同教条态度一样迅速地采取一种期望图式——一个神话或一种猜想或假说，不过它随时准备修改、纠正乃至抛弃这种图式。我倾向于认为，大多数精神病可能是由于这种批判态度的发展受到一定程度抑制；是由于受抑制的而不是自然状态的教条主义；是由于对某些按图式进行的解释和反应加以修改和调整的要求受到阻遏。在有些场合，这种阻遏本身或许也可以解释为因伤害或刺激所致。伤害或刺激造成了恐惧，而且增加了对信念或确定性的需要，如同肢体受到伤害后我们怕去动它，结果它变得僵直了一样。（甚至可以证明，肢体的情形不仅类似于教条的反应，而且还是这种反应的一个例子。）对任何具体情况的解释都必须考虑进行种种必要调整所涉及困难的分量。这些困难可能相当大，尤其在一个复杂而又变化不定的世界之中：我们从动物实验知道，可以随意产生不同程度的精神病行为，只要相应地改变这些困难。

我发现认识心理学和常常被认为与之相距很远的那些心理学领域——例如美术心理学和音乐心理学之间还有许多其他联系；事实上我关于归纳的许多思想都发端于有关西方复调音乐进化的猜测。不过，这里就不去讲它了。

我对休谟的心理学理论所作的逻辑批判以及与它有关的种种考虑（大部分我已在1926年至1927年间在题为《论习惯和对规律的信仰》的一篇论文中详加阐发[①]）可能显得稍稍偏离了科学哲学的领域。但是，教条思维和批判思维或者说教条态度和批判态度的区分又把我们带回到我们的中心问题。因为，教条态度显然关系到这样的倾向：通过试图应用和确证我们的规律和图式来**证实**它们，甚至达到漠视反驳的程度，而批判态度则是准备改变它们——检验它们，反驳它们，**证伪**它们

① 一篇题为《论习惯和对规律的信仰》（*Gewohnheit und Gesetzerlebnis*）的论文，于1927年呈交维也纳城教育学院（未发表）。

（如果可能的话）。这意味着，我们可以把批判态度看作是科学态度，把教条态度视为我们所说的伪科学态度。

这进一步使人想到，从发生上说，伪科学态度比科学态度更为原始、更为在先，就是说，它是一种前科学态度。这种原始性或在先性从逻辑上说也是如此。因为，批判态度与其说同教条态度相对立，不如说叠加于后者之上：批判的目标一定在于必须对现有的有影响的信念进行批判性修正，换句话说，一定是针对教条的信念。可以说，批判态度必须以多少是作为教条而保持的理论或信念为原材料。

因此，科学必然开始于神话和对神话的批判；既不是开始于观察的集合，也不是开始于发明实验，而是开始于对神话、对巫术技巧和实践的批判讨论。科学传统与前科学传统的差别在于它有两个层次。像后者一样，它也把它的理论传下去；但同时还把对这些理论的批判态度传下去。这些理论不是作为教条传下去，而是敦促对它们进行讨论和改善。这个传统是希腊的，可以追溯到泰勒斯，他创立了第一个主要不是关心保存教条的**学派**（我不是说“第一个**哲学**学派”，而只是说“第一个学派”）。①

批判态度，也即自由讨论理论以发现其弱点并加以改善的传统，是合理的和理性的态度。然而，它广泛利用口头的论证和观察——利用观察支持论证。希腊人发现批判方法，起先引起一种错误的希望：它会导致解决所有重大的古老问题；它会建立确实性；它会有助于**证实**我们的理论，**证明**它们是**合理的**。这个希望是教条思维方式的残余，其实无法证明或证实任何东西（除数学和逻辑外）。科学要求理性证明，就表明未能坚持区分合理性的广阔领域同理性确定性的狭窄领域：这是一种站不住脚的不合理要求。

然而，逻辑论证和演绎逻辑推理的作用对于批判方法仍然非常重要；这不是因为它使我们得以证明我们的理论，或者从观察陈述推出理

① 进一步的评论见《猜想与反驳》第 4 和第 5 章。

论，而是因为只有通过纯演绎推理我们才能发现理论的含义，从而有效地批判它们。我说过，批判就是力图找出理论的弱点，而这些弱点照例只能在可从这一理论推出的比较间接的逻辑推论中找出来。纯粹逻辑推理在科学中的重要作用正在于此。

休谟正确地强调，我们的理论不可能从我们能够知其为真的东西中有效地推出来——不可能从观察也不可能从任何别的东西推出来。他由此得出结论：我们对理论的信念是非理性的。如果“信念”在这里意味着我们不能怀疑我们的自然规律以及自然规律的持久性，那么休谟又是正确的：可以说，这种教条的信念具有心理学基础而不是理性基础。然而，如果“信念”一词用来指我们对科学理论的批判接受——**尝试性**地接受，同时渴望，如果我们成功地设计出该理论经受不住的一种检验，就修正这一理论——那么，休谟是错误的。这样来接受理论，就毫无非理性之处。甚至为了实际目的而信赖经受了严格检验的理论，也没有什么非理性之处，我们没有什么别的理性程序可以采取。

假定我们自觉规定我们的任务是：生活在这个未知世界之中，使我们自己尽可能适应它；利用我们可能从中找到的机会；**如有**可能（不必假定真是这样），则尽可能借助于规律和解释性理论来解释世界。**如果我们以此为我们的任务，那么，就没有比试探和除错——猜想和反驳的方法更加理性的程序**。这种方法就是大胆地提出理论，竭尽我们所能表明它们的错误；如果我们的批判努力失败了，那就试探地加以接受。

从这里提出的观点看来，一切定律和理论本质上都是试探性、猜测性或假说性的，即使我们感到再也不能怀疑它们时，也仍如此。在一个理论被驳倒之前，我们怎么也无法知道必须以哪种方式修正它。太阳总是在二十四小时内东升西沉，这仍然是尽人皆知的一条“不容置疑的由归纳确立的”定律。奇怪的是，这个例子至今还在使用，尽管它在亚里士多德和马萨里亚的毕提亚斯时代已大行其道。毕提亚斯是个大旅行家，长期以来人们一直叫他说谎者，因为他讲极北地区是冰冻的海洋，**半夜里出太阳**。

当然，试错法并不简单等同于科学的、批判的方法——猜想和反驳的方法。不仅爱因斯坦用试错法，变形虫阿米巴也用试错法，然而它是以比较教条的方式用。二者的差别与其说在于试探，不如说在于对错误采取批判的建设性的态度；科学家有意识地、审慎地试图发现错误，以搜寻论据驳倒其理论，包括诉诸他以自己的理论和才智设计的最严格的实验检验。

批判态度可以说成是有意试图让我们的理论、猜想代替我们自己去经受适者生存的竞争。它给我们机会在不恰当的假说被排除以后仍然得以幸存——当一种更教条的态度会通过排除我们而排除这假说的时候。(有一个动人的故事说，一个印第安人村社信仰生命神圣，包括老虎的生命在内，结果这个村社消亡了。) 这样，通过排除不怎么合适的理论，我们便获得了可能范围内的最佳理论。(我说"合适"，不仅指"有用"，还指真实；见后面第 3 章、第 10 章[①]。) 我并不认为，这种程序是非理性的，也不认为需要作进一步的理性论证。

（本文选自波普尔《猜想与反驳》第一章，傅季重等译，上海译文出版社 1986 年版，第 47—74 页。沿用原有标题）

① 参见波普尔《猜想与反驳》，第 3 章、第 10 章。

第十七讲　科学与伪科学

[英] 拉卡托斯

拉卡托斯（Imre Lakatos，1922—1974），匈牙利裔英国科学哲学家，科学哲学的历史学派的代表人物之一，著作有《科学研究纲领方法论》《数学、科学与认识论》等。

科学与伪科学[①]

[英] 拉卡托斯

【编者按：在科学与伪科学的划界问题上，拉卡托斯反驳了波普尔的标准。更有意义的是，他指出，科学与伪科学的划界问题不只是一个理论问题，而是一个重要的伦理问题和政治问题。】

尊重知识是人最突出的特征之一。拉丁文称知识为 scientia，从而 science（科学）一词便成为最受敬重的那一部分知识的名称。但是，知识与迷信、空想或伪科学的区别是什么呢？天主教教会借口说哥白尼理论是伪科学而开除了日心论者的教籍，［苏联］共产党借口说孟德尔学说是伪科学而迫害了孟德尔论者。可见科学与伪科学的分界不全然是一个书斋里的哲学问题：它是一个与社会和政治息息相关的问题。

许多哲学家试图按照下面的说法来解决分界问题：如果足够多的人足够强烈地相信一个陈述，那么，这个陈述就构成了知识。但是，思想史告诉我们，许多人完全虔信荒唐的信仰。如果信仰的强度是知识的标志，我们就不得不把关于神灵、天使、魔鬼和天堂、地狱的某些故事看

① 本文写于 1973 年初，原先是一篇广播讲演。于 1973 年 6 月 30 日由开放大学播放。——原编者注

作知识。另一方面，科学家们甚至对自己最好的理论也是非常怀疑的。牛顿理论是科学所曾产生的最有力的理论，但牛顿本人从不相信超距的物体会相互吸引。因此，不管怎样虔信，都不能使信仰成为知识。实际上，科学行为的标志是甚至对自己最珍爱的理论也持某种怀疑态度。盲目虔信一个理论不是理智的美德，而是理智的罪过。

因此，即使一个陈述似乎非常“有理”，每个人都相信它，它也可能是伪科学的；而一个陈述即使是不可信的，没有人相信它，它在科学上也可能是有价值的。一个理论即使没有人理解它，更不用说相信它了，它也可能具有至高的科学价值。

一个理论的认识价值与它对人们的心智的心理影响毫无关系。信仰、虔信、理解是人类心智的状态，但理论的客观的、科学的价值与创造理论或理解理论的人类心智无关。它的科学价值只取决于这些猜测事实上所得到的客观支持。正如休谟所说的那样：

> 如果我们拿起任何一本书，例如，关于神学或学院形而上学的著作。让我们问一下，它包含任何涉及量或数的抽象推理吗？没有。它包含任何涉及事实和存在的经验的推理吗？没有。那就将它付之一炬，因为它含有的不过是诡辩和幻想。

但什么是“经验的”推理？如果我们看一下 17 世纪关于巫术的浩瀚文献，它充斥着关于认真观察和宣誓证词甚至实验的报告。早期皇家协会的驻会哲学家格兰维尔把巫术看成经验推理的范例。在我们按休谟的说法去焚书之前，我们必须首先明确什么是经验推理。

在科学推理中，理论要面对事实；科学推理的主要条件之一就是理论必须得到事实的支持。那么，事实能够在多大程度上支持理论呢？

人们已经提出了几种不同的答案。牛顿本人认为事实证明了他的定律，他以不作纯假说而感到自豪：他只发表由事实得到证明的理论。尤其是，他声称他由开普勒所提供的“现象”推出了自己的定律。但他这一吹嘘却大谬不然，因为，开普勒认为，行星沿椭圆轨道运行；而按照牛顿的理论，只有当行星在运行中互不干扰时，它们才沿椭圆轨道运行。但是，行星实际上是相互干扰的。这就是牛顿不得不发明摄动理论的原因，由此理论推知，任何行星都不按椭圆轨道运行。

今天，人们可以很容易地证明，从任何有限数量的事实中不可能合法地推出一条自然定律；但我们仍然不断地获悉由事实证明的科学理论。为什么对基本逻辑的抵抗会这样顽强呢？

对此有这样一个非常可信的说明。科学家想使自己的理论受到尊敬，配得上“科学”即真正的知识这个称号。在科学诞生的 17 世纪中，大多数重要的知识都与上帝、魔鬼、天堂和地狱有关。如果一个人对关于神学的事情作了错误的猜测，那么他就要为此遭到永久的谴责。神学知识是不容出错的：它必须是不容怀疑的。而启蒙运动认为我们是可以出错的；而且对神学的东西，我们是无知的。科学的神学是没有的，因而神学的知识也是不存在的。知识只能是关于自然的。但这种新型的知识却不得不根据他们直接由神学继承过来的标准加以判定：它必须被证明是确凿无疑的。科学必须达到神学未达到的那种确实性。一个名副其实的科学家是不容许猜测的：他必须由事实来证明他所说的每句话。这就是科学诚实性的标准。未经事实证明的理论在科学界被认为是罪孽深重的伪科学和异端。

只是由于本世纪中牛顿理论的垮台，才使科学家们认识到他们的诚实性标准原来是乌托邦。在爱因斯坦之前，大多数科学家认为牛顿通过事实的证明已经揭示出了上帝的最终定律。在 19 世纪初，安培感到他必须把自己有关对电磁学的推测的一本书叫作《明确地由实验推出的关于电动现象的数学理论》。但在该书的末尾，他漫不经心地承认有一些实验从未进行过，甚至连必要的仪器也未曾建造过！

如果所有科学理论都是同样不可证明的，那么科学知识与无知、科学与伪科学的区别是什么呢？

20 世纪的“归纳逻辑学家”对这个问题提出了一个答案。归纳逻辑根据可资利用的全部证据来着手确定不同理论的概率。如果一个理论的数学概率很高，它就够得上科学的资格；如果它的概率很低，甚至概率是零，它就不是科学的。因而，科学诚实性的标志就在于永远只讲至少有很高或然性的事情。概率主义具有一个吸引人的特点：它不是在科学与伪科学之间提出一种截然分明的区别，而是提出一个从概率低的差理论到概率高的好理论的连续的尺度。但是，当代最有影响的哲学家之一卡尔·波普尔于 1934 年论证道，在**任何**特定数量的证据下，所有理论，无论是科学的理论还是伪科学的理论，其数学概率都等于零。如果波普尔是正确的，那么，科学理论不仅是同样不可证明的，而且是同样不可及的。这就需要一个新的分界标准，波普尔提出了一个相当惊人的分界标准。一个理论即使没有丝毫有利于它的证据，也可能是科学的；而即使所有的现有证据都支持一个理论，它也可能是伪科学的。也就是说，确定一个理论的科学性质或非科学性质可不依靠事实。假如人们事先就能规定出一项能够证伪理论的判决性实验（或观察），那么该理论便是“科学的”；假如人们拒绝规定这样的一种“潜在证伪者”，该理论便是伪科学的。但如果这样的话，我们就不是区分科学的理论和伪科学的理论，而是区分科学的方法和非科学的方法了。波普尔论者认为，如果马克思主义者准备规定一些事实，这些事实一旦被发现，就会使他们放弃马克思主义，那么，马克思主义就是科学的。如果他们拒绝这样做，马克思主义就成了伪科学。有什么可能事件将使马克思主义者放弃自己的马克思主义，向马克思主义者提出这样的问题总是有趣的。如果他虔信马克思主义，那么他必然会感到规定一种可以证伪马克思主义的情况是不道德的。因而，根据我们是否准备规定可以反驳一个命题的可观察条件，该命题或许僵化为伪科学的教条，或许变成真正的知识。

那么，波普尔的可证伪性标准解决科学与伪科学的分界问题了吗？没有。因为波普尔的标准忽视了科学理论明显的坚韧性。科学家的脸皮很厚，他们不会只因为事实与理论相矛盾就放弃理论。他们通常发明某种挽救假说以说明他们届时称为只是一种反常的东西，如果不能说明这一反常，他们便不理会它，而将注意力转向其他的问题。注意，科学家谈论的是反常、顽例，而不是反驳。当然，科学史充满了理论如何被所谓的判决性实验所扼杀的说法。但这些说法是理论被放弃之后很久才杜撰出来的。假如波普尔问牛顿派科学家，在什么实验条件下他将放弃牛顿理论，某些牛顿派科学家就会像一些马克思主义者一样不知所措。

那么，什么是科学的标志呢？难道我们不得不投降并赞同科学革命只是一种信念的非理性变化，是一种宗教的皈依吗？杰出的美国科学哲学家托马斯·库恩在发现了波普尔证伪主义的朴素性之后得出了这个结论。但是，假如库恩是正确的，那么科学与伪科学之间就没有明确的分界，科学进步与知识退化就没有区别，就没有客观的诚实性标准。那么，他能够提出什么标准以区分科学进步与知识退化呢？

最近几年，我一直在倡导科学研究纲领方法论，它解决了某些波普尔和库恩所未能解决的问题。

首先，我主张典型地描述重大科学成就的单位不是孤立的假说，而是一个研究纲领。科学绝不是试错法、一系列的猜测与反驳。“所有天鹅都是白的”可以由于发现一只黑天鹅而被证伪。但这种不足道的试错法算不上是科学。例如，牛顿科学绝不是四个猜测——力学三定律和万有引力定律——的组合。这四个定律只构成了牛顿纲领的“硬核”，而一个巨大的辅助假说“保护带”顽强地保护这一硬核使之不致遭到反驳。更重要的是，牛顿研究纲领还有一个“启发法”，即一种有力的解题手段，借助于复杂的数学技术以消化反常，甚至把反常变成肯定的证据。例如，如果一颗行星的运行出现了反常，牛顿派科学家就会检查他关于大气折射的猜测、关于光线在磁暴中传播的猜测以及成百上千的其他猜测，这些猜测都是牛顿纲领的组成部分。他甚至可以发明一颗迄今不为人知的行星并计算出它的位置、质量和速度以说明行星运行的反常。

牛顿的万有引力理论、爱因斯坦的相对论、量子力学、马克思主义、弗洛伊德主义都是研究纲领，它们各有一个受到顽强保护的独特的硬核，各有自己较为灵活的保护带，并且各有自己精心考虑的解题手段。这些研究纲领在自己发展的任何阶段上，都有未解决的问题和未消化的反常。从这一意义上说，所有理论之遭受反驳是与生而来、随死而去的。但所有这些研究纲领都是同样好的吗？直到现在我还是在描述研究纲领是怎样的东西，但怎样才能区分科学的或进步的纲领与伪科学的或退化的纲领呢？

与波普尔的观点相反，它们之间的区别不在于有的纲领尚未遭到反驳，而其他的纲领已经遭到反驳。当牛顿发表他的《原理》时，他甚至不能适当地说明月球的运动，这是众所周知的；事实上，月球的运动反驳了牛顿。就在爱因斯坦相对论发表那一年，杰出的物理学家考夫曼就反驳了相对论。但我所钦佩的所有的研究纲领都有一个共同的特点，它们都预测了新颖的事实，这些事实要么是先前的或竞争的纲领所梦想不到的，要么是实际上与先前的或竞争的纲领相矛盾的。例如，当1686年牛顿发表他的万有引力理论时，关于彗星有两种流行的理论。其中较为流行的一种理论认为彗星是上帝愤怒的信号，预示他要打击人类并使人类遭难。另一个鲜为人们所知的开普勒理论认为，彗星是沿直线运行的天体。现在，牛顿理论认为，有一些彗星沿双曲线或抛物线运行，永远不再返回；另外一些彗星沿普通的椭圆轨道运行。按牛顿纲领从事研究的哈雷，观察了一颗彗星的一段轨道，据此计算出它将在七十二年的时间内返回，计算出它再次出现在天空某个明确规定的点上的时刻，精确至分钟，这是难以置信的。但七十二年之后，牛顿和哈雷都去世很久了，哈雷彗星正像哈雷所预测的那样再次出现了。同样地，牛顿派科学家还预测了过去从未被观察到的小行星的存在及其精确的运行轨道。让我们再以爱因斯坦的纲领为例。爱因斯坦作出了惊人的预测，如果在晚上测量两颗恒星之间的距离，并且再在白天测量这两颗恒星之间的距离（在日食的时候可观察到它们），两次测量的结果将是不同的。在爱因斯坦的纲领之前，没有人想到过作这种观察。因此，在一个进步的研究纲领中，理论导致发现迄今不为人们所知的新颖事实。相反，在退化的研究纲领中，理论只是为了适应已知的事实才构造出来的……

总之，经验进步的标志不是微不足道的证实：波普尔正确地指出，这种证实当以百万计。掷石坠地，这无论重复多少次，也不是牛顿理论的成功。但波普尔所鼓吹的所谓的“反驳”也不是经验失败的标志，因为所有的纲领永远都是在大量的反常中成长的。真正重要的是戏剧性的、出乎意料的、惊人的预测：这种预测只要有几个就足以改变局面；一旦理论落后于事实，我们所论述的纲领就可悲地退化了。

那么，科学革命是怎样到来的呢？假设我们有两个竞争的研究纲领，一个是进步的，而另一个是退化的，科学家们倾向于参加进步的纲领，这就是科学革命的基本原理。但是，尽管公开竞赛记录是知识诚实性的问题，坚持一个退化的纲领并试图把它转化为进步的却不是不诚实的。

与波普尔相反，科学研究纲领方法论并不提供即时的合理性。必须宽厚地对待年轻的纲领：研究纲领可能需要几十年的时间才开始发展并成为经验上进步的纲领。批评并不是像波普尔所说的那样通过反驳很快地扼杀一个纲领。重要的批评总是建设性的：没有一个更好的理论，就构不成反驳。库恩认为科学革命是突发的、非理性的视觉变化，这是错误的。科学史驳斥了波普尔，也驳斥了库恩：仔细地观察一下就会发现，无论是波普尔的判决性实验还是库恩的科学革命其实都是神话：通常发生的情况是进步的研究纲领取代退化的研究纲领。

科学与伪科学的分界问题对批判的制度化也具有重大的意义。哥白尼理论在1616年被天主教教会所禁止，因为据说它是伪科学。1820年天主教教会从禁书录中解放了哥白尼理论，因为这时教会认为事实已证明了哥白尼理论，因而它成了科学的。1949年苏联共产党中央委员会宣布孟德尔遗传学是伪科学，并在集中营中处死了孟德尔遗传学的拥护者，如瓦维洛夫院士；处死瓦维洛夫之后，孟德尔遗传学被恢复了名誉。但苏共仍然持有决定什么是科学，可以发表，什么是伪科学，应该惩处的权力。西方的新自由派势力集团同样对它所认为的伪科学行使否定言论自由的权力，就像我们在关于种族和智力的辩论中所看到的那样。所有这些判定都不可避免地取决于某种分界标准。这就是为什么科学与伪科学的分界问题不是一个书斋哲学家的伪问题的原因：它有着重大的伦理意义和政治意义。

（本文选自拉卡托斯《科学研究纲领方法论》导言，兰征译，上海译文出版社 1986 年版，第 1—9 页。沿用原有标题）

第十八讲　数学传统与实验传统

[美] 库恩

库恩（Thomas Kuhn，1922—1996），美国科学史家、科学哲学家，以其名著《科学革命的结构》结束了逻辑实证主义在科学哲学中一统天下的局面，开辟了科学哲学中的后实证主义时代。著作还有《哥白尼革命》《必要的张力》《结构之后的路》等。

数学传统与实验传统①

[美] 库恩

【编者按：近代科学被认为是数学加实验，但库恩以一个科学史家的身份告诉大家，数学传统与实验传统并不是同时出现的。】

每个研究科学发展史的人都会一再碰到一个问题，它的一种提法是："科学是一个整体还是许多分支？"通常，这个问题是由于叙事结构的一些具体问题引起的。当一个科学史家被要求去概述自己一系列讲课或内容广泛的著作中的研究对象时，问题变得特别尖锐。他应该逐一列举各学科吗？例如从数学开始，依次说出天文学、物理学、化学、解剖学、生理学、植物学等等吗？或者他应该抛弃这样一个概念，即否认他的目的是在混合论述各个学科，而是把它**简单地**（tout court）视为对

① 原载 *The Journal of Interdisciplinary History*, 7(1976): 1－31。麻省理工学院和该期刊编者同意重印。

本文是1972年我在华盛顿所作的纪念乔治·萨顿的演讲的修订和扩充稿，这是在美国科学促进协会和科学史学会联席会上作的演讲。在这以前一个月，我在康奈尔大学宣读过这个讲演的初稿。在这以后三年中，我从同行们的评论中获益甚多，难以逐一提到。在以后的脚注中会提到一些对我特别有帮助之处。在这里我只对两位兴趣与我部分一致的历史学家，即T.拉勃与Q.斯金纳表示感谢，正是他们在我修改讲稿过程中，给予我很大的鼓励，并帮助我澄清有关问题。由此修改而成的讲稿以法文译文发表于 *Annales* 30(1975): 975－998，在英文本中作了许多改动，多半是较小的改动。

整个自然的认识？在这种情况下，只要有可能，他就一定要把一切科学对象合在一起考虑，以考察人们在每个时期中对自然有了什么认识，并追溯在方法、哲学气氛或整个社会方面的变化如何影响我们的科学知识总体。

这两种考察进路经过较细致的描述，都可以被视为有悠久传统而一般又互不沟通的编史学模式。① 第一种模式把科学看成各门具体学科至多是松散相连的组合，其特点之一就是：属于这一模式的科学家坚持要对所研究的某一专门学科的过去面貌进行细密的考察，包括其实验的和理论的专业内容。这是一个很大的优点，因为科学是专业性的，而忽略其专业内容的科学史却往往着重论述完全不同的另一种问题，有时甚至为了达到目的而加以编造。另一方面，着意于记述某一专业的历史的史学家则往往把自己的课题局限于有关领域的新近教科书所描述的内容。例如，如果他们的对象是电学，那么他们关于电效应的定义就酷似于现代物理学所提供的定义。历史学家可能把这种定义先拿在手，然后翻查古代、中世纪和近代的著作，力图从中找到与此定义相适应的资料，有时就编成了关于人们对自然的认识逐渐积累的令人印象深刻的记录。然而这种记录所根据的，又不过是那些通常被认为是哲学、文学、历史、经典或神话作品的零散的书和文稿。这种叙事特别掩盖了一个事实，即许多被他们归入“电”类的项目，如闪电、琥珀摩擦生电和电鳗等，其实在他们所记述的那个时期通常并不被认为是相互联系的。人们可能细读这种叙事后仍然不能从中了解到，现在被称为“电”的现象在 17 世纪

① 关于这两种考察进路的较广泛的讨论，参阅库恩的“科学的历史”一文。它们之间的区别既深化又模糊了那种现已较为人所共知的对科学史的内部论和外部论的考察进路之间的区别。实际上，现在被认为内部论者的一切作者都是着重研究某一门科学或某一组密切联系的科学思想的演变；而外部论者却几乎无例外地落入那曾把科学看成整体的一群人当中。不过“内部论者”和“外部论者”这样的标签后来不再十分合适。那些首先集中注意于个别科学的人，如亚历山大·柯瓦雷，也曾毫不犹疑地承认科学之外的思想在科学发展中发生重要作用。他们主要反对的，是重视社会经济因素和体制因素，正如 B. 赫森、G. N. 克拉克和 R. K. 默顿这样一些著作家所做的那样。然而这些非精神因素并非任何时候都被那些把科学看成一个整体的人所十分重视。因此“内部论与外部论之争”实际上讨论的问题，往往不是这些术语所指的那些问题，由此造成的混乱有时是有破坏性的。——译者注

以前还未能构成一个专门学科，读了这种叙事后人们也未能从中看到哪怕是一些零散的暗示，以说明究竟是什么因素促使电学成为独立存在的学科。历史学家必须探究他们所关注的那个历史时期中确实存在过的事物，可是关于各门科学发展的传统叙述却往往是非常违反历史的。

类似这样的批评却不适用于另一种主要的编史学传统，即把科学视为一个整体的传统。即使把注意力局限于某个选定的世纪或民族，可是按照这样理解的整个科学的研究对象仍然太广泛，太依赖于专业细节，而且总的来看也太分散，从而不能通过历史分析去加以阐明。尽管对一些经典著作如牛顿的《原理》（*Principia*）和达尔文的《起源》（*Origin*）顶礼膜拜，可是把科学视为整体的历史学家很少注意科学的演化着的内容，相反地却集中注意于科学在其中发展的那些变化着的精神、思想和体制因素。因此，现代教科书中的专业内容对他们的研究主题是不重要的，他们写出的著作，特别是近几十年的，很富于历史性，有时还是很有启发性的。科学的体制、价值、方法和世界观的发展本身，显然是历史研究的很有价值的对象。然而经验表明，它决不是与科学家通常所设想的那种科学发展的研究很密切地共同发展。一方面是元科学的环境，另一方面是特定科学理论和实验的发展，这两者的关系被证明是间接的、朦胧的而且有争论的。

把科学视为整体的那种传统，原则上无助于理解这种关系，因为这种传统的**预设**阻碍它进入这种理解赖以深化的那些现象。促使一个特定科学领域在一个时期得到发展的那些社会义务和哲学承诺，在另一时期中却可能阻碍它的发展，如果所论述的是一个确定的时期，那么推动一门科学前进的条件看来往往不利于其他科学的发展。① 在这种情况下，希望阐明实际科学发展的历史学家就要在两种可供选择的传统之间，采取一种很为难的中间立场。他们不能设想科学只是一个整体，因为它显

① 关于这一点，除了下述材料以外，还可参阅 Kuhn，“Scientific Growth：Reflections on Ben-David's ‘Scientific Role’”，*Minerva* 10(1972)：166－178。——译者注

然不是如此。然而他们也不能认为那种在现行科学课本或在现行大学科系组织中的学科划分是当然正确的。

教科书和科学体制组织是历史学家所要探讨的自然分科的有用指标，但是它们必须属于他所研究的那个时期。它们连同其他材料，至少可以提供一个关于特定时期各个科学实践领域的初步名册。然而，汇编这个名册仅仅是历史学家工作的开端，因为他还需要了解名册中开列的那些活动领域之间的联系，还要探问它们相互作用的程度，工作者从一个领域到另一领域的，难易程度之类的问题。这类探索会逐渐提供一幅图像，以描绘出特定时期科学事业的复杂结构。而这种图像对于考察一些元科学因素如精神因素或社会因素对科学发展的复杂影响，又是一个前提条件。然而，只有一个结构性图像还是不够的。鉴于这里所要考察的影响在不同领域各不相同，要理解这些影响的历史学家就必须进一步研究一个或几个有关领域中有时颇深奥的专业活动的至少是代表性的部分。无论在科学史还是科学社会学中，那些不必涉及有关科学内容而能有效地加以研究的论题，毕竟是极少的。

按照上述要求的历史研究才刚刚开始。我深信这种研究会取得丰硕成果，这种信念倒不是来自我自己和别人刚开始的新工作，而是根据我们作为教师曾一再试图把上述两种不相通的传统的那些显然不相容的成果加以综合。① 不可避免地，这种综合的一切成果是尝试性的、片面

① 这些综合问题溯源于我的工作生涯的初期，当时它们采取了两种看来完全不同的形式。第一种形式在前面提到，就是如何使对社会经济状况的关注与关于科学思想发展的叙述联系起来。第二种形式受启发于赫伯特·巴特菲尔德（Herbert Butterfield）的令人重视而很有影响的著作《近代科学的起源》（*Origins of Modern Science*, London, 1949），这第二种形式着重研究实验方法在17世纪科学革命中所起的作用。巴特菲尔德在头四章中可信地说明了早期近代科学的主要概念转变“并非由于有了新的观察或掌握了新的证据，而是由于科学家……有了另一种思路而在内心发生了概念转化”（第1页）。在这以后的两章“17世纪的实验方法”与“培根和笛卡尔”，提供了一些对他们论题的较传统的解释。尽管它们看来与科学发展有明显的联系，可是论述这些解释的章节提供了很少能实际适用于该书其他地方的资料，其所以不能适用的一个原因，我后来才明白，就是因为巴特菲尔德试图（特别是在《被推迟了的化学中的科学革命》一章中）把18世纪科学的概念转变硬套进那种对17世纪非常合适的模式之中（不是靠新的观察，而是靠新的“思路”）。

的，往往会损害有时甚至会突破现行学术工作的限制。然而，简要介绍一下这些成果中的一组就足以说明当我说各门科学的自然划分在不断变化时所指的意思，也足以说明如果我们更密切注意这些科学的自然划分就可能获得的益处。把下面探讨的那个观点加以展开，可能导致两个结果：一个结果就是可能使人们以新的眼光去看关于近代科学起源问题的长期争论；另一结果可能是抽取一个重要的新因素，它在19世纪曾有助于形成近代物理学这一学科。

古典物理科学

我的主要论题可以用一个问题引出来。在今日纳入物理科学的大量研究课题中，究竟有哪些是早在古代就已经要求专家持续进行研究活动的呢？这个名单是极短的。天文学是其中最古老而又最发展的学科，在古希腊时期，当天文学研究已经进展到空前未有的水平时，又形成了两个学科，即几何光学和静力学，包括流体静力学。这三个学科——天文学、静力学和光学——乃是古代物理科学仅有的几个部门，成为研究传统的对象，它们是以那些为外行人所不能掌握的专门词汇和技术为特征的，因而也是以那些只给专业人员看的学术文献为特征的。直到今日，阿基米德的《浮体》（*Floating Bodies*）和托勒密的《至大论》（*Almagest*）只有那些很有专门学术修养的人才能看懂。至于其他一些研究对象，如热和电，只是后来才被纳入物理科学。可是在整个古代，它们属于只是很有趣的一类现象，只是人们顺便谈到的话题，或者是哲学的思辨和辩论的对象（特别是电效应在这几方面都被接触到）。如果仅仅局限在初始阶段，当然不能保证科学的进步，然而上述三个学科却按照为了分离出这些学科的秘传知识和技术所要求的方式向前发展。而且，如果积累那些具体而显然永久性的问题解决方案正是一个促进科学进步的措施，那么这三个领域就是后来成为物理科学中在古代已有明显进步的唯一部分。

然而在当时，这三个学科并非单独发展，而是与另外两个学科——数学与和声学[①]紧密联系。后两个学科在当时一般不被视为物理科学。在这一对学科中，数学甚至比天文学更古老、更发达。从公元前5世纪开始，数学领域以几何学为主导，被认为是关于实在的物理量，特别是空间量的科学，很有助于决定其他四门围绕着它的学科的性质。天文学和和声学分别研究位置和比例，因而它们本来就是数学性的。静力学与几何光学从几何学中吸取了概念、图解以及专业词汇，并与几何学共有一般逻辑的演绎结构，这种结构又是研究过程和表述过程所通用的。无怪乎在这种情况下，像欧几里得、阿基米德、托勒密这样一些人在其中一个学科中有了贡献，几乎都能在其他那几个学科中也有贡献。这五个学科处于较发展的水平，因而使它们综合为一个自然体系，使它们脱离另一些高度发展的古代专业如解剖学与生理学等。天文学、和声学、数学、光学与静力学被单独一批人所掌握，并遵循着共同的数学传统，因此它们被组成古典物理科学，或者说得简单些，被组成古典科学。[②] 的确，甚至把它们列为各不相同的学科，这种做法在某种程度上也是不符合那个时代的。下面提供的证据会表明，从某些重要的观点看来，倒不如把这些学科归结为一个领域，即数学领域。

---

① 亨利·格拉克首先帮助我认识到，有必要把音乐理论引入古典科学体系中。我在开头可能忽略这个已不被视为科学的领域，这说明本文开头提到的方法论上的提示多么容易被遗忘。然而，和声学并不很像我们现在所说的音乐理论。相反地，7种音阶，每种有3个变体，15个音键。因此这个学科是复杂的，要确定其中几个音程就要有四五个数字。只有最简单的音程从实验上被认为是振动弦的长度之比例，因此和声学也是一个高度抽象的学科。它与音乐实践的联系至多是间接的，它仍然是含糊不清的。从历史上看，和声学溯源于纪元前5世纪，在柏拉图和亚里士多德时期达到高度发展。欧几里得就是写文论述和声学的几个人物之一，他的著作又被托勒密大大超过，这种现象在其他领域也出现过。关于这段介绍性文字，我主要根据自己与诺艾尔·斯沃德娄的很有启发性的谈话。在这以前，我曾感到不能接受格拉克的劝告。

② “古典科学”一词可能引起思想混乱，因为解剖学与生理学在古代也是高度发展的科学，它们具有某些（绝不是全部）为古典物理科学所有的发展特征。然而，这些生物—医学科学只是另一种古典科学的一部分。这是另一群人从事的古典科学，他们多半与医学和医学机构有密切联系。由于这些和其他一些区别，这两类科学不能一起加以研究，我在本文中局限于分析物理科学，部分地由于自己能力所限，部分地也是为了避免过于复杂。然而，还要参阅下面的注解。

为了保持古典科学的统一，还要有另一共同特征作为先决条件，它在本文的比较中将起到特别重要的作用。尽管所有这五门学科包括古代数学，更接近于经验性而不是先验性，然而它们在古代的重大发展都很少要求精密的观察，更少要求实验。当时一个人学习探究大自然中的几何原理，他只要对影子、镜子、杠杆以及恒星与行星运行进行比较简易而且多半属于定性的观察，就足以提供为确立有影响的理论所必需的经验基础。对这种广泛概括的一些明显例外情况（古代系统的天文观察，古代和中世纪关于折射和棱镜光谱的实验和观察），只会加强它的主要之点，本文第2节将分析这一点。古典科学（在一些重要方面还包括数学）是经验性的，其发展所要求的数据资料，是人们日常观察就可以提供的，虽然这种观察有时经过适当的加工和系统化。[①] 这就是下述情况的原因之一：这组学科在当时情况下得到如此迅速发展，而这种情况并不能大力促进另一组自然学科的发展，本文标题把这另一组列为实验传统的产物。

在考察第二组学科之前，我们先简略回顾一下第一组学科在古代起源后向前发展的途径。从9世纪开始，这五门学科在伊斯兰世界被人们积极研究，而且往往处在专业上优越于古代的水平。光学有了显著的发展，数学在有些地方已经由于代数的引入而转移了焦点，开始注意那些昔日在以几何学为主导的希腊传统中通常不被重视的问题。在拉丁语系的西方世界，从13世纪开始，这些一般说属于数学性的学科，其进一步的专业改进却服从于一种主要是哲学—神学的传统，这是一种重要的、起初只局限于光学和静力学的新因素。然而，古代和伊斯兰的数学和天文学的主要部分

① 经过加工或精练的资料，通常只有当其集合能完成某种明显的社会作用，才能被广泛运用。要用这种资料的解剖学与生理学所以在古代得到高度发展，必然是由于它们与医学有密切联系。甚至这种联系也往往引起（经验主义者的！）激烈争论，这情况有助于说明，除了在亚里士多德和狄奥佛拉斯塔著作中的资料以外，古代资料较少适用于更普遍的分类学的、比较的和发展的研究，而这种研究对于16世纪以后的生命科学具有根本意义。在古典物理科学中，只有天文学要求其科学资料具有明显的社会用途（历法，从公元前2世纪开始还有占星术）。如果其他学科也取决于精密资料具有实用性，那么它们的发展也就不会超过像研究热之类的课题。

仍被保存下来，并且为了它本身的缘故而偶尔被研究，直到文艺复兴时期，它才重新成为博学的欧洲人进行持久研究的对象。① 当时经过重组的这一组数学性学科酷似于它们的希腊前身。然而，正当这些学科在16世纪被研究之时，对第六个论题的研究与这些古老学科日益紧密地联系起来。部分地由于14世纪经院哲学家的分析，研究位置运动的课题从研究一般性质变化的传统哲学问题中分离开来了，变成有其独立权利的一个研究对象。运动问题在古代和中世纪哲学传统内已有了高度发展，然而它毕竟是日常观察的结果，并且一般是以数学术语作形式化表述。因此，它自然地进入数学性的一组科学，此后它的发展也与这组科学密切联系。

古典科学就这样经过扩大，从文艺复兴继续向前发展，组成一个密切交织的系统。哥白尼以“数学是专为数学家而写的”这句话，来确定那些有资格评价他的天文学经典著作的极少读者。17世纪许多科学家轻易地而且往往成果卓著地从数学转到天文学、和声学、静力学和光学以至转到研究运动。伽利略、开普勒、笛卡尔、牛顿只不过是其中少数几个代表人物。除了和声学的局部例外情况，这些较为数学性的学科一直保持密切联系，直到19世纪初仍很少变化，尽管这些古典科学早已不是经受长期认真考察的物理科学的仅有的一些部门。欧拉、拉普拉斯或高斯主要研究的科学主题与先前牛顿和开普勒所阐述的科学主题，几乎是一样的，大致相同的一个主题清单也可以概括欧几里得、阿基米德和托勒密的工作。而且在17、18世纪研究这些古典科学的人，除了少数例外，与他们的先辈一样，很少运用实验和精密的观察，尽管大约在1650年之后，这种实验方法已第一次被严格运用来研究另一组课题，这组课题后来与古典科学群的一部分密切联系。

① 这一片段大大得益于我与约翰·穆多赫的讨论，他说如果古典科学被认为是延续拉丁中世纪的研究传统，那就要强调由此碰到的编史学问题。关于这个论题，可参阅他的“Philosophy and the Science in the Later Middle Ages”，载于Y. Elkana, ed., *The Interaction between Science and Philosophy*(New York, 1974)，第51—74页。

关于古典科学还要指出最后一点，这会有助于为考察后来那个促成新实验方法的运动做好准备。除了和声学①以外，这组学科在16、17世纪都经过彻底的重建，在物理科学中其他学科并没有经过这种转变。②数学从几何学和“计价技术”转变到代数、解析几何和微积分；天文学要计算非圆轨道（基于新的中心——太阳）；关于运动的研究被一些高度定量的新定律所改变；光学中建立了一个新的视觉理论，这是关于古典的折射问题的第一个可接受的解答，光学中还有一个经过重大修改的颜色理论。被认为是机械理论的静力学却是一个明显的例外。然而流体理论作为流体静力学，在17世纪也被扩展为气体力学（“空气之海”），由此也被纳入重建学科的名单。古典科学的这些概念性改变乃是这样的重大事件，物理科学通过它们而参与那个更普遍的西方思想革命。如果我们把科学革命看作**思想**革命，那么我们要着重理解的正是在这些准数学的传统领域内发生的变化。尽管在16、17世纪，科学中也发生过另外一些非常重要的事情（当时的科学革命并非仅仅是思想革命），然而这被证明是另一种不同的、在某种程度上是独立的事情。

---

① 尽管和声学没有发生转变，它的地位从15世纪后期到18世纪早期却大为降低。它越来越成为那种主要针对较实际的学科（作曲、平均律、乐器制造）的论文的第一部分。由于这些学科日益成为较理论性的论文的中心论题，音乐也就逐渐脱离古典科学。然而这种分离发生得很晚，而且从来不彻底。开普勒、默森和笛卡尔都曾写文论述和声学，伽利略、惠更斯和牛顿对此均感兴趣，欧拉的著作《引入的新音乐理论》（*Tentamen novae theoriae musicae*）继承了悠久的传统。1739年此著作出版后，和声学本身已不属于主要科学家的研究范围，而另一门开头与此相联系的学科却取代了它的位置，这就是对振动弦、振动空气柱的理论性和实验性研究，以及普通声学。约瑟夫·索维尔（1653—1716）的生平清楚地说明了和声学怎样从一种音乐理论变成声学。

② 当然，这种转变发生在古典的生命科学如解剖学和生理学中。这也是生物医学科学在科学革命期间发生转变的唯一部分。不过生命科学当时经常依靠精确的观察，有时也依靠实验：它们曾从古代原始资料（例如，盖仑）中确立自己的威信，这些原始资料有时不同于那种对物理科学很重要的原始资料，生命科学的发展与医学专业及其相应学术机构的发展有着密切联系。因此，在解释16、17世纪生命科学中的概念转变和扩大范围时讨论到的那些因素，决非任何时候都等同于那些与物理科学中的相应变化联系最密切的因素。然而，与我的同事G.盖森多次谈话加深了我的一个久已存在的印象：它们也可以从这里所阐述的一个观点富有成效地加以考察。实验传统和数学传统之间的区别对于达到此目的也许很少补益，不过在医学生命科学与非医学生命科学之间的区分可能是关键性的。

培根科学的出现

现在我转而谈到另一组研究领域的出现，我还是从提一个问题开始，这个问题在标准历史文献中都有许多混乱思想和不同意见。17 世纪实验运动的新东西（如果有的话）是什么？某些历史学家坚持说，把科学植根于那些通过感官而获得的信息，这个思想就是新东西。持这种观点的人认为，亚里士多德相信，科学结论可以从公理化的最初原理推导出来，直到文艺复兴末期，人们才能充分摆脱他的权威影响，而去直接研究自然而不再沉埋于书本。然而，17 世纪修辞学的这种残余影响是荒谬的。其实亚里士多德在其方法论著作的许多段落中，就一再坚持科学家需要进行仔细的观察，其坚决程度并不次于培根著作。兰道尔和克隆比曾经离析和研究一个重要的中世纪方法论传统，根据这个传统，从 13 世纪到 17 世纪逐渐形成一些规则，要求从观察和实验中得出正确结论。① 笛卡尔的《原理》（*Regulae*）和培根的《新工具》（*New Organon*）受此传统的影响很大。在当时科学革命期间，一种经验的科学**哲学**已经不是什么新东西了。

另一些历史学家指出，尽管人们以前也深感到需要观察与实验，可是他们在 17 世纪却远比以前更经常地进行观察和实验。这个概括无疑是正确的，但却忽略了以前的实验形式与新实验形式之间重要的本质区别。新实验运动（按其主要宣传者的说法通称为培根运动）的参加者并非仅仅把古典物理科学传统中的经验因素加以扩展和大力发挥，相反地他们创立了一种不同的经验科学。在一个时期内，这种新的经验科学与其前身同时并存，而不是取而代之。简单介绍一下实验和系统观察在古典科学中偶尔起的作用，会有助于分析经验实践的古老形式与其 17 世纪“对手”之间的本质区别。

---

① A. C. Crombie, *Robert Grosseteste and the Origins of Experimental Science, 1100 – 1700* (Oxford, 1953); J. H. Randall, Jr., *The School of Padua and the Emergence of Modern Science* (Padua, 1961).

在古代和中世纪传统的范围内，当时许多实验经考证原来是“思想实验”，即在内心中设想出潜在的实验条件，其结果可以根据以前的日常经验可靠地预见到。另一些实验的确是做出来的，特别是在光学中。然而历史学家极难断定从文献中发现的某个实验是想象中的还是实际做出来的。有时候，所报道的结果并不是像我们现在所认为的那样，在另一些情况下，所要求的仪器设备是当时已有的材料和技术所制造不出来的。一些具有历史性的决定意义的实际问题被提出来，并萦绕在伽利略学生的脑际。他的确做过实验，但更引人注目的是，他把中世纪的思想实验传统发展到它的最高形式。可惜并非任何时候都让人清楚看到他是以什么面貌出现的。①

最后，那些的确曾经做出来的实验，总是不外乎要达到下述两个目的之一。有些实验是为了证明一个预先以其他手段获知的结论。培根写道：尽管人们能从原则上推导出火焰有烧肉的能力，然而内心推测易生谬误，还是把手放进火里试一下更为可靠。另一些实在的试验（其中有些是很有成果的）是为了给当时已有理论所提出的问题做出具体回答。 托勒密关于光在空气和水交界处折射的试验，就是一个重要例子。另一些例子则是中世纪的光学试验：让太阳光通过一些装满水的球形容器以产生各种色光。当笛卡尔和牛顿探测棱镜色光时，他们正是发展这种古代的，尤其是中世纪的传统。天文学观察显示与此十分类似的特点。在第谷·布拉埃之前，天文学家并非系统地探测天象或行星的运动轨迹。他们只是记录星体的初升、下落以及其他一些标准的行星方位，其运行时间和位置的数据资料被用来制定星历表或用来计算某个已有理论所要求的参数。

试把这种试验模式与培根最有力地支持的那种试验模式相对比。当后一模式的运用者像吉尔伯特、波义耳和胡克等人做实验时，他们很少为了要证明某个已知的情况，也很少为了确定某个为发展已有理论所需

① 从但丁的《天国》(*Paradiso*)的第2章中，可以找到关于中世纪实验的有用而易于被接受的例子，在索引条目“experiment, role of in Galileo's work”[载 Ernan McMullin, ed., *Galileo, Man of Science* (New York, 1965)]中的一些片段，表明伽利略与中世纪传统的关系是多么复杂和富有争议。

要的细节。毋宁说他们希望看到，在以前未被观察到而且往往是以前不存在的情况下，大自然的行为是怎样的。这种试验的典型结果，就是写出大量关于自然现象或实验的记载，其中充满各种各样的数据资料，其中许多数据资料被认为是建构科学理论的必要条件。经过细心考证，这些记载通常都表明，在选择和安排实验方面并不像记录者所设想的那样随意为之。至迟是从1650年开始，做实验的人，通常遵循着这种或那种形式的原子哲学或微粒哲学。因此，他们选择做这样的实验，它们可能显示出粒子的形状、结构和运动，从各个研究报告相互联系的类似点，时常显示出它们依据于相同的一组形而上学承诺。[①] 然而在形而上学理论与各个具体实验之间的空隙最初是很大的。作为许多17世纪实验的基础，微粒论却很少直接要求做某个实验或者对任何具体实验提示详细的实验结果。在这种情况下，实验被高度重视，而理论往往被贬低。它们之间的相互作用通常是没有被意识到的。

对实验的作用和地位的看法，仅仅是区别新实验运动与旧实验运动的第一个新特点。第二个新特点，就是特别强调培根称之为“扭狮子尾巴”的那种实验。这种实验要求制约大自然，强使自然在那种没有人的有力干预便不会出现的条件下显示自己。人们把谷物、鱼、老鼠和各种化学药物依次放入一个气压计或空气唧筒的人造真空中，这种做法正是显示出新传统的这一方面。

运用气压计和空气唧筒，这一点突出了培根运动的第三个新特点，也许是最触目的一个特点。1590年以前，物理科学的工具库里只有天文观察用的设备。在这以后的一百年中，人们迅速引进并运用望远镜、显微镜、温度计、气压计、空气唧筒、验电计以及许多其他新的实验仪器。在这同一时期，学自然科学的学生还迅速采用一系列化学仪器，在以前这些仪器只见于工匠的工场或炼金术士的隐居处。在不到一百年

① Kuhn,“Robert Boyle and Structural Chemistry in the Seventeenth Century”, *Isis* 43 (1952): 12 – 36,文中提供了一个详尽的例子。

内，物理科学变成重视仪器的科学。

伴随着这些显著变化的，还有其他一些变化，其中之一是值得特别注意的。培根实验主义者轻视思想实验，坚持要做出准确而切实的实验报告。由于他们坚持这种要求，有时他们与古老的实验传统发生有趣的抵触。例如，罗伯特·波义耳曾指责帕斯卡[①]的一部水力学著作，其中的原理看来是无懈可击的，也明确地想象出详细的实验说明。可是波义耳不满地说，帕斯卡先生并没有告诉我们，怎样让一个人坐在一个20英尺（1英尺=30.5厘米）长的水管的底部，并把一个拔火罐系在他的腿上。帕斯卡也没有说明，往哪里去找到一个超人般的巧匠，以便造出他的其他某些实验所需要的精巧仪器。[②] 阅读那些按照波义耳所坚持的传统而撰写的文献时，历史学家不难说出当时做了什么实验。波义耳往往写明见证人，有时还描述出他们的贵族特权。

既然培根运动有这种性质不同的新特点，那么这种特点的存在又怎样影响科学发展呢？对于古典科学在概念上的转变，培根主义贡献甚微。有些实验的确起了一定作用，然而它们在旧传统里早已植下深根。牛顿买来测验"有名的颜色现象"的棱镜，溯源于中世纪用盛满水的球形容器所做的实验。斜面借用自关于简单机械的古典研究。摆，尽管表面看来它是一种新东西，其实它首先是中世纪推动论者早已思考的一个老问题的新的物理体现物，当年推动论者思考一根振动弦的振荡运动，或者设想一个物体落下穿过地心又返回来的运动时，就曾联想到这个问题。气压计最初被作为一个流体静力学装置来考察和分析。一个装满水而没有漏洞的抽水机，当初伽利略曾用来"显示出"大自然"厌恶"真空的限度。[③]只是在

① 帕斯卡（1623—1662），法国数学家、物理学家和哲学家，16岁发现了著名的帕斯卡定理。——译者注

② "Hydrostatical Paradoxes, Made out by New Experiments"，载 A. Millar, ed., *The Works of the Honourable Robert Borle*（London, 1744），2：414－447，关于帕斯卡著作的讨论在该书第1页。

③ 关于伽利略摆研究的中世纪"先声"，参阅 Marshall Clagett, *The Science of Mechanics in the Middle Ages*（Madison, 1959），第537—538、570—571页。关于通向托里拆利的气压计的途径，参阅很少人知道的专题著作，即 C. de Waard, *L'expérience barométrique, ses antecedents et ses explications* [Thouars (Deux-Sévres), 1936]。

长管形的真空区已被造成，而且流体柱高随气候和高度而发生的变化可以测出之后，气压计及其“儿子”空气唧筒才进入培根的“工具库”。

尽管上述实验很有成果，然而像这样的实验并不多，而且它们所以特别有效，往往归因于它们接近于古典科学中的演化着的理论，正是这些理论促成相应的实验。托里拆利的气压计实验以及伽利略的斜面实验，其结果多半已被前人预见到。牛顿的棱镜实验在改进颜色理论方面恐怕不会胜过传统的前辈所作的探索，如果牛顿没有掌握新发现的折射定律的话。而这个定律又正是遵循从托勒密到开普勒的古典传统而探索到的。由于同样的原因，这种实验的结果与非传统实验的结果形成鲜明对比，后一种实验在17世纪发现了一些性质全新的光学效应，如干涉、衍射和偏振。后一种实验并非古典科学的成果，不能与古典理论直接比较，因而在19世纪初以前对光学发展甚少影响。尽管有许多确切的保留条件（其中有一些是十分需要的），科学史家亚历山大·柯瓦雷和赫伯特·巴特菲尔德的下述看法将会被证明是正确的。古典科学在科学革命时期的转变，更多地归因于人们以新眼光去看旧现象，而较少得力于一系列以前未预见到的实验发现。①

在这种情况下，许多历史学家包括柯瓦雷在内，曾认为培根运动是一种虚夸倾向，对科学发展并无实益。然而，这种评价正如另一种有时为它所不容的相反评价一样，都是只把科学看作整体的论点的产物。培根主义对古典科学的发展也许贡献甚少，然而它却开拓了许多新的科学领域，它们往往植根于以前的技艺。磁学研究就是一个实例，磁学的最初资料来自以前海员运用罗盘的经验。由于人们努力探寻磁体吸铁与摩擦后的琥珀吸引粗糠之间的关系而发现电。而且这两个科学领域的后来发展，都依靠人们掌握了那些更有效和更精密的新仪器。这些是典型的新的培根科学。对于热的研究，也可以作出大致相同的概括。热研究早就是人们按照哲学和医学传统而加以探索的思辨课题，到这时候却由于

① Alexandre Koyré, *Etudes galiléennes*(Paris, 1939); Butterfield, *Origins of Modern Science*.

发明了温度计而把热研究变成一门系统研究的学科。化学的情况与此不同，要复杂得多。化学的许多主要的仪器、试剂和技术在科学革命很久以前就已有了发展，然而在16世纪后期以前，它们还首先局限于工匠、药剂师和炼金术士的活动范围。只是在人们对化学业务及其操作技术作了重新估价之后，它们才被经常用来进行实验性探索，以求得自然知识。

由于这些以及其他一些类似的领域已成为17世纪科学活动的新焦点，因此无怪乎它们的研究工作最先引起一些重要转变，而且这些转变较之当时一再发现的以前未知的实验效果更引人注目。如果说，确立一种能作出精确预言的自洽理论，是一个科学领域已很发达的标志，那么培根式的学科在整个17世纪以及18世纪大部分时期都还一直处于不发达状态。他们的研究文献和发展模式都不很像当时的古典科学，倒是更像今天的许多社会科学中的研究文献和发展模式。然而在18世纪中期，这些领域中的实验日益系统化，日益集中于一组精选的、被认为特别有启发性的现象。在化学里，关于置换反应与饱和状态的研究成为新的重要课题；在电学里则着重研究传导和莱顿瓶，在温度测量和热学方面着重研究混合物的温度。同时，微粒概念和其他概念日益被运用于这些实验性研究的各个领域。关于化学亲和力的概念，关于电流及电气的概念，就是特别有名的例子。

像这样一些概念在其中起作用的那些理论，在一段时间内仍然主要是定性的，因而往往还是不精确的。然而这些理论可以与一些实验相对照，其精确程度是18世纪初培根科学所达不到的。而且这种对照所要求的精密度日益提高，直到18世纪过了三分之一时，越来越成为有关科学领域的中心问题，因而使培根科学迅速获得了类似古典科学在古代的地位，随着艾平奴斯、卡文迪许和库伦的工作，电学和磁学成为发达科学。热学则随着布拉克、维耳克和拉瓦锡的工作而成为发达科学。化学转变得较慢，也不那么明显，但不迟于拉瓦锡化学革命之时。17世纪的性质全新的光学发现，到19世纪初，第一次被融化于古老的光学之中。随着这类情况的发生，培根科学终于到达“成年期”，证明了它的17 世纪创立者的信念，尽管不是任何时候都证明其方法。

那么在延续近两个世纪的成熟过程中，培根科学群与所谓“古典”科学群究竟如何联系呢？这个问题还极少被研究。不过我想，其答案将被证明是：它们联系不多，而且往往碰到很大的困难——精神上的、制度上的、有时是政治上的困难。到了 19 世纪，这两个科学群，古典的和培根的，都还是分离的。粗略地说，古典科学被列为“数学”类，而培根科学则一般被看作“实验哲学”，在法国则被称为“实验物理”。至于化学，由于长期与药物学、医学与其他各种工艺联系在一起，部分地成为培根科学的成员，其另一部分则被列入较实用的专业群。①

古典科学与培根科学的这种分离，可以追溯到后者的起源。培根本人不仅不相信数学，而且不相信古典科学的整个准演绎结构。一些评论家讥笑培根没能赏识自己时代的最好科学，可是他们忽视了关键问题。他不是由于喜爱托勒密体系才否定哥白尼体系。倒不如说，他否定了这两者，因为他认为，没有一个如此复杂、抽象而数学性的体系会有助于理解和控制自然。他那些继承实验传统的追随者尽管接受了哥白尼的宇宙学，但却很少试图掌握那种为理解或研究古典科学所必需的数学技巧和辩论术。在整个 18 世纪，这种情况持续不变：富兰克林、布拉克和诺列特像波义耳和胡克那样明确地坚持这种倾向。

其“逆反应”却更为含糊不清得多。不管培根运动的原因何在，这些原因也作用于前已建立的古典科学。新仪器也进入了这些领域，特别是天文学。报道与评价数据资料的标准也随之改变。到 17 世纪的最后十年，像波义耳与帕斯卡之间的那种抵触已难以想象。不过如前所述，这些发展的效果更多表现在逐步改进古典科学的性质，而不是很快作重大改变。天文学以前就用过仪器，光学以前也做过实验。定量的望远镜

① 关于化学作为一种智力研究对象发展的早期阶段，参阅 Marie Boas, *Robert Boyle and Seventeenth-Century Chemistry*(Cambridge, 1958)。关于化学发展的较后一个阶段，参阅 Henry Guerlac, “Some French Antecedents of the Chemical Revolution”, *Chymia* 5(1959), 73－112。

比肉眼观察优越，可是这一点在整个17世纪却被人怀疑。除了摆以外，力学仪器当时主要是用作教学示范工具，而较少用于研究。在这种情况下，尽管培根科学与古典科学之门的思想鸿沟已经缩短，但是鸿沟决没有完全消除。在整个18世纪，原已确立的数学性科学的主要工作者很少做实验，对于新的实验性学科的发展更少实质性贡献。

伽利略与牛顿看来是例外，其实只有后者才是真正的例外。他们两人都说明古典科学与培根科学间裂缝的性质。作为猞猁学院的光荣成员，伽利略同时也是望远镜、摆擒纵机、最早形式的温度计和其他一些新仪器的改革或制造者。显然，他积极参加了这里称为培根运动的某些方面。然而，正如莱奥纳多·达·芬奇的经历所表明的，仅凭一个人重视仪器与工程技术，还不足以使他成为实验主义者，而伽利略对科学的这一方面的主要态度仍然是古典式的。在某些场合，他宣称自己心灵的力量使他不必做出自己描述的实验。在另一些场合，例如在考虑抽水唧筒的极限时，他又不加说明地要求运用那种超过当时技术能力的装置。波义耳对帕斯卡的批评可以毫不改动地适用于伽利略。这种批评体现出伽利略这样一个人物，他能够而且确实对古典科学作出有划时代意义的贡献，至于对培根科学，他除了搞些仪器设计以外，并无重大贡献。

牛顿正是在英国培根主义发展到顶点之时受的教育，然而他却明显地继承了这两种传统。不过，正如I. B. 科恩在20年前所强调的那样，结果是牛顿影响的两条不同的路线，一条路线溯源于牛顿的《原理》（*Principia*），另一条路线则导源于他的《光学》（*Opticks*）。[①] 虽然《原理》明确地继承了古典科学的传统，可是《光学》并非明确地继承了培根科学的传统。如果我们注意到这一点，就会理解内心悟性具有特别重要的意义。由于牛顿研究的对象是光学，这是一个以前已很发展的领域，所以他能够随时把精选的实验与理论相对照，也正是从这种对照中他取得了成就。波义耳在其《颜色实验史》（*Experimental History of Color*）中，引入

① I. B. Cohen, *Franklin and Newton*(Philadelphia, 1956).

了一些为牛顿据以建立新理论的实验，可是波义耳并不想建立新理论，而是满足于这样的评语，即认为他的研究成果提出了一些值得探索的问题。[①] 胡克曾发现“牛顿环”，这是《光学》第2卷的第一个研究对象，他按照同样的方式去积累资料。可是牛顿却选择并利用这些资料来建立理论，就像他那些古典传统的前辈利用那些来自日常经验的并不复杂的资料去建立理论一样。正像他对《光学》一书的“疑问”那样，甚至当他转而研究一些新的培根式学科，如化学、电学和热，也是从日益增多的实验文献中选取那些能阐明理论问题的特定的观察和实验。尽管在这些刚刚出现的领域中还没有取得像在《光学》中那样深刻的成就，可是散见于“疑问”各处的一些概念如化学亲和力之类，对于18世纪那些较系统和精干的培根派科学工作者来说，却被证明是一个丰富的泉源，他们后来还一再回过来从这里得到帮助。他们从《光学》及其“疑问”中发现的，是对培根式实验的非培根式运用，这是牛顿同时深入领会古典科学传统的成果。

然而，除了他在欧洲大陆的同时代人惠更斯和马里奥特这几个少有的例外，牛顿这样的例子是绝无仅有的。在整个18世纪（牛顿的科学工作在这个世纪初已告完成），再没有其他人富有成效地同时继承这两个传统。这种情况也反映于至少在19世纪以前科学机构和专业路线的发展中。尽管在这个领域还需要进行许多研究工作，下面的一段论述可能提示了当时研究工作的一个粗略模式。至少在基本水平上，古典科学在中世纪大学的标准课程中占有它的位置。在17世纪和18世纪中，关于古典科学的讲座增加了。担任这些讲座的人，连同那些任职于法国、普鲁士和俄国新成立的国家科学院的人，成为对发展中的古典科学作出贡献的主要成员。其中没有一个人被正式称为业余爱好者，尽管这一名词往往无区别地被用来称呼17世纪和18世纪整个科学的工作者。然而，培根科学的工作者通常倒真是业余爱好者。只有化学家是例外，18世纪

① Boyle, *Works*, 2: 42 – 43.

期间他们在药房、工厂以及一些医校找到职业。至于其他实验科学，在19世纪后期以前，在大学里没有它们的位置。尽管这些学科的一些工作者在各个国家科学院里有了职位，可是他们在那里往往是二流人物。只有在英国，牛顿逝世前古典科学在那里已经开始明显衰落，实验科学工作者才得到很好的待遇。下面还要进一步对比这种情况。

法国科学院的例子在这方面是很能说明问题的，研究这个例子同时会为下一节将讨论的一个论点提供背景。基拉姆·阿蒙顿斯（1663—1705）曾为温度计和湿度计这样一些培根式仪器的设计和理论作出贡献，以此出名，然而他在科学院里的地位从未高过研究生，因而从属于天文学家让·勒·菲弗莱。皮埃尔·波林尼尔（1671—1734）常被认为是把**实验物理学**引入法国的人，却从未正式成为科学院成员。尽管对18世纪电学有贡献的两个重要的法国人C．F．de C．杜费（1698—1739）和阿培·诺列特（1700—1770）都是科学院院士，可是杜费被安排到化学学部，而后者则是另一个颇为芜杂的学部的成员，这个学部在正式体制上是留给**机械工艺**的工作者的。只是在他被选入伦敦皇家学会以后，他才步步晋升，接替了布丰伯爵和雷奥莫等的职位。另一方面，著名的仪器制造家阿伯拉罕·布莱盖特有一种独特天才，科学院力学学部正是需要这种人，可是他在科学院里并无正式位置。直到1816年，当他69岁时，根据国王的命令他的名字才被列入科学院的名册中。

这些个别事例所蕴涵的意义，在科学院组织形式中也表现出来。1785年以前，一直没有设立**实验物理**部，而且当时被归入数学部（连同几何学、天文学、力学），而不是归入较有操作性的**物理科学**（解剖学、化学与冶金学、植物学与农学、自然史以及矿物学）部。1815年后，当这个新的学部改名为一般物理研究部时，其成员中在一个时期内甚少实验主义者。纵观18世纪，科学院士对培根式物理科学的贡献，少于医生、药剂师、工业家、仪器制造者、流动教师还有那些拥有独立谋生手段的人在这方面的贡献。英国又是例外，在皇家学会占有位置的主要是这些业余爱好者，那些首先以科学为职业的人倒是较少。

近代科学的起源

现在让我们从18世纪末回过来，略看一下17世纪中期的情况。培根科学当时正在形成，古典科学已经过激烈的改变。连同生命科学中相伴的变化，这两组事件构成了后来所谓的科学革命。尽管本文无意去说明科学革命的极其复杂的原因，然而有一点值得注意：当那有待说明的科学发展被细分下去的时候，原因问题会变得多么不同。

在科学革命期间只有古典科学发生改变，那是不足为奇的。直到这时期末，物理科学的其他领域几乎还未形成。而且就它们当时已达到的水平而言，这些新领域还没有一个重要的统一的专业学说有待重建。相反地，在古典科学以前的发展道路上，却有一系列理由要求改革古典科学。尽管史学家对这些改革理由的重要性各有很不相同的看法，然而现在已很少人怀疑，中世纪对古代学说（伊斯兰的或拉丁的）的重建，对哥白尼、伽利略和开普勒这样一些人，具有重要意义。可是我还没有看到培根科学有类似的经院学术根源，尽管有人认为这类科学导源于格罗塞特斯特的方法论传统。

现在常被提出来说明科学革命的许多其他因素，曾促进古典科学和培根科学的发展，不过往往采取不同的方式，而且达到不同的程度。一些新的精神因素——起先是赫尔墨斯①，后是微粒哲学——在早期近代科学于其中发展的环境中所起的影响，是第一个能够说明上述不同点的例子。在古典科学里，赫尔墨斯运动有时提高了数学的地位，鼓励人们寻找大自然中的数学规律性，偶尔也把由此发现的简单数学形式视为形

① 赫尔墨斯（Hermes）是希腊神话中的“三倍大神”（Trismegistus），为众神传信并掌管商业和道路修建。公元3世纪以来的许多新柏拉图主义著作都附会到他的名下。这些著作主要讨论柏拉图和斯多葛的哲学，也涉及占星术、炼金术及其他秘术。这些著作主要体现了两种对立的观点：一是上帝是创造宇宙的永恒精神；一是绝对超越的上帝是善，与之敌对的世界则是恶。后文的赫尔墨斯主义（Hermeticism）即指此。——译者注

式因，即科学因果链条中最后一个环节。[①] 伽利略和开普勒都提供了一些例子，来说明数学起着日益加强本体论意义的作用，而且开普勒也显示第二种较神秘的赫尔墨斯的影响。从开普勒、吉尔伯特到牛顿，在赫尔墨斯思想中显示出来的自然的好恶（虽然那时还是很微弱的形式），有助于填补由于亚里士多德圆球宇宙论（它预先把行星保持在其轨道上运行）破灭而造成的真空。

在17世纪最初三分之一以后，当赫尔墨斯神秘主义日益被否定之时，它在古典科学里的位置迅速被这种或那种形式的微粒哲学所占有，而微粒哲学又是导源于古代原子论。无论在宏大的还是微小的物体之间的吸引力和排斥力已不再引人重视，这是一种严重违背牛顿看法的根源。然而在微粒论所要求的无限宇宙里，不会有那种特选的中心或方向。自然的持续的运动只能沿着直线进行，而且只能被粒子之间的碰撞所干扰。自笛卡尔以后，这种新的看法直接导致牛顿的第一运动定律，而且通过碰撞研究（一个新问题）又导致牛顿第二定律。促使古典科学发生改变的一个因素，显然是新的精神气氛，起先是赫尔墨斯的，后来是粒子论的精神气氛，古典科学从1500年以后就是在这种气氛中发展的。

这同样的新精神气氛也影响培根科学，不过往往是由于其他原因，并沿着不同的途径。无疑地，赫尔墨斯鼓励人们崇尚神秘感应，这一点有助于解释为什么人们在1550年以后日益重视磁学和电学；同样的影响也把巴拉塞尔士[②]时期化学的地位提高到范·赫尔蒙时期化学的地位。然而现在的历史研究越来越认为，赫尔墨斯主义对培根科学，也许甚至

---

① 许多早期的近代科学家日益强调数学作为一种工具或本体论的价值。这种倾向在近半个世纪以来已被承认，而且多年来被认为是对文艺复兴时代柏拉图主义的呼应。改用“赫尔墨斯主义”这一术语无助于更好说明科学思想的这一方面（尽管它有助于承认其他一些重要的新事物），这种变化说明了近年来学术研究的一个决定性的局限，这是我在这里不知道如何回避的。正如当前所常用的，“赫尔墨斯主义”指几种不同而又被假定有联系的运动：新柏拉图主义、犹太神秘教以及罗西克鲁西玄术，还有其他随意附会的运动。它们迫切需要从时间上、地理上、精神上和思想上加以区别。

② 巴拉塞尔士（1493—1541），瑞士炼金术士和医生，当时被认为是典型的魔术师。——译者注

对整个科学革命的主要贡献，在于树立了浮士德式的魔术师形象，他总想借助于奇巧的设计、仪器和机械去利用和控制大自然。有人把弗朗西斯·培根看作从魔术师巴拉塞尔士到实验哲学家罗伯特·波义耳之间的过渡性人物，这种看法比近年来其他研究成果都更有助于改变人们历来对新型实验科学诞生的方式的旧看法。①

对于这些不同于它们同时代古典科学的培根式领域来说，它们转到粒子论的效果并不那么明显，这正是第一个理由，最能说明赫尔墨斯主义为什么在化学、磁学中停留的时间长于它们在天文学和力学中的时间。说糖是甜的，因为它的球形粒子使舌头有愉快感，这样把甜效能加于糖显然不是进步。18 世纪的经验表明，培根科学的发展往往要有亲和力和燃素之类概念作指导，这与赫尔墨斯运动的自然好恶并无根本区别。然而粒子论把实验科学与魔术区别开来，从而加强了这种科学所需的独立性。更重要的是，它为实验提供了理性基础，这是任何形式的亚里士多德主义或柏拉图主义所不曾做到的。当支配科学说明的传统要求确定形式因或本质时，只有事件的自然进程所提供的资料能满足这个要求。而实验或约束自然却是施暴力于自然，因此掩盖了那种使事物成为它们现有样子的“自然”或形式的作用。另一方面，在一个粒子世界中，实验与科学有着明显的联系。实验不能改变而只会阐明自然现象发生的力学条件及其遵循的规律。这就是培根一再从丘比特被囚禁的寓言中得出的教训。

一个新的精神气氛当然不是科学革命的唯一原因，在说明科学革命时最常被提出的其他因素，如分别在古典科学和培根科学领域中加以检验，也有其说服力。在文艺复兴时期，中世纪大学垄断知识的局面已逐渐被打破。新的财富来源、新的生活方式、新的价值观，这一切联系起来，提高了一群昔日被列为工匠、手艺人的人们的社会地位。发明印刷

① 参阅 Frances A. Yates，“The Hermtetic Tradition in Renaissance Science”，载 C. S. Singleton，ed.，*Science and History in the Renaissance*（Baltimore. 1968），第 255—274 页；Paolo Rossi，*Francis Bacon: From Magic to Science*，trans. Sacha Rabinovitch，（London，1968）。

术，新修复一批古代典籍，使这些能工巧匠有可能继承古代科学技术遗产，而这种遗产以前只是在教会学院的环境里存在。其中一个结果体现在布伦奈里什① 和莱奥纳多的一生事业中，亦即在15、16 世纪的工匠行会中涌现出许多艺术家和工程师，其专业包括绘画、雕刻、建筑、城防工程、供水工程、军用和建筑机械的设计等。这些人受到日益完备的庇护人制度的支持，既是受雇者，同时又日益成为文艺复兴时期宫廷（后来有时还包括北欧城市政府）里受欢迎的人。其中一些人还与人文主义者集团有个人来往，这就使他们有机会看到赫尔墨斯主义和新柏拉图主义的典籍。然而，并非首先由于看了这些典籍而确立他们参加新的文明知识界的社会地位。倒不如说，这是靠他们自己善于有说服力地分析和评论这样一些著作，如维特鲁维奥②的《建筑》（*De architectura*）、欧几里得的《几何学》（*Geometry*）和《光学》（*Opticks*）、伪造的亚里士多德的《力学问题》（*Mechanical Problems*），16 世纪中期之后，还有阿基米德的《浮体》（*Floating Bodies*）和希罗的《气体力学》（*Pneumatica*）。③

这个新兴的群体对科学革命的重要性是毋庸置疑的。伽利略在许多方面，西蒙·斯特芬则在一切方面，都是它的产物。不过，需要强调的是，这群人所引用的典籍材料以及他们最初在其中发生影响的那些领域，都是属于这里称为古典科学的学科群。无论作为艺术家（透视法）还是作为工程师（建筑和水利工程），他们都是主要根据关于数学、静力学和光学的著作。天文学有时也进入他们的视野，尽管是在较低的程度上。维特鲁维奥专心研究的课题之一，就是如何设计准确的日晷；文艺复兴时期的艺术家—工程师有时加以拓展，也设计其

---

① 布伦奈里什(1377?—1446),意大利建筑师和工程师。——译者注

② 维特鲁维奥,公元前 1 世纪的罗马建筑师和工程师。——译者注

③ P. Rossi, *Philosophy*, *Technology*, *and the Arts in the Early Modern Era*, trans. Salvator Attanasio (New York, 1970)。然而,罗西和这个学科的早期学生未能讨论这样一种区分可能有的重要意义,就是要使艺术家—工程师从事的行业,区别于后来由瓦诺西奥·比林格塞奥和阿格里科拉那样的人引入文明世界的行业。下面谈到这种区别的某些方面,我与同事米凯尔·S. 马洪尼的谈话对我了解这些方面很有帮助。

他天文仪器。

艺术家—工程师对这些古典科学领域的关心，尽管只是在这里或那里零散地表现出来，但却是促使古典科学重建的重要因素。天文学家第谷·布拉埃也许由此而发明新工具，伽利略也正是由此而注意研究材料的强度以及抽水唧筒的能力极限，后者直接导致托利拆利的气压计。重视工程技术（尤其是炮术）有助于把位置运动问题与关于变化的较广泛的哲学问题区分开来，同时使数值对其进一步研究较之几何比例更为重要，这种说法可能有一点道理，但更有争论性。这些以及其他一些有关课题，促使法兰西科学院设立一个机械工艺研究机构，并使这一机构被归入几何学和天文学部门。此后培根科学就难于找到自然的归宿，这一情况也从文艺复兴时期艺术家—工程师的重视范围中得到反映。这个重视范围就不包括诸如印染、纺织、玻璃制造业以及航海业中的非机械、非数学部分。然而，正是这些行业对于新型实验科学的诞生起了很重要的作用。培根的纲领性的陈述要求编写所有这些行业的自然史，后来有些非机械行业的历史也被写出来了。

机械行业与非机械行业之间甚至只是分析性的分离，其可能有的用途也是以前所没有预料到的，因此后续之事一定比前行之事更有尝试性。然而，作为学术研究的课题，后者可能比前者更晚实现。可能在开始时受到瑞士炼金术士巴拉塞尔士的启发，这些课题的确立却体现在这样一些著作中，如比林格塞奥的《烟火技术》（*Pyrotechnica*）、阿格里科拉的《论金属物质》（*Dere metallica*）、罗伯特·诺曼的《新引力》（*Newe Attractive*）、伯纳德·巴里西的《谈话》（*Discours*）等，其中最早出版的时间是1540年。机械工艺以前达到的水平，无疑地有助于说明为什么出现这样一些书，然而直接促使这些书被写出来的却是与此不同的另一个运动。非机械行业的很少成员受到庇护人制度的支持，也很少成员在17世纪末以前能摆脱行业协会的控制。他们未能看到古典科学留下的重要文献，也许正是由于这个事实，伪古典的赫尔墨斯文献与魔术师形象，对于他们更为重要，而对于在数学—力学领域中他们的同时代人却不是那么重要。[①] 除了化学以外，在药剂师和医生当中，实际业务很少与有关学术论述相结合。然而在写出学术著作的学者当中，仍然有一些是医生，尽管占不成比例的少数。这些学者撰写学术著作不仅论述化学，也论述其他非机械行业，这些行业提供了为培根科学发展所必需的资料。阿格里科拉与吉尔伯特仅仅是最早的例子。

两种植根于以前行业的传统之间的这些区别还有助于说明另一情况。尽管文艺复兴时期的艺术家—工程师在社会上是有用的，他们懂得这种用途，有时也以此用途作为他们自己提出要求的根据，可是在他们的著作中，功利主义因素远不如在那些直接依靠非机械行业的人们的著作中那么一贯而明显。请回想一下，莱奥纳多·达·芬奇当年很少考虑他发明的巧妙机械实际上是否能制造出来，或者试把伽利略、帕斯卡、笛卡尔、牛顿的著作与培根、波义耳、胡克的著作加以对比。在这两组著作中，功利主义只在后者占据中心地位。这个事实可能提供一把钥匙，有助于理解古典科学与培根科学之间的最后一个重要区别。

除了化学以外（它在17世纪末已建立了各种体制方面的基础），培根科学与古典科学至少从1700年开始，已经在不同的民族环境中繁荣起来。这两种科学的工作者在当时欧洲的多数国家中都可以找到，然而培根科学的中心显然在英国，而数学性的古典科学的中心却在欧洲大陆，特别是在法国。牛顿是在19世纪中期以前能够与欧洲大陆数学家伯努利、欧拉、拉格朗日、拉普拉斯与高斯相媲美的最后一个英国数学家。在培根科学方面，这种对比较早就开始了，区别不那么明显，然而在18世纪80年代以前很难找到一些欧洲大陆的实验主义者享有波义耳、胡克、豪克斯比、格雷、黑尔斯、布拉克、普利斯特列那样的声誉。而且最先使人想起的那些欧洲大陆科学家，主要集中于荷兰和瑞

① 尽管下述两篇较近的论文与这一点并无非常直接的联系，然而我们却可以从中看到，首先是赫尔墨斯主义后来是微粒论如何出现在17世纪争取智识—社会地位的斗争中：P. M. Rattansi, "The Helmontian-Galenist Controversy in Restoration England", *Ambix* 12(1964), 1－23; T. M. Brown, "The College of Physicians and the Acceptance of Iatromechanism in England, 1665－1695", *Bulletin of the History of Medicine* 44(1970), 12－30。

士，尤其是荷兰。波尔哈夫、马申布洛克以及德·索绪尔就是例子。① 这种地理模式有待更系统地加以研究。然而，如果从培根科学与古典科学范围所及的相对人口总数和相对生产能力方面研究这个问题，其结果可能是令人惊奇的。这种研究还可能表明，上述民族差别只是在17世纪中期以后才出现，而且在其后数世纪中，差别逐渐变得更明显。法兰西科学院与英国皇家学会在18世纪的科学活动的差别，难道不是大于西门图科学院、蒙特摩尔科学院与英国“无形学院”的科学活动的差别吗？

在对科学革命的许多相互竞争的说明当中，只有一种说明有助于理解这种地理差别模式。这就是所谓的默顿命题（Merton thesis）。这是把韦伯、特洛尔奇与托尼以前提出的关于资本主义突现的说明加以改造，转用来说明科学发展。② 他认为，安顿下来的清教徒或新教徒在他们最初的福音派的改宗阶段之后，提出了一种特别适合科学发展的“精神气质”或“伦理学”。这种精神气质的基本内容中包括有：强烈的功利主义色彩，高度重视劳动（包括手工劳动和体力劳动），却不信任已有的知识体系，它鼓励每个人首先对《圣经》，然后才对大自然做出自己的解释。且不说很难鉴别这种“精神气质”，也很难确定这“精神气质”属于一切新教徒，或者只属于某些清教徒教派。即使暂时不考虑这些困难，但是对默顿命题抱怀疑态度的人还有一种意见，就是觉得这个命题的主要缺点是试图说明的问题太多。就算培根、波义耳和胡克看来适合于默顿命题吧，可是伽利略、笛卡尔和惠更斯却不适合于它。而且无论如何，还有一个情况远远没有弄清楚：在科学革命已开始进行一段时间之后，到底各地是否已经有了福音派的清教徒或新教徒的教会组织。无怪乎默顿命题引起争论。

然而，如果不是用这命题去说明作为整体的科学革命，而是用它来说明那促进培根科学的运动的话，那么这个命题的吸引力就大得多。这个运

① 关于这一点的资料，散见于 Pierre Bunet, *Les physicians Hollandais et la méthode expérimentale en France au XVIIIe siècle*(Paris, 1926)。

② R. K. Merton, Science, *Technology and Society in Seventeenth-Century England* (New York, 1970). 这是1938年初版的原作的新版本，其中加入“Selected Bibliography: 1970”，为此书出版后所引起的继续不断的争论提供了有用的指南。

动最初鼓励人们以手艺和工具技术去控制大自然，这种观点无疑地得到赫尔墨斯主义的支持。然而，17 世纪 30 年代以后在科学中日益代替赫尔墨斯主义的微粒哲学并不支持这种观点，而培根主义仍继续发展。在那些非天主教国家情况尤其如此，这就更值得我们深究，清教徒及其“精神气质”对于科学到底具有什么意义。两组传记材料使这个问题变得特别复杂。丹尼斯·派平曾制造波义耳的第二种空气唧筒，并发明了压力锅，他是一个在 17 世纪中期大迫害中从法国逃来的胡格诺①。阿伯拉罕·布莱盖特是一个仪器制造家，1816 年被吸收到法兰西科学院，是一个来自纳沙泰尔的移民，他的家庭是在南特敕令被撤销后逃到那里的。

现代物理学的诞生

我的最后一个论题作为本文的尾声写出，试图概述一个观点，但还有待通过进一步研究加以修正发展。我在前面追溯了古典科学和培根科学在 18 世纪后期以前通常是彼此分离的发展，现在我要至少问一下，此后如何发展？每个了解现代科学情况的人都会看到，物理科学不再符合上述模式，这个事实使得上述模式本身难于被人看清。变化是在何时发生？如何发生？这变化的实质是什么？

部分的回答是：各种物理科学在 19 世纪都发生迅速的转变和成长，这是一切学术专业都经历了的。一些古老的领域如医学和法律采取了新的体制形式，这些形式较严格，而且达到了它们以前所没有达到过的独特的智力标准。在科学方面，从 18 世纪后期开始，科学期刊和团体的数目剧增，与传统的国家科学院及其综合出版物不同，其中有许多期刊和团体都是专门属于某个科学领域的。历史悠久的学科如数学和天文学，第一次成为具有自己独特体制形式的专业。② 稍晚一点，同样的现象也出现在较新的各个培根科学领域，其结果之一就是使以前把它们

① 胡格诺是十六七世纪的法国新教徒。——译者注

② Everett Mendelsohn，“The Emergence of Science as a Profession in Nineteenth-Century Europe”，载 Karl Hill，ed.，*The Management of Scientists*（Boston，1964）。

缚在一起的系带放松了。例如化学在这个世纪中期也最后一个成为独立的文化专业，尽管它与工业和其他实验性领域仍有联系，但已具有不同于它们的特点。部分是这些体制上的原因，部分也由于先是道尔顿原子论、后是日益注重有机化合物的倾向对化学研究的影响，化学的各个概念与其他物理科学所用的概念很快发生分岔。由于发生了这种情况，所以像热学和电学这样一些学科越来越脱离化学，被列入实验哲学或归到一个新领域即物理学，这学科日益取得更大的地盘。

19 世纪期间科学发生变化的第二个重要原因，就是数学的特征逐渐变化。大约在这个世纪中期以前，诸如天体力学、流体动力学、弹性力学、连续和非连续介质振动，这些学科一直是专门数学研究的中心。七八十年以后，它们变成了“应用数学”，脱离了“纯粹数学”的较抽象的问题，而且通常比纯粹数学低一级，“纯粹数学”已经成为数学的中心。尽管像天体力学甚至电磁理论的课程有时仍由数学系成员讲授，然而这些学科已成为服务性课程，它们的研究课题已经不再被列在数学思想的前沿。① 由此造成的数学研究与物理科学研究的分离，迫切要求我们作进一步研究，不仅为了探明分离倾向本身，而且为了弄清这种分离对物理科学发展的影响，尤其是因为这分离倾向在不同国家采取不同的方式，而且具有不同的变化速度。这是加深民族区别的一个因素，下面要加以探讨。

第三种变化（与本文所探讨的问题特别有关），就是许多培根科学领域在 19 世纪最初四分之一期间内非常迅速充分地数学化。在那些现在已构成物理学的主要学科当中，在 1800 年以前只有力学和流体动力学需要高等数学技巧。在其他学科中，有了几何、三角和代数就完全够用了。二十年后，拉普拉斯、傅里叶和萨迪 · 卡诺的工作，使高等数学成为热学研究所必需的，泊松和安培也促进了电学和磁学的数学化，让 · 菲涅尔与其亲密的追随者一起，在光学领域也造成了数学化的类似

① 关于 20 世纪 20 年代，数学与数学物理在英国、法国和美国的关系的有关回忆，记载在当时与 Leon Brillouin，E. C. Kemble 和 N. F. Mott 的谈话录，存档于几个量子物理学史档案库。关于这些档案的情况，参见 T. S. Kuhn，J. L. Heilbron，P. F. Forman and Lini Allen，*Sources for History of Quantum Physics: An Inventory and Report*(Philadelphia，1967)。

效果。只有当他们的新的数学理论已被作为模式而加以接受，一门具有现代物理学特征的专业才成为科学的一个独立领域。它的出现要求把那些在以前曾分隔古典科学与培根科学的障碍（概念方面和体制方面的障碍）加以减弱。

为什么和在何时这些障碍被减弱了呢？这个问题要另作认真研究。不过主要答案无疑地还是在于18世纪有关领域的内在发展。有些定性的理论只是在18世纪80年代期间以及在这以后才获得独立存在，可是在1800年以后它们却迅速数学化。傅里叶理论要求引入比热概念，并要求我们把热和温度的概念进行系统的区分。拉普拉斯与卡诺对热力学的贡献，要求在这世纪末承认绝热加热。泊松对静电磁理论的先驱性的数学化工作，是由于库伦在这以前做了一系列工作之后才有可能，库伦的工作多半是在18世纪90年代做出来的。[①]安培使各线路电流之间的相互作用数学化，几乎与此同时，他发现了他的理论所预示的效应。特别是对于电和热的理论的数学化，当时数学技术的新发展也起了作用。也许除了光学以外，在1800到1825年间一些论文使得以前属于实验性的领域富于数学性，可是在数学化热潮开始以前20年，不会写出这种论文。

然而，最初从培根科学领域开始的内部发展，并不能说明数学在1800年后被引入这些领域时所采取的方式。正如那些新理论的创立者的名字本身已经表明的，最初坚持数学化的科学家一律是法国人。除了几篇由乔治·格林和高斯所写的起初很少人知道的论文以外，在19世纪40年代以前其他地方再没有发生这种情况。正是在这以后，英国和德国才开始效法（尽管迟了一步）法国在一代人以前树立的榜样。关于法国的领先地位，大概可首先由某些体制方面和个人的原因加以解释。事情发生在18世纪60年代，开始时发展很慢，当时诺列特和蒙日被任命到梅兹亚斯的**工程学校**（Ecole du génie）去讲授**实验物理**，培根式学科日

① 关于物理学数学化问题的一些方面，论述见Kuhn，“The Function of Measurement in Modern Physical Science”，*Isis* 52（1961），161－193。古典科学与培根科学的区别在这里第一次被印入出版物。Robert Fox，*The Caloric Theory of Gases from Lavoisier to Regnault*（Oxford，1971）一文中对此亦有论述。

益深入到法国军事工程师教育中。① 在这个运动达到高潮时，于 18 世纪 90 年代创办了一所**综合技术学校**（Ecolepolytechnique）。这是一种新型教育机构，学生在这里不仅学习那些与机械工艺有关的古典学科，而且学习化学、热学与其他有关学科。后来在昔日属于实验性的领域中创立了数学化理论的，都是这所技术学校的教师或学生，这绝非偶然。还有一种情况对于他们的工作所遵循的方向具有巨大的重要意义，这就是拉普拉斯的权威性领导，他把牛顿的数学物理扩展到非数学的学科。②

由于某些迄今还不明确而有争论的原因，新的数学物理的实践约于 1830 年之后在法国迅速衰落。这种情况部分地由于法国科学生命力的普遍衰退，然而另一个更重要的原因，大概在于法国重新肯定了数学的传统性的首要地位，数学从 19 世纪中期以后日益远离物理学的具体问题。由于物理学在 1850 年以后在其一切部分都已数学化同时仍旧依赖于精密实验，所以法国在一个世纪中［对物理学］的贡献下降到同一些以前可以相比的领域（如化学和数学）不相称的地位。③ 而物理学却要求在古典科学与培根科学的分界线上架起一座牢固的“桥”，至于其他一些学科则不需要这样。

19 世纪头二十五年期间在法国开始发展的上述新倾向，后来重新出现在其他地方，在 19 世纪 40 年代中期以后首先在德国和英国再现了法国新倾向。在这两个国家中，根据现在的考证，当时采取的教育形式起初曾经禁止发展这样一种学科，它能使那些长于实验的工作者与数学家

---

① 有关情况可参阅 R. Taton，“L' école royale du genie de Mézières”一文，编入 R. Taton, ed.，*Enseignement et diffusion des sciences en Fance au XVIIIe siècle*(Paris,1964)，第 559—615 页。

② R. Fox，“The Rise and Fall of Laplacian Physics，”*Historical Studies in the Physical Sciences* 4(1976)，89－136；R. H. Silliman，“Fresnel and the Emergence of Physics as a Discipline，”ibid.，pp. 137－162.

③ 关于这个主题的仍然稀少的文献，其有关资料和索引见于 R. Fox，“Scientific Enterprise and the Patronage of Research in France，1800－1870，”*Minerva* 11（1973），442－473；H. W. Paul，“La science française de la seconde partie du XIXe siècle vue par les auteurs anglais et américans”，*Reuue d' histoire des sciences* 27(1974)，147－163。但是要注意，二者都主要关心所谓法国科学总体的衰落。这结果肯定不那么明显，也许很不同于法国物理学的衰落。同福克斯的谈话加强了库恩的信念，也帮助库恩组织了这些论点的表述。

易于相互交流。而德国所以取得非常独特的成就——从德国人在20世纪物理学的概念改革中所起的卓越作用中得到验证——其部分原因显然在于当时德国教育制度的迅速发展以及由此获得的“可塑性”，像诺意曼、韦伯、亥姆霍兹和基尔霍夫等科学家正是在这时候创立了一个新学科，其中实验工作者和数学理论家可以结合为物理学家。①

在这个世纪的最初数十年间，德国模式日益流传到世界各地。在这过程中，数学的物理科学和实验的物理科学的长期分界线已逐渐模糊，看来甚至已经消失。但是从另一观点看来，也许更确切的是这种分界线挪动了位置，即从各自分离的科学领域之间移到物理学内部。这条内部分界线继续成为个人的和专业的紧张关系的源泉。我觉得，正是由于物理学理论现在处处都是数学化的，所以理论物理与实验物理成为如此不同的专业，几乎没有一个人能希望同时精通两者。在实验和理论之间如此深刻的鸿沟，却不存在于化学或生物那样的领域中，在这些领域中理论本来就是较少数学性的。因此，数学性科学与实验性科学的分离状态也许还要继续下去，这种分离看来植根于人的心灵的本性之中。②

（本文选自库恩《必要的张力》第三章，范岱年等译，北京大学出版社2004年版，第30—64页。标题为编者所加）

---

① Russel McCormmach, “Editor’s Foreword”, *Historical Studies in the Physical Sciences* 3 (1971), ix-xxiv.

② 另一种常被提及但还很少被研究的现象，也暗示这个鸿沟有其心理基础。许多数学家和理论物理学家都酷爱音乐，其中有些人曾经很难决定自己是从事科学事业还是音乐事业。在实验科学包括实验物理学中，却看不到这种比较普遍的喜爱音乐的倾向（在其他一些与音乐没有明显联系的学科中，也看不到这种倾向）。然而，音乐或音乐的一部分，曾经一度是数学科学群的成员，却从来不曾是实验科学群的成员。进一步研究一下物理学家常提到的在“数学”物理学家与“理论”物理学家之间的微妙区别，看来也是很有启发性的。他们都运用许多数学，而且常常研究同一类问题。然而数学物理学家往往把物理问题视为概念上固定的问题，发展有力的数学技巧并把它运用于物理问题，理论物理学家却较多从物理的角度去考虑，使物理问题的概念适应于他所掌握的往往较有限的数学工具。刘易士·皮恩森对于这种区别的演变提出了有意思的见解，他对库恩的初稿提出的意见对库恩很有帮助。——译者注

第十九讲　宗教对科学兴起的贡献

［美］巴伯

巴伯（Ian Babour，1923—　），美国宗教学家，1949 年获芝加哥大学物理学博士学位，后从事科学与宗教的研究，著有《科学与宗教》《科学时代的宗教》《技术时代的伦理》《当科学遇到宗教》等。

宗教对科学兴起的贡献

[美] 巴伯

【编者按：宗教与科学是否从来都是死对头？作为科学史家的巴伯给出了一个与老生常谈完全不同的解答。】

我们暂停一下，先来询问一些一般性问题：直到牛顿时代，宗教对科学有什么影响？即便是从以上我们所作的简短概述中也可以看出，科学的成长在许多方面都受到了宗教思想和教会制度的阻挠。在达尔文学说引起的争论的余波中，许多历史记载是以宗教与科学的对立为题材的。[①] 近来许多历史学家业已认识到，在科学的形成阶段，西方的宗教传统对科学也作出过重要的、尽管是间接的积极贡献。

近代科学的兴起，是一个跨越了几个世纪并受到众多因素影响的复杂的社会现象。[②] 其中有经济的力量，如贸易的增长以及财富和闲暇的增加。在冶金、航海、贸易和武器制造等方面遇到的实际问题，加强了

---

① 例如安德鲁·D. 怀特:《科学与神学斗争的历史》(纽约:D. 阿普尔顿公司,1896;多佛尔,PB)。

② 见赫伯特·巴特菲尔德:《近代科学的起源》(纽约:麦克米伦出版公司,1951);R. S. 科恩:《对科学史的几种解释》,《科学月刊》第80卷,第11页(1955);P. 弗兰克编:《科学理论的生效》(波士顿:培肯出版社,1954;柯利尔,PB);E. 艾塞尔:《科学的社会学基础》,《美国社会学杂志》第47卷(1947),第547页。

人们对技术的兴趣。技艺娴熟的手工业工人现在开始学习制造工具和仪器。诸如皇家学会之类的机构的成立，以及信件的传递和杂志的流通，都推动了这项新兴事业的发展。然而，我们所要论述的却是作为科学兴起之**基础的理性构想**。为什么在全世界各大文化中，唯有在西方文明中，近代科学才得到了发展？许多历史学家坚决主张，由古希腊思想和《圣经》思想的独特融合所产生的对待自然的那种不言而喻的态度，是一个重要的因素。

对自然的态度和创世说

在前几个世纪，人们**对自然本身的兴趣**，部分地体现了一种**对中世纪思想的反抗**。文艺复兴时期的人们避开了所谓来世，开始带着一种新的兴奋感，转而关注现世生命之中的潜在可能性。起初，他们将兴趣的目光投向古代的各种文化，投向古典艺术、古典文学以及“世俗的”然而却是非科学的知识体系。如莱奥纳多·达·芬奇的创造天才体现在艺术、工程、解剖等许多不同的领域。对地理疆界和自然现象的探索日益激起喜欢冒险的人们的好奇心。此外，中世纪晚期哲学中出现的信仰与理性的脱节，以及宗教改革运动对教会权势的否定，都可能刺激**对新知识的探求**，关于这种新的知识，人们不必诉诸古代权威便可取得一致的看法。随着中世纪的综合思想体系的解体，出现了更为多种多样的新思想，调查研究的科学精神更为普及，人在探究真理的活动中也被委以一种更为重要的角色。

但中世纪的遗产也包含着有关自然界的一些未言明的猜想；这些猜想在许多方面与科学精神是一致的。首先，深信**自然界是可理解**的，就有助于所谓科学的理性成分的产生。中世纪的经院哲学家们像古希腊哲学家一样，对人类理性的力量抱有很强的信心。而且，他们还把古希腊关于宇宙的有序性和规则性的观点与《圣经》中关于上帝是规律创造者的观点相互结合了起来。一神教暗示了有序性和连贯性的普遍存在（虽然在近代科学诞生以前，这种普遍性并不是主要按照因果律想象出来的）。怀特海在其长篇论述的结尾说了如下一番话：

> 然而，我并不认为我已阐明了中世纪精神对科学运动的产生所作的最大贡献。我指的是这样一个坚定不移的信念，即认为每一个小事件都以绝对确定的方式与产生在其之前的事件发生逻辑联系；这个事例也说明了一般原则……①

当我们把欧洲思想的这种风气与诸多其他文明的思想进行比较时，这种风气的来源似乎只有一个。它无疑是来源于中世纪时对上帝具有理性这一点的坚定信念，而这个信念是从关于耶和华的人格在力量的观念和古希腊哲学家对理性的重视中脱胎而来的……在亚洲，神被想象成要么是太武断，要么是太不人格化的一种存在；由于这个缘故，诸如上述欧洲观念要对人们心智的本能习惯产生很大的影响，是不可能的……我们对这个问题的解释是，先于近代科学理论的发展而产生的对科学的那种信心，实际上是中世纪神学的一种使人不知不觉的派生物。

其次，有关创世教义有这么一种含义，即**自然界的详细情况只有通过观察才能够认识**。因为倘若世界是上帝随意制造出来的，上帝便用不着把它制造得恰巧像目前这个样子，而我们要认识它，也仅凭实际观察就能办到。② 换句话说，宇宙的产生是依赖于上帝意愿的，而不是什么原初准则的必然产物；世界既是有秩序的又是偶然的，因为上帝既是理智的又是随意的。相比之下，古希腊思想方法主要是演绎推理；也就是说，从一般性的原则出发，可以推演出这个世界的全部细节的安排。苏格拉底说过，宇宙中任何一种特定的要素，都必然是从上帝本质中流出

---

① 怀特海：《科学与现代世界》，第 13 – 14 页。

② 见 M. B. 福斯特《基督教的创世记与近代自然科学的兴起》，《心理》第 43 卷（1934），第 446 页；第 44 卷（1936），第 1 页。约翰·拜里：《自然科学与精神生活》（伦敦：牛津大学出版社，1951）。

来的。此外，柏拉图学派认为，物质是纯粹理念的一种低劣的体现；这种永恒的理念的实质，只能通过理性直觉来把握——不能通过研究无法令人满意地说明理念的有限物体来把握。古希腊科学（如数学和几何学）的推理色彩大大超过实验色彩，这大概是不足为奇的。①

另外，**对自然的一种肯定的态度**在《圣经》思想中占有主导地位。所谓自然界的优良本性之说是创世说的必然结果。上帝所创造的秩序，以及时间和历史的领域，已经包容在他的目的之中了。诚然，中世纪思想中有诸多否定现实世界的命题（部分是由古希腊世界继承下来的），但极端的诺斯替教派和摩尼教派的那种认为物质和现世具有内在的、固有的罪愆的观点却为中世纪思想所摒弃。无疑，萦绕在普通人想象之中的那种对自然界的恶魔力量的恐惧或许阻碍了科学的产生。然而在诸如圣本尼狄克、圣弗朗西斯、圣托马斯这样一些人的思想中，我们可以看到，世界的良好本质通过多种方式——实证的、美学的和推理的——得到了肯定。但基督教从未把自然力和有机体生命的活力加以神化；在各种“自然神灵”被否定以后，自然界就不再是人们崇拜的对象了；它转而成为研究的对象。在《旧约·创世记》的记载中，人被明确地赋予了支配其他受造之物的力量。与此相比，亚洲各宗教的自然观（尤其是印度教的**空幻境界说**，此说认为多元而变幻不定的世界的虚幻性是其本质特征）总的说来，则显得与发展对自然秩序的科学兴趣不太相宜。

可是，如果说《圣经》的自然观与古希腊思想中对理性的注重有助于科学的进步，为什么**科学在中世纪的发展**较为迟缓呢？其原因可能部分在于亚里士多德的权威和经院派哲学家们过分的唯理论倾向，部分在于制度化了的教会的统治（文艺复兴运动和宗教改革运动就是反抗这种统治的），当然，也部分在于社会和经济的因素。在人类历史上只出现过这么一次科学革命，对此，我们所能作的思考至多不过是，为什么这种革命不是在另外一个时代或地区发生。然而，西方宗教传统在产生有

① 参见玛丽·B. 赫西：《科学与人的创造》（伦敦：SCM出版社，1954）第38页以下。

关自然的不知不觉的假想这方面的重要性，业已为不少科学史家所承认。不为宗教作任何辩护的罗伯特·科恩这样问道：

> 能够通过其他道路——而不是我们业已走过的神学道路——认识到统计学上的规则性及其数学表达吗？唯一的验证方式就是用非神学的中国的发达文明来作一比较。正如李约瑟和诺思罗普曾经指出的，在中国，神学与个人发生的关系是那么微乎其微，律法制定得是那么富有伦理色彩，那么具有人本主义精神，那么具体，以至那种关于存在着一个创造了万事万物的理性之神的思想从来就没有得到阐述。因此，如下思想在中国从来就没有被接受，即人类这种理性不足的存在物，只要借助上帝般的理智之力，就能辨识和解释自然法则（用伽利略的话说，人类可以读懂大自然这本书的数学语言）。①

"新教伦理"与科学的追求

除了《圣经》传统在总体上的贡献以外，**清教主义**在具体的方面似乎也促进了科学的进步。我们不必贬低同一时期其他方面的进步，但我们可以认为17世纪的英国是科学史上的一个转折点，而清教主义则是这个转折的主要动因。皇家学会会员10个当中就有7个是清教徒——这一比例大大高于清教徒在总人口中所占的比例；大多数科学家都是活跃的教士，而很多教士也鼓励或亲自投身于科学事业。清教学校在其课程中设置了自然科学的科目。我们已经注意到，牛顿和其他许多人的信念是，对自然，亦即神所制造的东西的研究，可以增进上帝的荣耀。但是清教徒对于神授使命的理解看来也为科学工作增添了额外的动力。

---

① R.S.科恩编:《证实》,第106页。

这种我们有时称之为“**新教伦理**”（虽然它并非为新教所有的分支所遵奉）的思想，是17世纪加尔文教派，特别是英国各清教教派对待日常工作的一种特别的观点的发展。加尔文像路德一样，反对把“宗教的”使命置于“世俗的”使命之上；人们不应通过隐退到修士生活中来为上帝服务，而应当通过以正直和勤勉的精神进行诚实而有益的工作来为上帝服务。俗人的地位（以及劳动的尊严）的这种提高，是宗教改革运动的这样一种教义的副产品，即在上帝面前，人应该由神恩——而不是人的事功——来评判，但他还是能够通过在现世生命中有所作为来报答上帝的爱。而加尔文派比路德派更为积极地推动“此世的”事业的发展，并鼓吹有理智、有条理的工作可以增进公众幸福，也会赢得上帝的赞许。基督教徒应该以诚实、冷静和勤俭的劳动来给上帝增添荣光。

关于“**新教伦理**”与**资本主义的成长**之间的相互关系，韦伯、托尼及其他一些学者已经为我们做了描绘。① 新教伦理所张扬的一些优良品行，尤其是努力工作和勤俭节约的精神，恰恰是从事新兴的商业事务所需要的品质。那些自认是上帝选民的基督教徒为了其自身利益，理应将这些品质融入实践当中；如果他们在这一过程中取得了成功，这就可以被认为是上帝恩典的迹象。一个人可以同时为上帝、为其同类以及为自己效劳的这种思想，显然是可能被滥用的；不久，人们指着自己的财富说，这就是上帝选民的证据，于是追求功利的个人主义就被合理化了。但在17世纪，这种对于所谓“职业美德”的曲解，还被限制在一种竭尽全副身心和潜力为上帝服务，对上帝负责的强烈意识的范围之内的。

现在，“新教伦理”也给了**科学**工作以类似的认可；对自然界的探究于是被认为具有内在的神奇魅力，有益于人类，并得到上帝的鼓励。因为通过这项事业，上帝的非凡技艺能得到展露，上帝合理的、有秩序

---

① R. H. 托尼：《宗教与资本主义的兴起》（纽约：哈考特和布雷斯出版公司，1926，门托PB）；对韦伯与托尼论点的批评见库尔特·塞缪尔森：《宗教与经济活动》（纽约：基础丛书，1961；哈珀，PB）；W. H. 赫德森：《再论韦伯的观点》，载S. A. 伯利尔编：《近代欧洲历史中宗教的统治》（纽约：麦克米伦出版公司，1964，PB）。

的活动也能得到印证。罗伯特·默顿说："清教主义价值体系形式上的合理化，基本上是无意之中起到了推动近代科学的作用。"①伯纳德·巴伯就清教教义同科学的相关性作了如下概述：

> 清教徒们认为，通过认识自然，人们能够认识上帝，因为上帝是在自然发生作用的过程中显现他自己的。因此，科学不是同宗教相对抗的，而是宗教信仰的一个坚实的基础。他们感到，既然"有益的工作"是上帝选拔其拯救对象的一个标志（如果不是证据的话），既然人们可以通过社会功利行为给上帝增添荣光，那么科学就是有益的，因为它是人们从事有益工作以及实现社会进步的一个有效的工具。他们之所以如此尊重理智，是因为上帝唯独让人拥有理智，也因为理智遏制了人的懒散和怠惰行为。②

显而易见，无论是《圣经》的创世说还是清教主义的职业道德，都对科学的兴起作出了积极贡献。

（本文选自巴伯《科学与宗教》第2章第4节，阮炜等译，四川人民出版社1993年版，第56—63页。沿用原有标题）

---

① 罗伯特·默顿：《17世纪英国的科学与神学》，载《奥西里斯》第4卷，第2部分（1938）；《社会神学与社会结构》（伊利诺伊州格伦索：自由出版社，1949）第18、19章。

② 伯纳德·巴伯：《科学与社会秩序》（自由出版社，科利尔出版有限公司，1952），第58页。

第二十讲　警惕科学

[美] 费耶阿本德

费耶阿本德（Paul Feyerabend，1924—1994），奥地利裔美国科学哲学家，以其无政府主义的方法论和对科学的激进批评而独树一帜，著作有《反对方法》《自由社会中的科学》《告别理性》等。

警惕科学

[美] 费耶阿本德

【编者按：在本文中，费耶阿本德挑战科学的权威、科学的优越性观念、科学的专制，呼吁通过民主体制限制科学，维护思想的多元化和思想自由。】

科学同神话的距离，比起科学哲学打算承认的来，要切近得多。科学是人已经发展起来的众多思想形态的一种，但并不一定是最好的一种。科学惹人注目、哗众取宠而又冒失无礼，只有那些已经决定支持某一种意识形态的人，或者那些已接受了科学但从未审察过科学的优越性和界限的人，才会认为科学天生就是优越的。然而，意识形态的取舍应当让个人去决定。既然如此，就可推知，国家与教会的分离必须以国家与科学的分离为补充。科学是最新、最富有侵略性、最教条的宗教机构。这样的分离可能是我们达致一种人本精神的唯一机会。我们是能够达致人本精神的，但还从未完全实现过。

认为科学能够并且应当按照固定的普适的法则进行的思想，既不切实际，又是有害的。它所以**不切实际**，是因为它把人的才智和鼓励或引起才智发展的环境看得太简单了。它所以**有害**，是因为强加这些法则的努力必定以牺牲我们的人性为代价来提高职业的条件。此外，这思想所以**不利于科学**，是因为它忽视了那些影响科学变化的复杂的物理和历史条件。它使科学的适应能力减弱，变得更加独断：每一条方法论法则都同宇宙学假设相联结，因此若利用这条法则，我们便想当然地以为，这些假设是正确的。素朴证伪主义想当然地以为，自然规律是显现的，不是隐藏在相当大的摄动之下。经验主义想当然地以为，感觉经验是比纯粹思想更好的一面世界镜子。赞扬论证的人想当然地以为，“理性”的种种手段比我们情感的未受抑制的作用给出更好的结果。这种假设可能是完全可信的，**而且甚至是真实的**。人们偶尔还是应当把它们付诸检验。把它们付诸检验，意味着我们停止运用同它们相联结的方法论，开始以一种不同方式搞科学，看看发生什么。像《反对方法》上一章报道的那种案例研究表明，这种检验每时每刻都在发生，它们**反驳**任何法则的普遍有效性。一切方法论都有其局限性，唯一幸存的“法则”是“怎么都行”。

这些发现所引起的视角变化再次导致久已为人遗忘的科学优越性问题。它第一次在**现代**史上导致这个问题，因为现代科学**压服**它的反对者，而不是**说服**他们。科学凭借**势力**而不是论证来接管（前殖民地尤其如此，在那里科学和兄弟之谊宗教被作为理所当然的东西引入，没有同当地居民商量过，也没有同他们进行过辩论）。今天，我们认识到，理性主义既然被科学所束缚，就不可能在科学和神话之争中给我们什么帮助，我们还从断然不同的探索中获知，神话远比理性主义者所敢于承认的来得好。① 因此，我们现在**不得不**提出科学优越性问题。于是，考察表明，科学和神话在许多方面是交叠的，我们以为我们感知的那些差异

① 参见埃文斯·普里查德、格里奥尔、伊边丝·汉密尔顿、杰里迈耶斯、弗兰克福特、索尔基尔德·雅各布森和其他人所作的卓越的案例研究。关于综述，参见德·桑蒂拉纳·冯·德切德：《哈姆雷特的磨粉机》，波士顿，1969，以及费耶阿本德的《自然哲学导论》，不伦瑞克，1976。这些是拉卡托斯意义上的案例研究，满足他的极其严格的标准。那么，为什么他和他的理性主义同道那么不愿意接受这些研究的结果呢？

往往是些**局部的**现象，它们在别处可能转变成相似，而那些根本性的差别乃是不向**目标**的结果，而不是试图达到同一个“理性”目的（诸如“进步”、内容增加或“增长”）的不同方法的结果。

为了表明神话和科学的惊人相似性，我想简短地讨论一下罗宾·霍顿的一篇很有意思的论文，题为《非洲传统思想和西方科学》。① 霍顿考察了非洲的神话，发现它有如下几个特点：对理论的追求是对藏在表面复杂性后面的统一性的追求。理论把事物置于一种因果关系背景之中，它比常识提供的因果关系背景更为广阔：科学和神话都给常识构筑理论上层建筑。存在着抽象程度不同的理论，它们按照所出现的不同解释要求加以运用。理论构造在于分化常识对象，按另一种方式把其各要素重新结合起来。理论模型始自类比，不过它们逐渐脱离这类比所根据的模式。如此以往。

这些特点是由和拉卡托斯同样仔细和详细的案例研究表明的。它们反驳这样的假设：科学和神话服从不同的形成原理（卡西尔），神话无须沉思（达德尔）或思辨（偶尔是弗兰克福特）。我们也不能接受这样的观念：神话的功能本质上是实用性的，神话以仪式为基础。这种观念见诸马林诺夫斯基以及诸如哈里森和康福德等古典学者。神话和科学的密切关系，远远超过所能指望于哲学讨论的程度，甚至远远超过霍顿本人所准备承认的程度。

为了明白这一点，试考虑霍顿所强调的那些**差别**。按照霍顿的见解，一个神话的中心思想被奉若神明。人们担心这些思想受到威胁。人们“几乎从不承认无知”②，有些事件唤起了一种“禁忌反应”，“这些事件无视它们在其中出现的那种文化中的既有分类方法”③。基本信念受到这种反应保护，也受“二次阐述”④手段保护，后者就是我们所称

① 原载《非洲》，第 37 卷，1967，第 87—155 页。费耶阿本德引自简写本，载马克斯·马威克编：《巫术和妖术》，企鹅图书公司，1970，第 342 页以后。

② 《巫术和妖术》，第 362 页。

③ 同上，第 364 页。

④ 同上，第 365 页。

的特设性假说。另一方面，科学由一种“本质的怀疑论”①表征：“当失败纷至沓来时，对理论的辩护就无情地转变为对它的攻击。”②这所以可能，是因为科学事业的“开放性”，因为它所包含的思想的多元性，还因为“无论什么不顾或不能适应于既有范畴体系的东西，都不是令人讨厌、应予隔离或排除的。相反，它是一种有魅力的‘现象’——对于发明新的分类和新的理论来说，是一个出发点和一种鞭策”③。我们可以看出，霍顿深知波普尔。④ 对科学本身的实地研究显示了一幅断然不同的图景。

这种研究揭示，虽然有的科学家可能像所描述的那样行事，但绝大多数科学家走另一条路。怀疑精神处于最低限度；它矛头针对对抗的观点、针对一个人自己基本思想的细枝末流，而决不是针对基本思想本身。⑤ 对基本思想的攻击唤起禁忌反应，而后者不比所谓原始社会中的禁忌反应来得弱。⑥ 如我们所已明白的，基本信念受这种反应保护，也受二次阐述保护；无论什么不能适应于既有范畴体系的东西或者据说同这体系不相容的东西，不是被视为某种十分令人讨厌的东西，就是更经常地**干脆被说成是不存在的**。科学也不准备使理论多元论成为研究的基础。牛顿称霸了一百五十多年，爱因斯坦引入了一种比较自由的观点，而只有“哥本哈根诠释”步其后尘。科学和神话之间的相似委实令人惊讶。

不过，这两个领域甚至更密切地相关联。我已说明过的那种宏大的教条主义不仅是一个**事实**，而且还具有一种极为重要的**功能**。**科学离开**

---

① 《巫术和妖术》，第368页。

② 同上。

③ 同上，第365页。

④ 见他在其论著第2部分中对他所称的“封闭的和开放的境况”的讨论。

⑤ 这是非洲巫术中一种司空见惯的程序。参见埃文斯·普里查德：《阿赞德人的巫术、神谕和魔法》，牛津，1937，第230、338页；亦见《社会人类学》，前引书，第99页。

⑥ 试比较早期对量子论中隐变量的反应，对占星术、心灵遥感、传心术、伏都教、埃伦哈夫特、韦利科夫斯基等的态度。亦见克斯特勒的趣味小说《癞蛤蟆助产士》，纽约，1973。

了它就变成不可能。[①]“原始”思想家显示出对知识的本质有着比他们的“启蒙”哲学家更深邃的洞见。因此，有必要重新考察我们对神话、宗教、魔法、巫术的态度以及对理性主义者希望其永远从地面上消失的一切思想的态度（他们没有对它们作过认真考察——一种典型的禁忌反应）。

这种重新考察所以迫切需要，还有一个理由。现代科学的兴起，是同西方入侵者对非西方部族的镇压相重合的。这些部族不仅肉体上遭镇压，而且还失去了理智的独立，不得不皈依残忍的兄弟之谊宗教——基督教。他们中最明智之士得到了额外的收益：他们洞见了西方理性主义及其巅峰——西方科学的奥秘。偶尔这导致一种几乎无法忍受的同传统的紧张关系（海地）。在大多数场合，传统不留论证痕迹地消失，而人们只是成了肉体和精神的双重奴隶。今天，这种发展在逐渐颠倒过来——当然是十分勉强的，但它是在逆转。无论在西方国家的少数民族中还是在非西方大陆的广大人群中，自由被重新获得，旧传统被重新发现。**但是，科学仍君临一切。**它所以君临一切，是因为它的实践者**未能理解**也**不愿宽容**不同的思想体系，因为他们有**力量**把他们的愿望强加于人，还因为他们利用这力量，他们的先辈全都运用**自己的**力量把基督教强加于在征战中所遇到的人们。例如，虽然一个美国人现在可以选择他所喜欢的宗教，但他仍不得要求：他的孩子在学校里不学科学而学魔法。国家与教会分离是存在的，但国家与科学的分离并不存在。

然而，科学并不比任何别的生活形式具有更大的权威。它的目标无疑并不比那些指导一个宗教社会或由一个神话统一起来的一个部族中的生活的目标更重要。总之，它们不该限制一个自由社会的成员的生活、思想和教育，在这个社会中，每个人都应有机会塑造他自己的心灵，按照他认为最合意的社会信仰生活。因此，国家和教会的分离必须补充以

---

① 这已为库恩所强调；见《教条在科学研究中的作用》，载 A. C. 克龙比编：《科学的变化》，伦敦，1963，第 69—347 页，及《科学革命的结构》，芝加哥，1962。

国家和科学的分离。

我们不必惧怕，这种分离将导致技术的崩解。总会有些人，他们宁肯当科学家而不愿做他们命运的主人，他们甘愿服从平庸至极的（理智的和制度的）束缚，倘若他们俸禄甚丰，倘若周围有人在考察他们的工作、对他们大唱赞歌的话。希腊所以发展和进步，是因为它能依靠强迫的奴隶的服务。我们将借助大学和实验室里大量**心甘情愿**的奴隶来取得发展和进步，他们提供给我们药丸、煤气、电、原子弹、冰冻饭菜以及偶尔还提供给我们一些有趣的童话。我们将给这些奴隶优厚待遇，甚至倾听他们的声音，因为他们偶尔也讲一些有趣的故事给我们听，但我们不允许他们把他们的思想体系披着“进步”教育理论的外衣强加于我们的孩子。我们将不允许他们教授科学幻想，仿佛它们是唯一存在的事实陈述。科学和国家的分离可能是我们的唯一机会，可以克服我们科学技术时代狂热的野蛮，达致我们能够实现但从未完全实现过的一种人性。① 因此，让我们在结束时评论一下那些可援用来支持这种程序的论据。

科学家和外行心目中的20世纪科学的形象由技术奇迹，例如彩色电视、月球探测器、红外炉所决定，也由关于产生这些奇迹的方式的一种不无含混但仍十分有影响的传闻或童话所左右。

按照这种童话，科学的成功是创造性和控制这两者的一种微妙的小心平衡的联合的结果。科学家持有**思想**，他们又有专门的**方法**来改进思想。科学理论通过了方法的检验，它们对世界作出了比未通过检验的思想更好的说明。

这童话解释了，为什么现代社会以特殊方式对待科学，为什么它赋予科学以其他事业所享受不到的特权。

按照理想，现代国家在意识形态上是中立的。宗教、神话、偏见都

---

① 关于科学的人本主义缺陷，参见《自由社会中的专家》，载《批评家》，1971年11月/12月号，或者这篇文章的改进的德文本，以及费耶阿本德的《文选》（菲韦格，1974），第1卷第2部分中的《试论一种人本主义科学》的德文本。

在产生影响，不过只是迂回地产生影响，以有影响的政党为媒介。意识形态的原则**可能**进入政府结构，但只是在获得绝大多数票数，并对可能的后果作了长时间讨论之后。在我们的学校中，各主要宗教现在都作为**历史现象**来教授。只有当父母坚持要求一种比较直接的教育模式时，它们才作为真理的组成部分来教授。他们孩子的宗教教育靠他们来判定。对意识形态的财政资助不会超过给予政党和民间团体的财政资助。国家和意识形态、国家和教会、国家和神话都被小心地分离开来。

然而，国家和科学是浑然一体地起作用的。为了改进科学思想，耗费了巨资。像科学哲学这样的假冒学科从科学的兴旺获得好处，却没有作出一项发现。甚至人际关系也以科学的方式加以研究，如由教育大纲、监狱改造建议、军事训练等等所表明的那样。在学校里，几乎一切科学学科都是必修科目。虽然一个6岁儿童的父母可能决定让他受新教的初步教育，或者受犹太教的入门教育，或者根本取消其宗教教育，但是，他们在科学方面就没有这种自由。物理学、天文学和历史学都是**必须**学习的。它们不可能被巫术、占星术或者关于传说的学问所取代。

人们不会满足于对物理学（天文学、历史学等等）事实和原理作单纯**历史的**叙述。人们不会说：**有些人相信**，地球围绕太阳运动，而另一些人认为，地球是一个中空的球，内含太阳、行星和恒星。人们说：地球围绕太阳**运动**——别的一切纯属蠢话。

最后，我们接受或拒斥科学思想所取的方式是同民主决策程序迥然不同的。我们接受科学定律和科学事实，我们在学校里教它们，我们使它们成为重要政治决策的基础，但从未让它们服从投票表决。**科学家**不让它们服从表决——或者至少这是他们的意见——而且**外行**也肯定不让它们服从表决。具体的建议偶尔加以讨论，也有人提议投票表决。但是，这程序没有扩展到一般理论和科学事实。现代社会所以是哥白尼的，并不是因为哥白尼主义已付诸表决，加以民主辩论，然后以简单多数被选中；它所以是“哥白尼主义的”，是因为**科学家**是哥白尼派，还因为人们不加批判地接受他们的宇宙学，就像人们曾经如此接受主教的宇宙学那样。

甚至大胆和革命的思想家也屈服于科学的判断。克鲁泡特金[①]想打破一切现有制度——但他没有触动科学。易卜生在暴露时代人性的状况上走得非常远——但他仍把科学保留为真理的一种量度。埃文斯·普里查德、莱维·施特劳斯和其他人都认识到，“西方思想”绝不是人类发展史上的一座孤峰，它被其他意识形态所不遇的种种问题困扰。不过，他们在把一切形式的思想都视为相对的时，独独把科学排除在外。即使在他们看来，科学也是一种**中性的结构**，它包含独立于文化、意识形态和成见的**实证知识**。

当然，这样特殊地看待科学，其理由只是一个小小的童话：如果科学已发现一种方法，它把受意识形态污染的思想转变成真实而有用的理论，那么，科学实际上不仅是意识形态，而且还是一切意识形态的客观量度。所以，它并不服从分离国家和意识形态的要求。

但是，如我们所知，这个童话是虚妄的。不存在什么特殊方法，可用以保证科学成功，或者使之成为可能。科学家所以解决问题，并不是因为他们持有一根魔棒——方法论，或者合理性理论——而是因为他们长时间研究一个问题，因为他们对其情势了如指掌，因为他们不十分愚笨（尽管在几乎人人都可成为科学家的今天，这一点相当可疑），还因为一个科学学派的过分行为几乎总是被另一个学派的过分行为所平衡。（此外，科学家难得解决问题，他们屡犯错误，他们的解决有许多是毫无用处的。）导致宣告一条新科学定律的过程和一条新法律在社会上通行前的过程，基本上毫无二致：告知全体公民或直接有关的人，收集“事实”和成见，讨论问题，最后投票表决。不过，一个民主国家作出努力来**解释**这个过程，以便让每个人都能理解它，而科学家或者**掩盖**它，或者**歪曲**它，使之适合于他们的宗派利益。

---

① 克鲁泡特金（1842—1921），俄国民粹主义革命家、地理学家，也是无政府主义的重要代表人物之一。

没有科学家会承认，投票表决在他的学科里起作用。仅仅事实、逻辑和方法论就可作出判定——这是那个童话告诉我们的。但是，事实怎样判定呢？它们在促进知识上起什么作用呢？我们不可能从它们**推导出**我们的理论。我们不能给出**反面的**准则，比如这样说：好的理论是可加以反驳、但尚未同任何事实发生矛盾的理论。按照证伪原则，所以排除理论，是因为它们不符合事实。这样，证伪原则必将排除全部科学（或者必将承认，科学大部分是不可反驳的）。说一个好的理论比它的对手**解释更多东西**，这样的提示也是不怎么符合实际的。诚然，新理论常常预言新事物——但这几乎总是以牺牲已知事物为代价的。至于逻辑，我们认识到，在科学实践中，由于材料的复杂性，甚至最简单的要求都**没有**得到满足，也**不可能**得到满足。科学家用来表示已知东西并上升到未知东西的那些观念难得同逻辑或纯粹数学的严格禁令相一致，因此，企图使它们相符的努力将剥夺科学的弹性，而没有弹性，就不可能达致进步。我们看到：仅仅事实并不十分有力，不足以使我们接受或拒斥科学理论，它们留给思想的范围**太宽广**了；逻辑和方法论排除得太多，所以**太狭窄**了。处在这两个极端之间的，是人类思想和意愿不断变化的领域。实际上，对科学博弈中的成功之着（从科学家本身的观点来看是"成功的"）的比较详细的分析表明，存在一个广阔的自由范围，它**要求**思想**多样化**，允许应用民主程序（投票表决），但它实际上被强权政治和宣传所封闭。**这正是特殊方法的童话发挥其决定性作用的地方**。这童话通过详述"客观准则"而掩盖了这样的事实：创造性科学家和一般公众甚至在科学的最刻板和最先进的部分里也拥有决策的自由。这样，它保护了大亨（诺贝尔奖金获得者，实验室、美国管理协会之类组织和特殊学校的领导人，"教育家"等等），把他们和群众（外行，非科学领域中的专家，其他科学领域中的专家）隔离开来：只有那些承受科学制度压力的公民（他们已经受长期的教育），那些屈服于这些压力的公民（他们通过了考试），那些现在坚信那个童话之真理性的公民，才值得重视。科学家就是这样在他们的业务上自欺欺人，而未带来任何实际害处：他们在金钱、权威和吸引力上都得到非分的报偿，他们领域中最无聊的程序和最可笑的结果被笼上卓越的光辉。现在是时候了，该给他们恰如其分的估价，赋予他们比较适当的社会地位。

愿意接受这个劝告的，在我们健全的当代人中间，尚属凤毛麟角。它似乎同某些简单的、广为人知的事实相冲突。一个有学问的医生比一个外行或原始社会的巫医更有本领诊治疾病，这难道不是事实吗？只是随着现代医学兴起，流行病和个别危害很大的疾病才消失，这难道不是事实吗？自从现代科学兴起以来技术已取得巨大进步，难道我们不该承认这一点吗？月球探测器难道不是光辉技术成就的一个给人极其深刻印象的、无可辩驳的证明吗？这些就是对那些胆敢批评科学之特殊地位的胆大妄为之徒提出的部分问题。

只有当人们假定，那些**没有人会否认的**科学成果无须借助任何非科学因素就得到，它们也不可能由这些因素的结合加以改善的时候，这些问题才达到其论争目标。“非科学的”程序，例如巫士和狡诈之徒的草本学、神秘主义者的天文学、原始社会的疾病治疗，全都一无是处。只有**科学**才给我们有用的天文学、有效的医学、值得信赖的技术。人们还必须假定，科学的成功归功于正确的方法，而不仅是由于幸运的机遇。导致进步的，不是幸运的宇宙学猜想，而是正确的和**宇宙学上中性的**数据处理。为了赋予这些问题应有的论争力量，我们必须作出这些假定。这些假定没有一个经得起比较仔细的考察。

现代天文学始于哥白尼企图使费罗劳的旧观念适应天文预测需要的努力。费罗劳不是精密科学家。如我们所知，他是一个糊涂的毕达哥拉斯主义者。像托勒密这样的专业天文学家说他的学说的推论“惊人地荒唐可笑”。伽利略见到的已是费罗劳的大大改进了的哥白尼翻版，可就连他也说：“当我寻思，阿里斯塔克和哥白尼竟能使理性征服感性，理性无视感性而成了他们信仰之主的时候，我实在惊讶不已。”“感性”在这里是指亚里士多德和其他人用来表明地球必定静止的那些经验。哥白尼将其与这些经验的论据相对立的“理性”是费罗劳的神秘理性，这种理性和同样神秘的（从今天理性主义者的观点看来是“神秘的”）对圆周运动的基本特性的信仰相结合。我已表明，离开了对上古观念的这种非科学运用，现代天文学和现代动力学就不可能进步。

天文学从毕达哥拉斯主义和柏拉图对圆周的钟爱获益匪浅而医学从草药，从巫士、接生婆、机灵鬼和江湖药商的心理学、形而上学、生理学得到好处。众所周知，16 世纪和 17 世纪的医学虽然在理论上过度增长，但对疾病无济于事（并且在“科学革命”后的很长时间里都裹足不前）。像帕拉塞尔苏斯这样的革新家也倒退到早先的观念上去改良医学。科学到处都在利用非科学的方法和非科学的成果来丰富自己，而那些常常被视为科学之必要部分的程序却被打入冷宫。

这过程并不限于现代科学的早期史。这不仅仅是 16 世纪和 17 世纪科学的原始状态的一个结果。甚至今天科学也可能并已经从非科学要素的混合中获得好处，前面讨论过的一个例子是传统医学在新中国的复活。当共产党人在 50 年代让医院和医学院校教授《黄帝内经》中包含的思想和方法，用它们来治疗病人时，许多西方专家（包括“波普尔骑士团”之一员艾克尔斯）目瞪口呆，预言中国医学将每况愈下。事情恰恰相反。针灸、切脉诊断已导致新的洞见、新的治疗方法，还对西方和中国的医生都提出了新的问题。那些不愿看到国家干预科学问题的人应当记得那种相当严重的科学沙文主义：在大多数科学家看来，“科学自由”这个口号意味着不仅向已加入他们队伍的人而且也向社会其余人士灌输自由。当然，并非科学和非科学因素的每一种混合都会取得成功（例如李森科）。但是，科学也并非总是成功的。如果因为这些混合偶尔失效就说应当避免它们，那么，纯粹科学（如果有这种东西的话）也必须避免。（李森科事件中那种要不得的东西不是国家的**干预**，而是极权主义的干涉，扼杀反对者，不让他走自己的路。）

把这个考察和关于科学没有专门方法这个深刻认识结合起来，我们便得出这样的结论：科学和非科学的分离不仅是人为的，而且也不利于知识的进步。如果我们想理解自然，如果我们想主宰我们的自然环境，那么，我们必须利用**一切**思想、**一切**方法而不是对它们作狭隘的挑选。然而，断言“科学以外无知识”只不过是又一个最便宜不过的童话。原始部族对动植物的分类比同时代科学的动物学和植物学还要详细；他们知道一些药品，其疗效令医生吃惊（医药工业已从这里找到了新的收入来源）；他们拥有影响同行的手段，而科学长期来认为它们并不存在（伏都教）；他们解决了一些难题，其方法至今仍不得而知（金字塔的建造，波利尼西亚旅行）。在旧石器时代，曾有过一种高度发展的、国际闻名的天文学。这种天文学在事实上是恰当的，在情感上是令人满意的。它**既解决了物理问题又解决了社会问题**（对现代天文学却不能这样说），它以十分简单而又机智的方式得到检验（英国和南太平洋的石头观象台；波利尼西亚的天文学校——关于这一切论断的较为详细的论述和参考文献，参见我的《自然哲学导论》）。已经有了家畜饲养，发明了轮作农业，培育了新型植物，还通过小心避免交叉授精来保护纯种。我们还看到了化学发明，以及可同今天最高成就媲美的极其惊人的艺术。诚然，没有集体遨游月球，但有个别人不顾灵魂和理智的巨大危险，从一个天球升登另一个天球，最后直面无上荣光的上帝本人，而另一些人变成动物，又复归于人。在一切时代，人都用宽广开阔的感觉和富有创造力的智能看待周围环境；在一切时代，他都有令人难以置信的发现；在一切时代，我们都能从他的思想学到东西。

另一方面，现代科学决不像科学宣传想让我们相信的那样困难和完美。像医学、物理学或生物学这样的一门学科所以显得困难，只是因为它教得很糟，因为标准教育充斥冗余的材料，还因为这些教育在人生开始得太晚。战时，美军急需医生，医学教育可以锐减到半年（然而，这种教材早就佚失了）。科学在战时可以简化。在和平时期，科学的威望需要高度的复杂性。一个外行使一个专家的狂妄判断降到恰当位置，这种事还少见吗！许多发明家制成了“不可能的”机器。律师一再表明，一个专家不知道他在说什么。科学家，尤其医生们常常得出不同的结果，以致要由病人亲属（或某地区的居民）来**投票**决定应采取什么治疗方案。非科学影响使科学得到改善，转向新的方向，这是多么常见的事！我们，一个自由社会的公民要么不加抗辩地接受科学沙文主义，要么用公众行动的反击力量来克服它。50 年代在中国出现了利用公众力量反抗科学的事情；在不同的条件下，一些反进化论者 70 年代在加利福尼亚也这样做了。让我们仿效他们，把社会从一种意识形态上僵化的科学的桎梏中解放出来，正如先辈把**我们**从一真教的桎梏中解放出来一样！

通往这个目标的道路是清楚的。坚守占有唯一正确方法和唯一可接受结果的科学是一种意识形态，必须把它同国家，尤其同教育过程分离开来。可以教它，但只向那些人教，他们已决定把这种特殊迷信占为己有。另一方面，放弃这些极权主义主张的科学不再是独立自足的，它可以按许多不同的组合加以教授（神话和现代宇宙学可能是一种这样的结合）。当然，每个行业都有权要求它的从业者应做过专门的准备，它甚至可能要求接受某种意识形态（我个人反对稀释各门学科，以致它们变得越来越相似；凡是不喜欢今天天主教的人都应当放弃它，转变成新教徒或无神论者，而不是通过像用俗话做弥撒那样的空洞变换来破坏它）。宗教或者娼妓制度是如此，同样，物理学也是如此。但是，这种特殊意识形态、这种特殊技能在**普通教育**的过程中没有地位，普通教育为一个公民在社会中起作用做准备。一个成年公民不是受过一种特殊意识形态例如清教或批判理性主义**教育**的人，他现在随身带着这种意识形态，就像带着一个精神肿瘤。一个成年公民是一个人，他学会如何做决定，然后**决定**支持他认为最适合他的东西。他作为一个人，有某种心智的韧性（他不会迷上他碰到的第一个意识形态街头吹鼓手），因此，他能**自觉选择**似乎最吸引他而不是吞没他的行业。为了选择而做自我准备，他将把各主要意识形态当作**历史现象**来研究，他将把科学当作历史现象而不是当作唯一切实的处理问题的方法。他将把它同“原始”社会神话之类其他童话一起加以研究，以便获得为达致一个自由决策所需要的信息。这种一般教育的一个必要部分是认识一切领域的那些最杰出的宣传家，以使学生能对一切宣传，包括称为“论证”的宣传作出抵制。只是在这样的硬化程序**之后**，他才被要求根据理性主义—非理性主义、科学—神话、科学—宗教等争端来作出他的决定。那时他之支持科学的决定——假如他选择科学——将远比今天之支持科学的任何决定都更加“理性”。总之，科学和大学将小心分离开来，正如今天宗教和大学分离一样。当然，科学家将参与政府的决策，因为人人都参与这种决策。但是，他们不会被置于压制的权威之下。正是**全体有关个人的投票表决**，而不是躲在一种并不存在的方法论背后的大亨权威才决定了采用什么教育方法之类的重大问题或者进化论、量子论之类基本信仰的真理性。不必害怕这种调节社会的方式将会导致不良后果。科学本身也利用表决、讨论、投票的方法，尽管没有明确把握这种方法的机制，并且在运用这种方法时也带有严重偏见。但是，我们信仰的合理性无疑将大大提高。

（本文选自费耶阿本德《反对方法》第 18 章，周昌忠译，上海译文出版社 1992 年版，第 255—269 页。标题为编者所加）

选文书目

《柏拉图全集》［古希腊］柏拉图著，王晓朝译，人民出版社（2002）

《亚里士多德全集·形而上学》［古希腊］亚里士多德著，苗力田主编，苗力田译，中国人民大学出版社（1993）

《亚里士多德全集·后分析篇》［古希腊］亚里士多德著，苗力田主编，余纪元译，中国人民大学出版社（1990）

《西方哲学原著选读》，北京大学哲学系外国哲学史教研室编译，商务印书馆（1981）

《谈谈方法》［法］笛卡尔著，王太庆译，商务印书馆（2000）

《自然科学的形而上学基础》［德］康德著，邓晓芒译，生活·读书·新知三联书店（1988）

《人文科学导论》［德］狄尔泰著，赵稀方译，华夏出版社（2004）

《胡塞尔选集》［德］胡塞尔著，倪梁康选编，上海三联书店（1997）

《科学与近代世界》［英］怀特海著，何钦译，商务印书馆（1959）

《文化科学和自然科学》［德］李凯尔特著，涂纪亮译，商务印书馆（1986）

《人论》［德］卡西尔著，甘阳译，上海译文出版社（2004）

《海德格尔选集》［德］海德格尔著，孙周兴选编，上海三联书店（1996）

《科学哲学的兴起》［德］赖兴巴赫著，伯尼译，商务印书馆（1983）

《个人知识》［英］波兰尼著，许泽民译，贵州人民出版社（2000）

《科学的反革命》［英］哈耶克著，冯克利译，译林出版社（2003）

《猜想与反驳》［英］波普尔著，傅季重等译，上海译文出版社（1986）

《科学研究纲领方法论》［英］拉卡托斯著，兰征译，上海译文出版社（1986）
《必要的张力》［美］库恩著，范岱年等译，北京大学出版社（2004）
《科学与宗教》［美］巴伯著，阮炜等译，四川人民出版社（1993）
《反对方法》［美］费耶阿本德著，周昌忠译，上海译文出版社（1992）